创新工程与创新型人才培养系列丛书

TRIZ 理论及应用

刘训涛　曹　贺　陈国晶　编著

北京大学出版社
PEKING UNIVERSITY PRESS

内 容 简 介

本书内容包括绪论、创新思维方法、技术系统进化法则、资源分析、40 个发明原理、矛盾与矛盾的解决、物-场模型分析方法、发明问题的标准解法、发明问题解决算法——ARIZ 和计算机辅助创新软件简介。全书充分反映了 TRIZ 理论的发展与主要内容体系，并结合最新的科技发展成果，补充了大量的 TRIZ 理论创新的实例和图片。

本书可以作为大学生 TRIZ 理论研究与学习的创新课程教材，也可作为企业、科研机构等行业技术创新培训的参考书。

图书在版编目(CIP)数据

TRIZ 理论及应用/刘训涛，曹贺，陈国晶编著. —北京：北京大学出版社，2011.8
(创新工程与创新型人才培养系列丛书)
ISBN 978 - 7 - 301 - 19390 - 7

Ⅰ. ①T…　Ⅱ. ①刘…②曹…③陈…　Ⅲ. ①创造学—应用—机械设计—高等学校—教材　Ⅳ. ①TH122

中国版本图书馆 CIP 数据核字(2011)第 166619 号

书　　　　名：	**TRIZ 理论及应用**
著作责任者：	刘训涛　曹　贺　陈国晶　编著
责 任 编 辑：	童君鑫
标 准 书 号：	ISBN 978 - 7 - 301 - 19390 - 7/TH · 0258
出　版　者：	北京大学出版社
地　　　址：	北京市海淀区成府路 205 号　100871
网　　　址：	http://www.pup.cn　http://www.pup6.cn
电　　　话：	邮购部 62752015　发行部 62750672　编辑部 62750667　出版部 62754962
电 子 邮 箱：	pup_6@163.com
印　刷　者：	北京圣夫亚美印刷有限公司
发　行　者：	北京大学出版社
经　销　者：	新华书店
	787 毫米×1092 毫米　16 开本　16 印张　插页 2　372 千字
	2011 年 8 月第 1 版　2022 年 7 月第 8 次印刷
定　　　价：	45.00 元

前　言

　　进入 21 世纪，科学技术发展日新月异，科技进步和创新日益成为增强国家综合实力的主要途径和方式，依靠科学技术实现资源的可持续利用、促进人与自然的和谐发展日益成为各国共同面对的战略选择。随着我国经济的发展，我国已进入必须更多依靠科技进步和创新推动经济社会发展的历史阶段。为此我国制定了《国家中长期科学和技术发展规划纲要（2006—2020 年）》，力争到 2020 年使我国进入创新型国家行列，提高产品整体的自主知识产权数量，提升产品的整体市场竞争力。

　　科技创新，方法先行。来自俄罗斯的 TRIZ 理论为我们提供了很好的帮助，TRIZ 理论是由苏联科学家根里奇·阿奇舒勒在研究了世界各国 250 万份高水平发明专利的基础上，提出的一套完整的发明问题解决理论。S 进化曲线、八大进化法则、矛盾矩阵、40 个发明原理、物-场模型分析、76 个标准解法、ARIZ 等成为开启创新之门的"金钥匙"。TRIZ 理论曾为苏联的国家机密，在军事、工业、航空、航天领域发挥着巨大的作用，随着苏联的解体，TRIZ 理论传入欧美和亚洲。TRIZ 理论正在受到全世界的重视和应用，为世界 500 强企业所接受和使用，每年为企业创造出成千上万的发明专利。

　　在黑龙江省科技厅、黑龙江省教育厅的资助下，作者对 TRIZ 理论进行了较全面、系统的学习，并结合矿山机械的工作实践开展了研究、应用和推广等工作。通过科研与教学工作的开展，对 TRIZ 理论在创新发明中的帮助有了更进一步的理解和认识，并在结合近几年 TRIZ 理论的发展和大量实际应用案例的基础上编写本书。本书重点论述了 TRIZ 理论的基本思想和方法，全书共 10 章，第 1 章、第 7 章、第 8 章由刘训涛编写，第 2 章、第 6 章由陈国晶编写，第 3 章、第 4 章、第 5 章、第 9 章由曹贺编写，第 10 章由靳立红编写。本书编写过程中得到了黑龙江科技学院吴卫东教授、刘春生教授、赵存友副教授和北京亿维讯公司的大力支持与帮助，闫双颖等研究生为本书提供了部分素材和案例，在此表示深深的感谢！

　　本书部分参考资料和图片来源于网络，由于是长期积累所得，个别图片资料难以查明来源，在此，谨向这些文献的作者表示深深的谢意。

　　由于时间仓促，水平有限，疏漏之处在所难免，敬请广大读者批评指正。

编著者

2011 年 6 月

目　　录

第1章
绪　论

随着我国经济的发展，我国科学技术也取得了突飞猛进的成绩，国民生产总值已经跃居世界前列，中国已经成为了世界工厂。但是我国科技的总体水平同世界先进水平相比仍有较大差距，关键技术自给率低，自主创新能力不强，企业核心竞争力不高。一些关键领域对国外技术依赖度较大，部分高技术含量和高附加值产品仍依赖进口。胡锦涛总书记在党的十七大报告中指出："提高自主创新能力，建设创新型国家。这是国家发展战略的核心，是提高综合国力的关键。"

何谓"创新"？"创新"就是"抛弃旧的、创立新的"，是指在技术方面一切具有独创性、新颖性、实用性、时间性的人类活动。美籍奥地利经济学家约瑟夫·阿罗斯·熊彼特在《经济发展理论》一书中首次使用"创新"（Innovation）一词，定义为"新的生产函数的建立"，即"企业家对生产要素的新的组合"。随着创新理论的发展，"创新"不仅包括科学研究和技术创新，也包括体制与机制、经营管理、文化艺术、社会哲学等方面的创新。

如何创新成为摆在科技工作者面前的一道难题。2007年6月，王大珩、刘东生、叶笃正3位资深院士给温家宝总理写信，提出了《关于加强创新方法工作的建议》，2007年7月和12月温总理对《关于加强创新方法工作的建议》做出重要批示，要求高度重视王大珩、刘东生、叶笃正3位老科学家提出的"自主创新，方法先行。创新方法是自主创新的根本之源"这一重要观点。科技部联合发展改革委、教育部、中国科协认真研究了创新方法工作，提出了创新方法工作的主要工作，并联合向国务院呈送了《关于加强创新方法工作的报告》，科技创新工作在全国全面推开，黑龙江、四川成为首批技术创新方法试点省份。创新方法很多，如何开展创新工作呢？TRIZ理论作为一种普适的技术哲学为自主创新提供了很好的工具。

1.1　TRIZ 理论概述

TRIZ是俄文 ТРИЗ（теории решения изобретательских задач）的英文音译 Teoriya Resheniya Izobreatatelskikh Zadatch 的缩写，其英文全称是 Theory of the Solution of

Inventive Problems(在欧美国家也可缩写为 TIPS)，中文意思为发明问题解决理论。TRIZ 理论是由苏联发明家根里奇·阿奇舒勒(G. S. Altshuller)在 1946 年创立的，阿奇舒勒和他的团队研究了世界各地 250 万份高水平专利，总结出各种技术发展进化遵循的规律模式，并综合多学科领域解决各种技术矛盾和物理矛盾的创新原理和法则而建立起来的一个由解决技术问题，实现创新开发的各种方法、算法组成的综合理论体系。它利用创新的规律使创新走出了盲目的、高成本的试错和灵光一现式的偶然。

相对于传统的创新方法，比如试错法、头脑风暴法等，TRIZ 理论具有鲜明的特点和优势。它成功地揭示了创造发明的内在规律和原理，着力于澄清和强调系统中存在的矛盾，而不是逃避矛盾，其目标是完全解决矛盾，获得最终的理想解，而不是采取折中或者妥协的做法，并且它是基于技术的发展演化规律研究整个设计与开发过程，而不再是随机的行为。TRIZ 理论大大加快了人们创造发明的进程。它能够帮助人们系统地分析问题情境，快速发现问题本质或者矛盾，它能够准确确定问题探索方向，不会错过各种可能，而且它能够帮助人们突破思维障碍，打破思维定式，以新的视觉分析问题，进行逻辑性和非逻辑性的系统思维，根据技术的进化规律预测未来发展趋势，大大加快人们创造发明的进程并生产出高质量的创新产品。经过多年的发展，TRIZ 理论已经成为基于知识的、面向人的解决发明问题的系统化方法学。

TRIZ 理论被公认为是使人聪明的理论，曾作为苏联的国家机密，在军事、工业、航空、航天等领域均发挥着巨大作用。冷战时期，以美国为首的西方国家的特工与苏联的克格勃曾经围绕 TRIZ 理论展开谍战。因为美国、德国等西方国家惊异于苏联在军事、工业等方面的创造能力，它们把创造这种奇迹的神秘武器称为"点金术"，但强大的克格勃使欧美国家只能望"术"兴叹。

苏联解体后，大批 TRIZ 研究者移居美国等西方国家，TRIZ 流传于西方，受到极大重视，TRIZ 的研究与实践得以迅速普及和发展。西北欧、美国、日本、中国台湾等地出现了以 TRIZ 为基础的研究、咨询机构和公司，一些大学将 TRIZ 列为工程设计方法学课程。经过半个多世纪的发展，如今 TRIZ 理论和方法已经发展成为一套解决新产品开发实际问题的成熟理论和方法体系，它实用性强，并经过实践的检验，如今已在全世界广泛应用，创造出成千上万项重大发明，为众多知名企业取得了重大的经济效益和社会效益。

1.2 TRIZ 理论的诞生

在 TRIZ 理论诞生之前，人们通常认为发明创造是"智者"的专利，是灵感爆发的结果。纵观人类的发明史，一项发明创造或创新往往是"摸着石头过河"，没有明确的思路或方向，需要经历漫长的过程和无数次失败才能获得成功，且往往不能够使问题得到彻底解决。

TRIZ 之父根里奇·阿奇舒勒(图 1.1)是 TRIZ(发明问题解决理论)、TRTS(技术系统开发理论)和 TRTL(创造性人格开发理论)的发明者，1926 年 10 月 15 日他出生于苏联的塔什干市，他的双亲都是记者。1931 年，举家迁往苏联阿塞拜疆的巴库市。阿奇舒勒自幼喜欢发明创造，14 岁时就获得首个专利——水下呼吸器；15 岁时制作了装有使用碳化物作为燃料的喷气发动机的船；17 岁时就获得了第一个发明证书。根里奇·阿奇舒勒以优秀的成绩读完中学后考入阿塞拜疆工业学院石油理学系。1944 年 2 月，刚刚读大学一年级的阿奇舒勒自愿投军，就读于第 21 军事航空驾驶初级培训学校（苏联格鲁吉亚的鲁斯塔维）。卫国战争结束后，被派往巴库继续在军队服役。他曾在里海小型舰队从事创造检验员工作，任第 11513 部队化学侦察指挥官。对创造的检验工作使得阿奇舒勒有更多的机会接触发明创造。阿奇舒勒坚信发明创造的基本原理是客观存在的，这些原理不仅能被人认识，而且还能被人们利用形成一套完整的理论，这种理论可以提高发明成功率，缩短发明的周期，可以使发明问题具有可预见性。阿奇舒勒说："我不但自己发明，我还有责任帮助那些想发明创造的人。"

图 1.1　TRIZ 理论创始人根里奇·
阿奇舒勒（G. S. Altshuller）

　　从 1946 年开始，阿奇舒勒对不同工程领域中的大量发明专利进行研究、整理、归纳、提炼，发现技术系统创新是有规律的，并在此基础上建立了一整套体系化的、实用化的解决发明问题的方法——TRIZ 理论。为了验证这些理论，他相继做出了多项发明，例如，排雷装置获得苏联发明竞赛的一等奖，发明船上的火箭引擎，发明无法移动潜水艇的逃生方法，等等。他的多项发明被列为军事机密，阿奇舒勒也因此被安排到海军专利局工作。

　　专利局的局长非常喜欢奇思妙想，有一次他让阿奇舒勒为他的一个念头想出答案：给困在敌区的士兵找出不用任何外界支援而逃脱的办法。为解决这个问题，阿奇舒勒发明了一种新型武器——一种由普通药物制作的剧毒化学品。这是一项很好的发明，因此他有幸得到克格勃首领贝利亚的接见。

　　1948 年 12 月，因担忧第二次世界大战的胜利会使得苏联缺乏创新气氛，阿奇舒勒写了一封引来危险的信，信封上写着"斯大林同志亲启"。他向国家领袖指出当时苏联对发明创造缺乏创新精神的混乱状态。在信的末尾他还表达了更激烈的想法：有一种理论可以帮助工程师进行发明创造，这种理论能够带来可贵的成果并可以引起技术世界的一场革命。然而在 1950 年，阿奇舒勒突然得到通知要到格鲁吉亚的第比利斯，他到达后就被逮捕了。2 天后，在贝利亚的一个监狱里审讯开始，阿奇舒勒被指控利用发明技术进行阴谋破坏，被判刑 25 年。

　　"在入狱之前，我只是对单纯的疑虑而困惑。如果我的想法那么重要，为什么别人没有意识到呢？我所有的困惑都因 MGB（苏联国家安全部）而烟消云散"，他被捕以后，由于各种恶劣情况的出现，为了保存生命，阿奇舒勒利用 TRIZ 来做自我保护。

　　在莫斯科监狱，阿奇舒勒拒绝签署认罪书而被定为"连轴审讯"对象。他被整夜审讯，白天也不允许睡觉，阿奇舒勒明白如果这样下去他生存无望。他将问题确定为我怎么才能同时既睡又不睡呢？这项任务看起来很难完成。他被允许的最大的休息是在椅子上睁着眼。这意味着要想睡觉，他的眼睛必须同时既睁着又闭着。这就容易了，他从烟盒上撕下两片纸，用烧过的火柴头在每片纸上画一个黑眼珠。他的同囚室友将两片"纸眼珠"蘸上口水粘在他闭着的眼睛上，然后他就坐着，面对着牢房门的窥视孔，安然入睡。这样他天天都能睡觉，以至于他的审讯者感到很奇怪，为什么每天夜里审讯他时他还那么精神。

最后，阿奇舒勒被遣送到西伯利亚的古拉-沃尔库塔市的集中营。他在那里每天工作12个小时。想到这样繁重的劳动难以支持下去，他向自己提问："哪种情况更好些？是继续工作，还是拒绝工作而被监禁起来？"他选择监禁，因而被转到监狱和罪犯关在一起。在这里，求生变得简单多了。他向囚犯们讲了很多熟记于心的科幻故事，从而他们对他都很友好。之后，他又被转到另一个集中营，这里关押着很多高级知识分子（科学家、律师、建筑设计师），他们都在郁郁等死。为了使这些人燃起生之希望，阿奇舒勒开创了他的"一个学生的大学"。每天有12～14个小时，他挨个到每个重新激起生活热情的教授那里去听课，这样他获得了他的"大学教育"。

在另一个古拉格集中营瓦库塔煤矿，他每天利用12～14个小时开发TRIZ理论，并不断地为煤矿发生的紧急技术问题出谋献策。没有人相信这个年轻人是第一次在煤矿工作，他们都认为他在骗人，矿长不想相信是TRIZ理论和方法在帮助解决问题。

1953年3月斯大林去世。1954年10月22日，部长会议下属国家安全委员会（克格勃）为阿奇舒勒平反，恢复了他在外高加索军区的职务。阿奇舒勒被释放了，他返回巴库，并在那里居住到1990年。1990年9月至辞世（1998年）他在卡累利阿的彼得罗扎沃斯克市居住。

1955—1956年，他担任"巴库工人"报和"塔"报记者。

1956年，阿奇舒勒和沙佩罗合写的文章《发明创造心理学》在《心理学问题》杂志上发表了。文章中首次公布了ARIZ（发明问题解决算法）。ARIZ最初仅有几个部分，采用循序渐进的方法对问题进行分析，目的是揭示、列出并解决各种矛盾。对研究创造性心理过程的科学家来说，这篇文章无疑像一枚重磅炸弹。直到那时，苏联和其他国家的心理学家还都在认为，发明是由偶然顿悟产生的，来源于突然产生的思想火花。

阿奇舒勒在研究了大量的世界范围内的专利之后，依赖人类发明活动的结果，提出了不同的发明办法，即发明是从对问题的分析以找出矛盾中产生的。研究了20万项专利之后，阿奇舒勒得出结论：有1500对技术矛盾可以通过运用基本原理而相对容易地解决。他说："你可以等待100年获得顿悟，也可以利用这些原理用15分钟解决问题。"

1957—1959年，阿奇舒勒在阿塞拜疆建设部（技术援助局）工作。在此期间，他于1958年举办了首期TRIZ研习班，最先推出了IFR（最终理想解）概念。许多参加培训班的发明者感叹自己过去浪费了许多时间，要是早些知道TRIZ该有多好啊！

1959年开始，为了使他的理论得到认可，阿奇舒勒向苏联最高专利机构VOIR（苏联发明创造者联合会）写了上百封信，他要求得到一个证明自己理论的机会。

1961年，阿奇舒勒写出了他的第一本书《如何学会发明》，在这本书里他嘲笑人们普遍接受的看法，即只有天生的发明家。他批判了用错误尝试法去进行发明，明确提出了TRIZ。

1968年，苏联发明创造者联合会给阿奇舒勒回信，信中要求他在1968年12月之前到金塔利市举行一个关于发明方法的研讨会。因此，他于1968年在金塔利市举办了第一期TRIZ教师培训班。阿奇舒勒总共举办过70次TRIZ研讨会和教师培训班，他的足迹遍布苏联的各个城市。一些年轻的工程师（以后还有很多其他的人）在各自的城市开创了TRIZ学校，成百上千的从阿奇舒勒学校进行过培训的人邀请他去苏联不同的城市举办研讨会和

TRIZ学习班。

1969年，阿奇舒勒出版了他的新作《发明大全》。在这本书中，他给读者提供了40个创新原理——第一套解决复杂问题的完整法则，从而奠定了TRIZ的地位。

1966—1970年，阿奇舒勒相继提出了39个工程参数和矛盾矩阵、分离原理、效应原理。

1970年，他创办了巴库青年发明家学校，即后来世界上第一个专门从事TRIZ教学的阿塞拜疆创造发明社会学院。他组建了苏联第一所发明创造学校，并在多个城市创办科技发明社会大学。在20世纪80年代，此类学校的数量超过500个。

自1970年起，阿奇舒勒开始为中小学生讲授TRIZ理论。1970—1986年，他在《少先队真理报》开辟了发明创造专栏。在向10～17岁的学生普及TRIZ知识的12个年头里，他研究分析了50多万封有关发明问题求解的信件，这在世界上是绝无仅有的。正是在这样大量实践的基础上，他写出了《看，发明家出现了!》一书。

1973年，阿奇舒勒将发明问题的求解付诸实践进行分析。他分析归纳出39个工程参数，辨别出1250多种技术矛盾，并归纳了40个发明原理，创建了矛盾矩阵表。1975年，他颁布了发明问题求解标准。

1979年，阿奇舒勒发表了《创造是一门精密的科学》，论述了物-场分析模型和76个标准解。TRIZ理论的法则、原理、工具主要形成于1946—1985年，是阿奇舒勒亲自或直接指导他人开发的，人们称之为经典TRIZ理论。1985年，他完成了发明问题解决算法ARIZ-85，ARIZ已经扩大至60多个步骤，TRIZ理论的创建达到了顶峰。之后阿奇舒勒转向其他创新领域的研究而不是技术领域，从而结束了经典TRIZ理论时代。

1986年，阿奇舒勒提出了《ARIZ发明问题解决算法》，使TRIZ形成了一套完整的理论体系。

1989年，国际TRIZ协会在彼得罗扎沃茨克建立，阿奇舒勒担任了首届主席。同年，随着苏联解体，TRIZ理论系统地传入西方，在美、欧、日、韩等世界各地得到了广泛的研究与应用。TRIZ理论走向世界，开启了后经典TRIZ理论阶段。

1993年，TRIZ正式进入美国。1999年，美国阿奇舒勒TRIZ研究院和欧洲TRIZ协会相继成立；欧洲以瑞典皇家工科大学(KTH)为中心，集中十几家企业开始了实施利用TRIZ进行创造性设计的研究计划；日本从1996年开始不断有杂志介绍TRIZ的理论方法及应用实例；以色列也成立了相应的研发机构；美国也有诸多大学相继进行了TRIZ技术研究。有关TRIZ的研究咨询机构相继成立，TRIZ理论和方法在众多跨国公司得以迅速推广。

20世纪80年代中期，我国的个别科研人员在研究专利时已经了解到了TRIZ理论；在1997年前后，我国少数学者在参加国际会议的时候再次接触了TRIZ，并自发予以研究，在某些专业开设了小范围的TRIZ选修课。河北工业大学、黑龙江科技学院、东北林业大学、四川大学、西南交通大学等成为较早进行TRIZ理论和方法研究与宣传的机构，已经形成博士生、硕士生、本科生创新方法研究培养体系，开设《TRIZ理论和方法》的系列课程。目前开展创新方法研究与教学工作的学校还有清华大学、北京航空航天大学、北京理工大学、北京化工大学、浙江大学、武汉大学、西安交通大学、天津大学、东华大学、电子科技大学、中国石油大学、郑州大学、山东建筑大学、哈尔滨理工大学、哈尔滨工程大学等。

如今 TRIZ 已在全世界广泛应用，创造出成千上万项重大发明。经过半个多世纪的发展，TRIZ 理论和方法已经发展成为一套解决新产品开发实际问题的成熟的理论和方法体系，并经过实践的检验，为众多知名企业和研发机构取得了重大的经济效益和社会效益。TRIZ 在韩国的三星、美国的福特和波音、中国的中兴通讯、芬兰的诺基亚、德国的西门子等 500 多家知名企业中得到了广泛应用，不仅取得了重大的经济效益，而且极大地提高了企业的自主创新能力。例如，通过应用 TRIZ 理论方法，福特汽车公司发现可以利用热膨胀系数小的材料制造轴承，能够更好地解决推力轴承在大负荷时出现偏移的问题；2001年，美国波音公司邀苏联的 TRIZ 专家，对其 450 名工程师进行了为期 2 周的培训，取得了 767 空中加油机研发的关键技术突破，从而战胜空中客车公司，赢得 15 亿美元空中加油机订单；2004 年，UT 斯达康通讯有限公司利用以 TRIZ 理论为核心的计算机辅助创新平台 Pro/Innovator 解决了机顶盒天线连接问题和电磁兼容问题，缩短了新产品研发周期，节省了大量的研发经费；2005 年，中兴通讯公司与亿维讯公司合作，对来自研发一线的25 名技术骨干进行了为期 5 周的 TRIZ 理论与方法培训，在培训期间有 21 个技术项目取得了突破性的进展，6 个项目已经申请相关专利。

韩国三星是应用 TRIZ 理论并获得极大成功的典型企业。1995 年，三星开始引入TRIZ 理论指导技术创新活动，并在微电子及微电子设备生产企业、显示器生产企业、家用电器生产企业、机械工具与装备企业、玻璃和塑胶产品企业等核心层企业大力推广和全面应用 TRIZ 理论解决技术和产品创新问题，为三星带来了丰硕的创新成果，节约了大量的创新成本。2003 年，三星电子应用 TRIZ 理论进行的 67 个研发项目中产生了 52 项专利技术，并且节约了 1.5 亿美元。2004 年，三星的发明专利数达到 1604 项，超过 Intel，进入世界前六大专利企业排名榜，领先于日本的索尼、日立、东芝和富士通等竞争对手。实践证明，企业应用 TRIZ 理论进行技术创新能够提高 60%～70% 的新产品开发效率，增加80%～100% 的专利数量并提高专利质量，缩短 50% 的产品上市时间，从而达到提高企业自主创新能力和取得市场竞争优势的目的。

目前 TRIZ 被认为是可以帮助人们挖掘和开发自己的创造潜能、最全面系统地论述发明创造和实现技术创新的新理论，被欧美等国的专家认为是"超级发明术"。一些创造学专家甚至认为：阿奇舒勒所创建的 TRIZ 理论是发明了发明与创新的方法，是 20 世纪最伟大的发明。

1.3 阿奇舒勒的发现

TRIZ 源于对专利的研究。为了发现隐藏在专利后面的发明规律，阿奇舒勒每年组织1500 人研究各个专利。在专利研究过程中他发现任何领域的产品改进、技术的变革、创新和生物系统一样，都存在诞生、生长、成熟、衰老、灭亡，是有规律可循的。通过对大量专利的研究，阿奇舒勒有以下发现。

(1) 在以往不同领域的发明中用到的原理(方法)并不多，不同时代的发明，不同领域的发明，应用的原理(方法)被反复利用。

20 世纪 80 年代中期，某钻石生产公司遇到的问题是需要把有裂纹的大钻石在裂纹处使其破碎、分开，以生产出满足用户尺寸大小要求的产品(图 1.2)。经过很长时间，公司的技术人员耗费了大量的精力，花费了大量的经费，但一直没能很好地解决这个问题。最后，经过分析发现可以用加压减压爆裂的方法——压力变化原理，实现了在大钻石的裂纹处破碎或分开。尽管问题解决了，但是他们没有发现实际上类似的问题在几十年前的其他领域早已解决了，而且已经申请了发明专利。

20世纪40年代，农业上遇到了如何把辣椒的果肉与果核有效分开，从而生产辣椒的果肉罐头食品的问题。经过分析，人们发现最有效的方法是把辣椒放在一个密闭的容器中，并使容器内的压力由1个大气压逐渐增加到8个大气压，然后使容器内的压力突然降低到1个大气压，由于容器内压力的骤变，容器内辣椒果实产生内外的压力差，导致其在最薄弱的部分产生裂纹，使内外压力相等。容器内压力的突然降低又使已经实现压力平衡的、产生裂纹的辣椒果实再次失去平衡，出现辣椒果实的爆裂现象，使果肉与果核顺利分开。同辣椒果肉与果核爆裂法（图1.3）一样的原理又相继被用在松子、向日葵（图1.4）、栗子的破壳和过波器的清洗（图1.5）等方面。

图 1.2　钻石分割

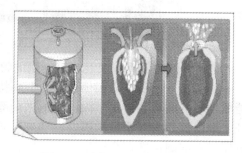

图 1.3　辣椒果肉与果核爆裂法

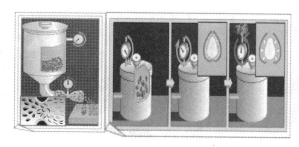

图 1.4　压力法向日葵、松子破壳示意图

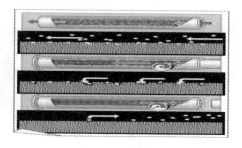

图 1.5　压力法清洗过波器示意图

"类似的矛盾或问题与该问题的解决原理在不同的工业及科学领域交替出现"。只不过针对不同的领域具体的技术参数发生了变化。例如压力法清洗过波器需5~10个大气压，农产品的破壳需6~8个大气压，而大钻石裂纹处的分开需1000多个大气压。

（2）每条发明原理（方法）并不限定应用于某一特殊领域，而是融合了物理的、化学的和各工程领域的原理，且这些原理适用于不同领域的发明创造和创新。

为了减小运行阻力和增加隐身性，美国利用一维变多维原理，实验设计了小水线双体船"海影"（图1.6）。

图 1.6　小水线双体船"海影"

为了增加有效打击的面积和打击的强度，有目的地增加大炮的发射管数(图1.7)，为了增加煤炭截割效率，采煤机利用一维变多维原理，建立多个螺旋叶片，且螺旋叶片上安装多个截齿(图1.8)。双体船、火箭炮、采煤机滚筒分别属于不同领域，但它们都采用了一维变多维原理，且这一原理在不同领域中应用时，结合各自领域的特点应用了不同的物理、化学等原理。

图1.7　WS-3型远程火箭炮

图1.8　采煤机螺旋滚筒

(3) 类似的矛盾或问题与该问题的解决原理在不同的工业及科学领域交替出现。

如图1.9所示，为了提高刀的使用特性，会产生一个矛盾：既需要刀锋利耐用，又不能增加刀的质量和体积。因此可依据局部质量改变原理进行处理，"好钢用到刀刃上"。同理，继电器作为频繁启动部件，继电器的触点经常因为反复开合而产生烧蚀，为了增加继电器触点的耐用性，会产生一个矛盾：既要触点耐用，又不能增加触点的质量和体积，同样依据局部质量改变原理，用熔点高的金属作为触点，达到设计目的(图1.10)。

图1.9　不锈钢刀

图1.10　电磁继电器

(4) 技术系统进化的模式(规律)在不同的工程及科学领域交替出现。

技术系统始终处于进化中，系统进化中存在一定的矛盾，矛盾的解决是系统进化的推动力。技术系统的进化一般均可分为婴儿期、成长期、成熟期、衰退期，如图1.11和图1.12所示，各个技术系统的进化模式在不同的工程及科学领域交替出现。

图1.11　火车的进化

图1.12　录放音设备的进化

（5）创新设计所依据的科学原理往往属于其他领域。

为了减小飞机的重量、减少雷达的探测效果，中国的J20隐身战斗机（图1.13）和俄罗斯T50隐身战斗机（图1.14）均采用了一定的复合材料，多棱面的机身外形和刷涂吸波隐身材料。复合材料、隐身材料的制作均利用了其他领域的技术。

图1.13　中国的J20隐身战斗机

图1.14　能产生离子云的隐身战斗机

1.4　发　明　等　级

TRIZ通过分析专利发现，各国家不同的发明专利内部蕴含的科学知识、技术水平都有很大的区别和差异。以往，在没有分清这些发明专利的具体内容时，很难区分出不同发明专利的知识含量、技术水平、应用范围、重要性和对人类的贡献大小等问题。因此，把发明专利依据其对科学的贡献、技术的应用范围及为社会带来的经济效益等情况划分一定的等级加以区别，以便更好地推广应用。TRIZ理论将发明专利或发明创造分为以下5个等级。

第1级：多数为参数优化类的小型发明，一般为通常的设计或对已有系统的简单改进。这一类发明并不需要任何相邻领域的专门技术或知识，问题的解决主要凭借设计人员自身掌握的知识和经验，不需要创新，只是知识和经验的应用。例如，为更好地保温，将塑钢窗加厚（图1.15）；用承载量更大的重型卡车替代轻型卡车，以实现运输成本的降低（图1.16）。该类发明创造或发明专利占所有发明创造或发明专利总数的32%。

图 1.15　加厚的塑钢窗

图 1.16　重型卡车

第 2 级：通过解决一个技术矛盾对已有系统进行少量改进。这一类问题的解决主要采用行业内已有的理论、知识和经验。解决这类问题的传统方法是折中法。例如在焊接装置上增加的一个灭火器(图 1.17)、斧头的空心手柄(图 1.18)等。该类发明创造或发明专利占所有发明创造或发明专利总数的 45%。

图 1.17　焊接装置上增加一个灭火器

图 1.18　拥有空心手柄的斧头

第 3 级：对已有系统的根本性进行改进。这一类问题的解决主要采用本行业以外的已有方法和知识，设计过程中要解决矛盾。例如，汽车上用自动传动系统代替机械传动系统(图 1.19)；计算机使用鼠标(图 1.20)；电钻上安装离合器等。该类发明创造或发明专利占所有发明创造或发明专利总数的 18%。

图 1.19　汽车 8 挡自动变速箱

图 1.20　战斗机型鼠标

第 4 级：采用全新的原理完成对已有系统基本功能的创新。这一类问题的解决主要是从科学的角度而不是从工程的角度出发，充分控制和利用科学知识、科学原理实现新的发明创造。如第一台内燃机的出现(图 1.21)、集成电路的发明、充气轮胎、记忆合金管接头(图 1.22)。该类发明创造或发明专利占所有发明创造或发明专利总数的 4%。

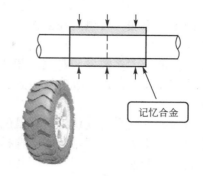

图 1.21　内燃机　　　　　　　图 1.22　充气轮胎和记忆合金管接头

　　第5级：罕见的科学原理导致一种新系统的发明、发现。这一类问题的解决主要是依据自然规律的新发现或科学的新发现。如计算机、形状记忆合金（图 1.23）、蒸汽机（图 1.24）、激光、灯泡（图 1.25）的首次发明。该类发明创造或发明专利占所有发明创造或发明专利总数的 1%。

图 1.23　绽放中的镍钛记忆合金"花瓣"　　图 1.24　瓦特蒸汽机　　图 1.25　爱迪生灯泡

　　实际上，发明创造的级别越高，获得该发明专利时所需的知识就越多，这些知识所处的领域就越宽，搜索有用知识的时间就越长。同时，随着社会的发展、科技水平的提高，发明创造的等级随时间的变化而不断降低，最初的最高级别的发明创造逐渐成为人们熟悉和了解的知识。发明创造的等级划分及知识领域见表 1-1。

表 1-1　发 明 等 级

发明创造级别	创新的程序	问题复杂程度	比例	知识来源	参考解的数量
1	明确的解	无矛盾问题	32%	个人的知识	10
2	少量的改进	标准问题	45%	公司内的知识	100
3	根本性的改进	非标准问题	18%	行业内的知识	1000
4	全新的概念	极端问题	4%	行业以外的知识	10000
5	发现	独一无二的问题	<1%	所有的知识	100000

由表 1-1 可以有如下发现。
(1) 95% 的发明专利利用了行业内的知识；
(2) 只有少于 5% 的发明专利利用了行业外的及整个社会的知识。

因此，如果企业遇到技术矛盾或问题，可以先在行业内寻找答案；若不可能，再向行业外拓展，寻找解决方法。若想实现创新，尤其是重大的发明创造，就要充分挖掘和利用行业外的知识。

平时人们遇到的绝大多数发明都属于第 1、2 和 3 级。虽然高等级发明对于推动技术文明进步具有重大意义，但这一级的发明数量相当稀少。而较低等级的发明则起到不断完善技术的作用。

对于第 1 级发明，阿奇舒勒认为不算是创新。而对于第 5 级发明，他认为如果一个人在旧的系统还没有完全失去发展希望时就选择一个完全新的技术系统，则成功之路和被社会接受的道路是艰难和漫长的。因此发明几种在原来基础上的改进系统是更好的策略。他建议将这两个等级排除在外，TRIZ 理论工具对于其他 3 个等级的发明作用更大。一般来说，等级 2、3 称为"革新(Innovative)"，等级 4 称为"创新(Inventive)"。

1.5 TRIZ 理论的主要内容及九大经典理论体系

TRIZ 理论包含着许多系统、科学而又富有可操作性的创造性思维方法和发明问题的分析方法。经过半个多世纪的发展，TRIZ 理论已经成为一套解决新产品开发实际问题的成熟的九大经典理论体系。

1. TRIZ 的技术系统八大进化法则

阿奇舒勒的技术系统进化论可以与自然科学中的达尔文生物进化论和斯宾塞的社会达尔文主义齐肩，被称为"三大进化论"。TRIZ 的技术系统八大进化法则分别是提高理想度法则、完备性法则、能量传递法则、协调性法则、子系统的不均衡进化法则、向超系统进化法则、向微观级进化法则、动态性和可控性进化法则。技术系统的这八大进化法则可以应用于产生市场需求，定性技术预测，产生新技术，专利布局和选择企业战略制定的时机等。它们可以用来解决难题，预测技术系统，产生并加强创造性问题的解决工具。

2. 最终理想解

TRIZ 理论在解决问题之初，首先抛开各种客观限制条件，通过理想化来定义问题的最终理想解(Ideal Final Result，IFR)，以明确理想解所在的方向和位置，保证在问题解决过程中沿着此目标前进并获得最终理想解，从而避免了传统创新设计方法中缺乏目标的弊端，提升了创新设计的效率。如果将创造性解决问题的方法比作通向胜利的桥梁，那么最终理想解就是这座桥梁的桥墩。最终理想解有 4 个特点：①保持了原系统的优点；②消除了原系统的不足；③没有使系统变得更复杂；④没有引入新的缺陷。

3. 40 个发明原理

阿奇舒勒对大量的专利进行了研究、分析和总结，提炼出了 TRIZ 中最重要的、具有普遍用途的 40 个发明原理，分别是分割、抽取、局部质量、非对称、组合、多用性、嵌套、质量补偿、预先反作用、预先作用、预先防范、等势、反向作用、曲面化、动态化、部分超越、维数变化、机械振动、周期性作用、有效作用的连续性、快速、变害为利、反馈、中介物、自服务、复制、廉价替代品、机械系统的替代、气压与液压结构、柔性壳体或薄膜、多孔材料、改变颜色、同质性、抛弃与再生、物理/化学参数变化、相变、热膨胀、加速氧化、惰性环境、复合材料。

4. 39 个工程参数及阿奇舒勒矛盾矩阵

在对专利研究过程中，阿奇舒勒发现，仅有 39 项工程参数在彼此相对改善和恶化，而这些专利都是在不同的领域上解决这些工程参数的冲突与矛盾。这些矛盾不断地出现，又不断地被解决。由此他总结出了解决冲突和矛盾的 40 个创新原理。之后，将这些冲突与矛盾解决原理组成一个由 39 个改善参数与 39 个恶化参数构成的矩阵，矩阵的横轴表示希望得到改善的参数，纵轴表示某技术特性改善引起恶化的参数，横纵轴各参数交叉处的数字表示用来解决系统矛盾时所使用创新原理的编号，这就是著名的技术矛盾矩阵。阿奇舒勒矛盾矩阵为问题解决者提供了一个可以根据系统中产生矛盾的两个工程参数从矩阵表中直接查找化解该矛盾的发明原理。

5. 物理矛盾和四大分离原理

当一个技术系统的工程参数具有相反的需求，就出现了物理矛盾。比如说，要求系统的某个参数既要出现又不存在，或既要高又要低，或既要大又要小等。相对于技术矛盾，物理矛盾是一种更尖锐的矛盾，创新中需要加以解决。物理矛盾所存在的子系统就是系统的关键子系统，系统或关键子系统应该具有为满足某个需求的参数特性，但另一个需求要求系统或关键子系统又不能具有这样的参数特性。分离原理是阿奇舒勒针对物理矛盾的解决而提出的，分离方法共有 11 种，归纳概括为四大分离原理，分别是空间分离、时间分离、条件分离和整体与部分的分离。

6. 物-场模型分析

阿奇舒勒认为每一个技术系统都可由许多功能不同的子系统组成，因此，每一个系统都有它的子系统，而每个子系统都可以再进一步地细分，直到分子、原子、质子与电子等微观层次。无论大系统、子系统、还是微观层次都具有功能，所有的功能都可分解为 2 种物质和 1 种场（即二元素组成）。在物-场模型的定义中，物质是指某种物体或过程，可以是整个系统，也可以是系统内的子系统或单个的物体，甚至可以是环境，取决于实际情况。场是指完成某种功能所需的方法或手段，通常是一些能量形式，如磁场、重力场、电能、热能、化学能、机械能、声能、光能等。物-场分析是 TRIZ 理论中的一种分析工具，用于建立与已存在的系统或新技术系统的问题相联系的功能模型。

7. 发明问题的标准解法

标准解法是阿奇舒勒于 1985 年创立的，共有 76 个，分成 5 级，各级中解法的先后顺序也反映了技术系统必然的进化过程和进化方向。标准解法可以将标准问题在一两步中快速进行解决，它是阿奇舒勒后期进行 TRIZ 理论研究的最重要的课题，同时也是 TRIZ 高级理论的精华。标准解法也是解决非标准问题的基础，非标准问题主要应用 ARIZ 来进行解决，而 ARIZ 的主要思路是将非标准问题通过各种方法进行变化，转化为标准问题，然后应用标准解法来获得解决方案。

8. 发明问题解决算法

ARIZ（Algorithm for Inventive Problem Solving）称为发明问题解决算法，是 TRIZ 的

一种主要工具，是解决发明问题的完整算法，该算法采用一套逻辑过程逐步将初始问题程式化。该算法特别强调矛盾与理想解的程式化，一方面技术系统向理想解的方向进化，另一方面如果一个技术问题存在矛盾需要克服，该问题就变成一个创新问题。ARIZ 的理论基础由以下 3 条原则构成：①ARIZ 是通过确定和解决引起问题的技术矛盾；②问题解决者一旦采用了 ARIZ 来解决问题，其惯性思维因素必须被加以控制；③ARIZ 也不断地获得广泛的、最新的知识基础的支持。ARIZ 最初由阿奇舒勒于 1977 年提出，随后经过多次完善才形成比较完善的理论体系，ARIZ－85 包括九大步骤：分析问题；分析问题模型；陈述 IFR 和物理矛盾；用物-场资源；应用知识库；转化或替代问题；分析解决物理矛盾的方法；利用解法概念；分析问题解决的过程。

9. 科学效应和现象知识库

科学原理尤其是科学效应和现象的应用对发明问题的解决具有超乎想象的、强有力的帮助。应用科学效应和现象应遵循 5 个步骤，解决发明问题时会经常遇到需要实现的 30 种功能，这些功能的实现经常要用到 100 个科学有趣现象。

TRIZ 理论的核心思想主要体现在 3 个方面。首先，无论是一个简单产品还是复杂的技术系统，其核心技术都是遵循着客观的规律发展演变的，即具有客观的进化规律和模式。其次，各种技术难题、矛盾和矛盾的不断解决是推动这种进化过程的动力。再就是技术系统发展的理想状态是用尽量少的资源实现尽量多的功能。图 1.26 列出了 TRIZ 的理论体系。

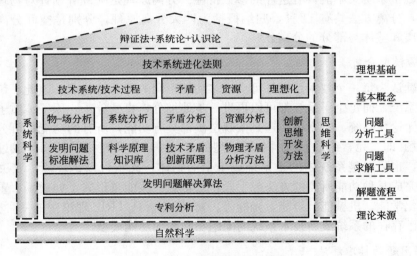

图 1.26 TRIZ 的理论体系

1.6 应用 TRIZ 理论的一般过程

TRIZ 解决发明创造问题的一般方法是，首先将要解决的特殊问题加以定义、明确；然后，根据 TRIZ 理论提供的方法，将需解决的特殊问题转化为类似的标准问题，而针对类似的标准问题已总结、归纳出类似的标准解决方法；最后，依据类似的标准解决方法就可以解决用户需要解决的特殊问题了。当然，某些特殊的问题也可以通过试错法或头脑风暴法直接解决，但难度很大。TRIZ 理论的一般求解过程如图 1.27 所示。

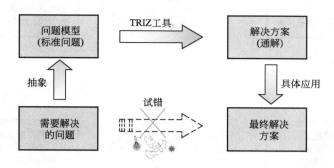

图 1.27　TRIZ 理论解决发明创造问题的一般方法

为了更好地理解 TRIZ 的解题过程，以一个初中数学运算为例：假设取一块 $80 \times 60\text{cm}^2$ 的矩形白铁皮，在它的 4 个角上截 4 个大小相同的正方形，然后把 4 边折起来，做成一个没有盖子的长方体盒子。如果做成底面积为 1500cm^2 的长方体盒子，截下的小正方形的边长是多少 cm？看到这个问题后，首先要把具体的问题转化为标准的数学模型（算式），然后应用运算工具得出结果，再将结构转化成具体问题的答案。数学模型（一元二次方程的运算公式）是固定的，不依赖于具体的问题，任何具体的问题只要转化为标准的数学模型就可以通过数学的方法得到需要的结果，如图 1.28 所示。

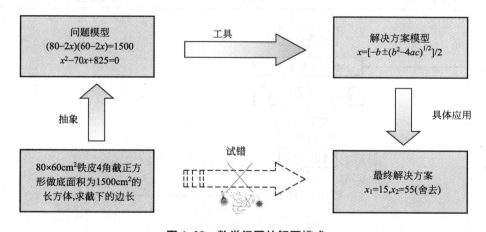

图 1.28　数学问题的解题模式

同理，为增大采煤机摇臂的调高范围，采煤机摇臂需要有足够大的长度以满足大采高的需要，这样会导致摇臂内传动结构变得复杂，齿轮数增多、传动链增长导致传递效率低，而且惰轮承受的转矩较大容易损坏，从而影响采煤机的正常使用；另一方面为了减少能量的损耗需要缩短传动链的长度，因此要求摇臂的长度既短又长，存在着物理矛盾，同时传动装置的复杂性、摇臂长度导致的能量损失增大和齿轮磨损加剧，这些参数之间又构成多对矛盾。应用 TRIZ 矛盾解决原理进行传动系统的方案求解，如图 1.29 所示。

TRIZ 理论的主要工具体系见表 1-2。

TRIZ 理论解决问题的一般步骤如图 1.30 所示。

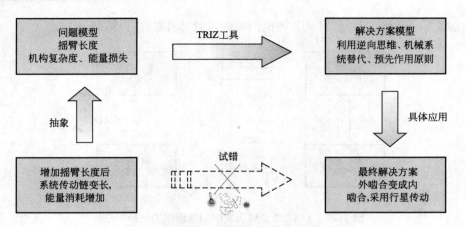

图1.29 大采高采煤机摇臂传动系统分析框图

表1-2 TRIZ理论的主要工具体系

问题模型	工具	解决方案模型
技术矛盾	矛盾矩阵	创新原理
物理矛盾	分离原理	创新原理、标准解
物-场模型	标准解系统	标准解
功能化模型	知识库	知识库中的方案

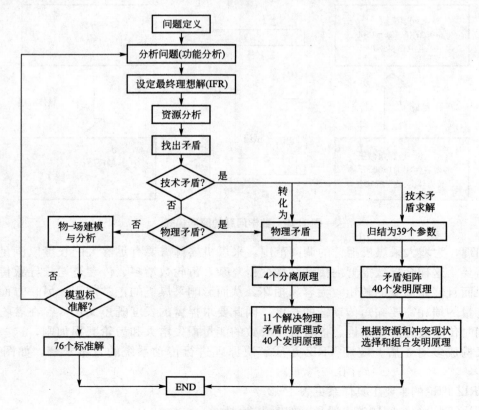

图1.30 TRIZ理论的解题步骤

1.7 TRIZ 理论需要改进的地方

尽管 TRIZ 理论已经发展了几十年，其成熟部分也已解决了许多设计难题，产生了巨大的经济效益，但随着 TRIZ 理论在工程实例中应用的扩大，其自身也暴露出了一些弱点。这些暴露出的弱点正是 TRIZ 理论需要自我完善的地方。这些方向可归结为以下几个方面。

1. TRIZ 的一般过程

在 TRIZ 解决问题的过程中，将问题的通解具体化是一个难点，这需要有深厚的领域背景知识。TRIZ 理论认为，一个成功的设计可由如下公式描述。

$$S = P_c \times P_{kn} \times (1+M) \times (1+T)$$

式中，S——成功的设计；

P_c——个人解决问题的能力；

P_{kn}——领域知识的水平与经验；

M——TRIZ 方法论与哲学思想的运用；

T——TRIZ 工具的运用。

在公式中，P_c 和 P_{kn} 都与领域知识有关。因此，尽管 TRIZ 理论的创始人阿奇舒勒否认了经验知识在 TRIZ 理论中的重要性，但从上述公式可以看出经验知识依然对 TRIZ 理论的应用构成了重要的支持。所以，在 TRIZ 理论中融入经验思维模式应是 TRIZ 理论在应用中的一个发展方向。

2. 物-场模型及符号系统

物-场模型是 TRIZ 理论中一个非常重要的工具，该模型对于描述产品的一个功能是方便的。但是一个产品往往有多个功能，当该模型用于描述多功能技术系统时便会遇到很大困难，甚至无法进行描述。因此，按照阿奇舒勒物-场模型提出适应性更强的符号系统是 TRIZ 理论本身发展的一个方向，例如 Zinovy、Terninko 等人提出了更新的符号系统。

3. 矛盾解决理论

一些读者认为矛盾及解决技术中的 39 个标准参数或通用工程参数及 40 个解决原理还不完善。近年来 TRIZ 应用实例表明，有些设计中的明显矛盾用 39 个参数不能描述（现在已经扩展到 48 个），因此，也就不能选择矛盾解决原理。如果增加矛盾的标准参数个数，矛盾解决矩阵如何改变？40 个解决原理是否已覆盖了所有的设计问题（现在已经有 50 多条创新原理）？如果增加个数，矛盾矩阵如何改变？这些问题现在还没有答案。这些问题也是 TRIZ 理论发展的一个方向。

4. ARIZ 算法

在实用中，ARIZ 算法存在一些缺陷，例如不易确定"最小问题"。现在对 ARIZ 的改进主要从以下 4 个方面进行。

（1）引入问题程式过程的内容。其一能对初始问题进行描述，这种描述有助于解决问题；其次能对问题所处的环境进行描述，以便能选择更有希望的问题陈述。

（2）应尽可能多地采用产生解的工具。

（3）提供多种问题典型描述的菜单。

（4）使 ARIZ 应用更加方便，即采用结构化的方法，使微观算法、例题、定义等分开。

TRIZ 和所有学科一样也呈螺旋状发展。阿奇舒勒曾说："一个创造体必须善于解决复杂的问题。目前时机对于 TRIZ 有益。第一代已经奠定了 TRIZ 的基础。但对于真正的研究来说，这一代还缺乏足够的勇于冒险的精神。"新一代的研发人员需要善于并勇于去粗取精，开启 TRIZ 的新时代。

1.8　如何学习 TRIZ 理论

TRIZ 理论自问世以来已解决了无数的技术难题，越来越多的人开始学习它并将其运用于创新实践当中。对于技术创新，TRIZ 理论提供了科学而强大的工具体系，但应当注意的是，TRIZ 理论绝不仅仅是各种创新工具的简单集合，而是一套全面而综合的创新理论，且其本身仍处在不断发展完善之中。要想全面掌握 TRIZ 理论并在创新实践中灵活运用，需要经历一个较长的学习和实践过程，还要掌握正确的学习方法。

（1）坚定学习信心。许多刚刚接触 TRIZ 理论的人都会有这样的感受：这个理论太复杂了、太难了，它不适合于我所从事的专业，我又不是搞创新发明的，学了也没用……其实这些想法都是错误的。当今社会中，创新对于每个人来说都是重要的，TRIZ 理论也不是只有少数人才能学懂。TRIZ 理论创始人有一个著名的论断：发明问题的解决并不需要多少新知识，而是需要对现有知识进行良好的组织。无论你学识如何，无论你从事的是什么行业，你都会在 TRIZ 理论的学习中取得丰厚的收获，这些收获将使你受益一生。

（2）正确认识 TRIZ 理论。TRIZ 理论源于技术系统的创新，对于解决技术领域的创新问题有强大的支持能力。TRIZ 理论的许多工具都可以应用于非技术领域问题的解决，但还需要一个进一步完善的过程。应注意以下几个问题。

① TRIZ 理论不是数学的、定量的理论，而是定性的理论。

② TRIZ 理论仅仅是思维的工具，它服务于思维，而不取代思维。

③ TRIZ 理论是同创新能力和专业知识结合在一起的。

④ TRIZ 理论本身还未达到 S 曲线的成熟期。

⑤ TRIZ 理论并不排斥其他创新方法，许多优秀的创新思维方式和方法都可以和 TRIZ 理论有机结合。

（3）打破思维惯性，养成积极思维的良好习惯。创新的过程就是一个积极思维的过程，惯性思维是阻碍创新的枷锁。TRIZ 理论为人们提供了一系列打破惯性，积极思维的方法，如最终理想解、九屏幕法、小人法等，在创新实践中要充分应用这些方法。

需要强调的是，要避免使用专业术语陈述问题，这是 TRIZ 理论的"黄金"规则。应该学会用非专业人员甚至学生都能理解，至少是高年级中学生都能看懂的"通俗"的书面方法描述任何问题。如果不能用通俗语言表达出问题所在，则证明问题解决者本身没有足够全面和准确地理解它。

（4）准确把握 TRIZ 理论的核心与精髓。TRIZ 理论认为技术系统是动态的、不断进化的，有其自身的规律性。TRIZ 理论在具体应用中的三大核心点是理想解、矛盾和资源，它们贯穿于解决问题的始终。在应用 TRIZ 理论解决问题时，头脑中应时刻地问：最终理想解是什么？矛盾是什么？有什么可利用的资源？

（5）形象思维与图解。在学习与应用 TRIZ 理论过程中要做到抽象思维与形象思维的有机结合。直观元素在创新实践中始终发挥着重要作用，在 TRIZ 理论的读物中，人们经常可以看到一些极具创意的情境漫画。这些漫画通过生动的造型、夸张的表现手法和"超现实"的意境为学习者创造了广阔的遐想空间，对激发创新思维具有很大的帮助作用。TRIZ 理论非常重视"图解"在创新发明过程中的运用，每一个步骤都尽量绘出图解，这对问题的解决会有很大帮助。

（6）再发明。TRIZ 理论是一门经验科学，经验源于实践，人们从没有见过一个书法家只研究过一些书法理论和名帖，而从没有上千次地进行书写练习实践；从没有见过一个游泳冠军只读过几本训练教材，而没有经过多年的游泳训练。实践 TRIZ 的最好方法就是"再发明"。再发明是 TRIZ 理论学习与实践的基础手段。它是用 TRIZ 的理论、工具和模型对已知优秀专利技术进行分解和剖析，模拟发明过程的一种方法。

TRIZ 理论在分析每一个现有发明时，就看作是建立在 TRIZ 理论基础上的。应用 TRIZ 的方法对其进行"重新发明"，以获得经验，这个过程就是再发明。

再发明是著名 TRIZ 理论专家米哈依尔·奥尔洛夫提出的，他认为 TRIZ 理论教学和运用的概念原理可以简单地表达为一个三段式：再发明、标准化和创新引导。所有 TRIZ 理论的经验都源于实践，源于对实际发明和高效率创新解法的分析。再发明正是研究和萃取这些创新解法中最主要的探索过程。再发明由 4 个基本阶段构成：趋势、简化、发明、延伸，它们共同构成了发明 Meta -算法。依据 TRIZ 理论的解模式，再发明的过程如图 1.31 所示。

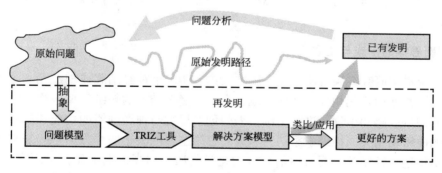

图 1.31 再发明过程图解

（7）原理提取。所谓原理提取就是在研究现有发明时，将其所应用的 TRIZ 理论原理（不管该发明是否用了 TRIZ 理论）逐一提取出来，并标出主次。这是积累解决问题经验的最好方法之一。要重点关注方法的原理，而不是例子本身，因为所有方法的力量都在它的原理中，在于阐述用于解决问题方法的能力。

（8）随时记录自己的心得和想法。记录也是 TRIZ 理论的"黄金"规则。随时做好记录是一个良好的习惯，在学习和应用 TRIZ 理论的过程中，要认真记录下自己的理解和产生的思路。

第**2**章
创新思维方法

2.1 创 新 思 维

    思维是人脑对客观现实的概括和间接的反映,它反映的是事物的本质和事物间规律性的联系。创新思维是人类思维活动之一,是人的一切创新活动的基础。创新的核心在于创新思维。创新思维是指在思考过程中采用能直接或间接起到某种开拓、突破作用的一种思维。创新思维是人们在已有经验、知识的基础上,从某些事实中更深一步地找出新关系,寻求新答案的思维活动。它需要逻辑思维作为基础,也需要非逻辑思维在一定环节和阶段上发挥作用。

2.1.1 创新思维的形成与发展

    现代医学科学研究成果表明,在人脑中大约有 10^{11} 个神经细胞或神经元,每个神经元平均与数万个其他神经元相连,从而构成了有千万亿个结点的超级巨型网络。凭借这一神经网络,人们可以感知事物,进行思维。人的创新思维与神经网络的构成和神经元内形成信息流的物质密切相关。神经学家认为,人的思维主要取决于两个方面:一是神经细胞的联结;二是传递、控制神经网络中信息流的化学物质。用高倍电子显微镜观察神经网络,它们仿佛是一团杂乱无序的丝线团。研究表明,与任一特定的神经元形成接触的神经细胞大约在 1 万到 10 万之间。也就是说,任一神经元将为神经网络中相连的其他神经元输送或接收的信息流是一个非常复杂的信息交换过程。汇集于一神经细胞外的不同的输入状态将导致不同质和量的信息传递物质(简称递质),递质在突触处与相关神经细胞膜中的特定物质(称为受体)相结合,从而触发神经细胞内部的一系列反应,形成某种特定活动的内部形态,同一瞬时的递质的质与量决定了其与受体结合的方位和程度。

    必须指出,神经网络间的信息在每一环节都具有巨大的灵活性和多样性的可能空间,因此,人在每一瞬时的感受及思维一定与另一瞬时的感受及思维迥然不同。

    试验证明,大脑神经网络中的突触是可以通过训练改变的,递质、受体也随输入信息和积极有效的思索而有所变化。此外，人体摄入的食物和药物对递质等化学物质也会产生影响。

上述思维的生理机制是人类生命的属性，创新思维是对这种生命属性深层次的挖掘，是人类超越其他生物的决定性基础。

2.1.2 创新思维的特点

与非创新思维相比，创新思维具有以下特点。

1. 求异性

求异性是指思维方式的求异性，主要是针对求同性而论的。求同性是人云亦云，照葫芦画瓢。而求异性则是与众人、前人不同，对司空见惯的现象和已有的权威性理论始终持一种怀疑的、分析的、批判的态度，而从不盲从和轻信，并用新的方式来对待和思考所遇到的一切问题，是独具卓识的思维。

求异性思维的独特性和新颖性，主要表现为选题的标新立异、方法的另辟蹊径、对异常的敏感性以及思维的独立性。例如，美国某公司的一位董事长有一次在郊外看一群孩子玩一只外形丑陋的昆虫，并且爱不释手，这位董事长当时就想，市面上销售的玩具一般都形象俊美，假如生产一些形状丑陋的玩具，效果又会如何呢？于是他安排自己的公司研制一套"丑陋玩具"，并迅速推向市场。结果一炮打响，丑陋玩具深受孩子们的青睐，非常畅销，给公司带来巨大的经济效益。

2. 开放性

开放性是指思维结构的开放性，主要是针对封闭性而论的。封闭性思维是指习惯于从已知经验和知识中求解，偏于继承传统，照本宣科，落入"俗套"，因而不利于创新。而开放性思维则是敢于突破定式思维，打破常规，挑战潮流，富有改革精神。

开放性思维强调思维的多向性，即从多种角度出发考虑问题。其思维的触角向各个层面和方位延伸，具有广阔的思维空间。开放性思维强调思维的灵活性，不依照常规思考问题，不是机械的重复思考，而是能够及时地转换思维视觉，为创新开辟新路。国外有心理学家曾做过这样一个实验，叫人用 6 根火柴搭出 4 个三角形来。结果，多数人搭不出来，因为他们的思想受到了"平面"的束缚，只想到在平面上排三角形。如果跳出"平面"的限制，扩展到"空间"，想到"立体"，很快就可以搭成一个三角锥体而排出 4 个三角形。

3. 突发性

突发性是指思维过程的突发性。创新思维的进程不是连续的，而是间断的。其思维进程往往在某个特定的时间中断，而在某一不确定的时刻它所需要的思维结果突然降临，从而表现为一种突发性。这种突发性思维成果的出现并不是偶然的，而是在长期量变基础上所实现的质的飞跃。这种非逻辑性的突变一般的表现形式是人们通常所说的直觉与灵感的顿悟。

例如古希腊科学家阿基米德在沐浴时突然解决了国王要求他检验工匠是否在新制的金冠中掺了假的难题的传说。当时，科学检验的手段很不发达，阿基米德为了解决这一难题苦思冥想，然而却百思不得其解。他后来回家休息，在入盆洗澡时，体会到水的浮力，于是头脑中豁然开朗，可以对比金冠与之重量相同的纯金块在盆中所排开的水的体积来解开金冠之谜。通过试验验证，果然成功地解决了这个难题。这以后，又经过大量试验的检验与归纳，阿基米德把这一灵感思维逐步演变成了逻辑思维的结果，诞生了阿基米德第一定律——浮力定律。

4．综合性

综合性是指思维运行的综合性。在创新思维中，既要善于智慧杂交，大量汲取前人与今人智慧宝库中的精华；又要善于思维统摄，把大量概念、事实和观察材料综合在一起，加以概括和整理，形成科学的概念和系统；更要善于辩证分析，对占有的材料进行深入分析，把握它们的个性特点，然后从这些特点中概括出事物的规律；还要善于形象组合，把不同的形象有效地综合在一起。创新思维是逻辑思维与非逻辑思维有机结合的产物。

5．效用性

效用性是指思维成果的效用性。创新思维的成果不仅具有很强的新颖性和独创性，而且具有很强的建设性和效用性。创新思维的成果既是突破传统理论的新的发现和发明，又是经过实践检验的解决问题的新方法和新思路。

2.2　思　维　惯　性

思维是一种复杂的心理现象，是人的大脑的一种能力，往往是基于经验的。思维惯性表现为这次这样解决了一个问题，下次遇到类似的问题或表面看起来相同的问题，不由自主地还是沿着上次思考的方向或次序去解决。比如说到西瓜，头脑中就会立即浮现出西瓜的形状、颜色、大小、味道等，之所以如此，是因为经常见到和吃到西瓜，在头脑中已经形成了对西瓜的综合印象。如果这时候有人对你说西瓜是方形的、酸的，你一定会反驳说：“不对，西瓜是圆的、甜的！”经验已经使你对“西瓜”的思维形成了“惯性”。

2.2.1　什么是思维惯性

所谓思维惯性（又称思维定式）是人们根据先前的活动和已有经验，在头脑中形成的一种固定思维模式，即思维习惯。

思维惯性可以使人们在从事某些活动时相当熟练，省去许多摸索、试探的步骤，不走或少走弯路，缩短思考的时间，提高效率。例如专家们常常能很快找到解决本专业问题的有效方法，这主要是因为他们的头脑中已经存在许多有关专业问题的思维定式。这也就是人们所说的举一反三、触类旁通，高效率地理解和解答学习中碰到的问题。在学校里，老师经常会鼓励学生准确而迅速地形成学习上的思维定式。

思维惯性是人通过不断的学习和实践累积下来的经验，形成了自己独有的对世界、对客观的认识和认知的规律、途径，是人后天“学习”的结果。所以思维定式具有明显的个体性。儿童由于没有太多的经验束缚，思维具有广阔的自由空间——儿童的想象力是丰富的、天真的，甚至是可笑的。而随着年龄的增长、阅历的增加，人们就会逐渐形成惯性思维，对“司空见惯”的事物往往凭以往的经验去判断，而很少再去积极思考。这对于创新性问题是不利的，阻碍了思维的开放性和灵活性，造成思维的僵化和呆板，使得人们不能灵活运用知识，创造性思维的发展受到阻碍。

2.2.2 思维惯性常见的表现形式

思维惯性是一种格式化的东西，具有隐蔽性、持续性、顽固性等特征。思维惯性一经形成，就会如影随形，紧紧地把你粘住。因此，要打破思维惯性，了解在哪些方面容易产生惯性的思维，充分认识其危害，以使自己时时保持对它的警觉。人们的思维惯性有从众型、书本型、经验型、权威型、自我中心型、直线型、只寻求唯一标准答案型、术语型、麻木型等。如果要有所创新，人们一定要摆脱这些思维惯性的影响。

1. 从众型思维惯性

从众型思维惯性是指人们不假思索地盲从众人的认知与行为，俗称随大流。从众型思维惯性最大的特征是人云亦云，没有独立思考的品格。其根源在于人类是一种群居性的动物，为了维持群体生活，就必然要求群体内的个体保持某种程度的一致性。这种"一致性"便会成为"从众惯性"。思维上的从众思维使得个人有一种归属感和安全感，能够消除孤单和恐惧等有害心理。另外，以众人是非为是非，人云亦云是一种保险的处世态度。在社会中，如果一个人从众惯性差，常常被大家认为是"不合群"、"古怪"、"鹤立鸡群"等。只要有机会，大家就会对这种人进行攻击。

法国心理学家约翰·法伯曾经做过一个著名的实验，称之为"毛毛虫实验"：把许多毛毛虫放在一个花盆的边缘上，使其首尾相接，围成一圈，在花盆周围不远的地方撒了一些毛毛虫喜欢吃的松叶。毛毛虫开始一个跟着一个绕着花盆的边缘一圈一圈地走，一小时过去了，一天过去了，又一天过去了，这些毛毛虫还是夜以继日地绕着花盆的边缘在转圈，一连走了七天七夜，它们最终因为饥饿和精疲力竭而相继死去。

人们从小就知道乌鸦喝水的故事，讲的是乌鸦为了喝到瓶子里的水，用嘴把衔到的小石子放到瓶子里，使没装满水的瓶子里的水位得到提升，喝到了水。大家都夸乌鸦聪明。几年后，老乌鸦的后代3只小乌鸦之间进行了一场新乌鸦喝水竞赛。第一只小乌鸦得到了老乌鸦的嫡传，采用被大家公认为好的办法，到处去找小石子，用数量多的小石子来提升水位，水是喝到了，就是有点费时费力。在场的观众都叫好，说还是老办法好。第二只小乌鸦善于观察，看了看瓶子放的倾斜角度，在倾斜的基底处用嘴凿了凿，然后把瓶子推了推，产生一个倾斜角，水就流出来了一些，它也喝到了水，且要比第一只快一些。这时，台下的观众开始七嘴八舌地议论起来了，说这是什么办法呀，不算数。就在大家议论的时候，第三只小乌鸦心想我得动点脑筋，要是仿照前两只小乌鸦的做法最多和它们打个平手，灵感一闪，它衔了个麦秆，直接放到瓶子里，吸着喝，结果最快。此时，台下观众像捅了马蜂窝一样，大多数人都说这是违规，应该判第一只赢。但也有的说比赛就是看谁最先喝到水，谁就赢。最后，老乌鸦颇为感慨，真是长江后浪推前浪，一代更比一代强，想当初自己不也是打破常规才被大家表扬的么，遂判第三只小乌鸦赢。

其实，并不是大家都说好的办法是最佳的办法。第二、三只小乌鸦打破从众惯性和老乌鸦敢于承认的勇气都值得人们反思。如果在处理和决断事情时，缺乏独立思考的能力，没有或不敢坚持主见，仅仅是服从众人，最终形成的是人的惰性、盲从性。

2. 书本型思维惯性

书本型思维惯性就是在思考问题时不顾实际情况，不加思考地盲目运用书本知识，一切从书本出发、以书本为纲的教条主义思维模式。书本知识对人力所起的积极作用确实是巨大的。但书本知识也有其弱点，即滞后性。随着社会的发展，知识只有不断更新才能成为有效行动的信息，才能推动事业的进步和发展。由于书本知识与客观现实之间存在一段距离，二者并不完全吻合。于是，就有了书呆子、书生气、教条主义、本本主义的说法。

人们常说知识就是力量，但是如果不能将所学的知识灵活运用，知识并非就是力量。实际上人们只能认为知识是潜在的力量。要能够正确、有效地应用知识，它才能成为现实力量。不能认为谁读的书多，知识丰富，谁的力量就大，创新能力就强。

在天文学史上有类似事例：天文工作者勒莫尼亚在1750—1769年，曾先后12次观察到了天王星，但是有关天文学著作却一直认定，土星是太阳系最边缘的行星，太阳系的范围到土星为止。这一书本知识牢牢地束缚了勒莫尼亚，使他始终未能认识到，他所发现的这颗星也是太阳系的行星之一，直到十几年后，才最终由英国天文学家威廉·赫歇尔于1781年加以认定。

20世纪50年代初，美国某军事科研部门在研制一种高频放大管的时候，科技人员都被高频率放大能不能使用玻璃管难住了，研制工作一直没有进展。后来，发明家贝利负责的研制小组承担了这一任务，上级主管部门鉴于以往的经验，要求研制小组的人员不得查阅有关书籍，经过贝利小组的努力，终于研制成功频率高达1001个计算单位的高频放大管。在研制任务完成以后，研制小组的人想弄清楚为什么上级要求不得查阅资料。他们查阅了有关书籍后都十分惊讶，原来书上写着：如果采用玻璃管，高频放大管的极限频率是25个计算单位。可见，如果在研制过程中受到书本限制的话，研制人员就没有信心研制这样的高频放大管了。

书本知识是人们经过头脑的思维加工之后得到的一般性的东西。知识和创新能力之间实际上是一对矛盾。二者既有统一的一面，同时又有矛盾的一面。统一的一面表现在知识是创新能力的基础，知识越多，对创新能力的提高越有利，这是主要方面，这一点大家都十分注意。二者之间的对立面表现在，知识增多，创新能力不一定相应地提高，更不具有量的正比例关系。因为创新是在继承的基础上要有所突破，有所开拓，如果只是局限在已有的知识范围之内是很难有所创新的。另外，由于创新的对象是运动的、发展变化的，人们的认识能力也在不断地提高，已经有的某些知识会显得陈旧过时，会暴露出其不足的地方。因此在一定的条件下，知识有可能成为创新的障碍。

总之，如果能够把握好知识与创新能力之间的对立统一关系，就能够在创新实践过程中做到既有丰富的知识，同时又不为知识所累。

3. 经验型思维惯性

经验型思维惯性是指过分依赖以往的经验，不敢越出经验半步，而且习惯以经验为标准来衡量是非。

经验是人们日常生活和工作的好帮手。要是没有个体与群体经验的积累，人和社会的完善和进步是不能想象的。但是，经验成为定势就变成了创新的枷锁。因为经验有多方面的局限性：经验的时空狭隘性——南橘北枳、这个人的美味是那个人的毒药（One's meat, another's poison）；经验的主体狭隘性——把一张足够大的纸（厚度为0.045mm）对叠50次，有多厚？经计算大约为5000万千米，相当于地球到太阳的一半距离还多；行业的局限，隔行如隔山。

在人们生活的世界里，从幼儿到成年的各种各样的现象和事件会进入人们的头脑而构成丰富的经验。通常情况下，经验对于人们处理日常问题是有好处的。特别是一些技术和管理方面的工作就需要有丰富的经验。试想一想如果加工一个精密零件，具有熟练技术的工人能够很好地胜任这个工作；一个熟悉车间运作的管理人员能够很好地管理这个车间。

有一位思维学家用以下的题目对100人进行了测试，结果只有2人答对。题目是这样的：一位公安局长在茶馆里和一位老头下棋，正下到难解难分之际，跑来一位小孩，小孩着急地对公安局长说："你爸爸和我爸爸吵起来了。"老头问："这孩子是你的什么人？"公安局长回答道："我儿子。"请问这两个吵架的人与公安局长是什么关系？

人们根据经验来进行思维判断，习惯上总是把公安局长和男性联系在一起，进一步来说，题目中有"下棋"、"老头"、"茶馆"等支持这一思维定式，所以从经验出发是很难想象得到这位公安局长是一位女性。

著名的科普作家阿西莫夫天资聪颖，他一直为此洋洋得意。有一次，他遇到一位熟悉的汽车修理工。修理工对阿西莫夫说："嗨，博士！我出道题来考考你的智力，如何？"阿西莫夫同意了。修理工便说道："有一位既聋又哑的人想买几根钉子，来到五金商店，对售货员做了一个手势：左手两个指头立在柜台上，右手握成拳头做敲击状。售货员见了，给他拿来一把锤子。聋哑人摇摇头，指了指立着的那两根指头。于是售货员给他换了钉子。聋哑人买好钉子，刚走出商店，接着就进来一位盲人。这位盲人想买一把剪刀，请问：盲人将会怎样做？"阿西莫夫心想，这还不简单吗？便顺口答道："盲人肯定会这样——"说着伸出食指和中指，做出剪刀的形状。修理工笑了："哈哈，盲人想买剪刀，只需要开口说'我买剪刀'就行了，干吗要打手势呀？在考你之前，我就料定你肯定会答错，你所受的教育太多了，不可能很聪明。"

其实，并不是因为学的知识太多了，人反而变得笨了，而是因为人的知识和经验会在头脑中积累形成思维定式。这种思维定式会束缚人的思维，会使人习惯于用旧有的、常规的模式去思考和处理问题。当面临外界事物或现实问题的时候，人们就会不假思索地把它们纳入特定的思维框架，并沿着特定的路径对它们进行思考和处理。

4. 权威型思维惯性

权威型思维惯性是指在思维过程中盲目迷信权威，以权威的是非为是非，缺乏独立思考能力，一旦发现与权威相悖的观点或思想，便会认为其是错误或荒谬的。权威型思维惯性定式的产生有两个途径：其一是儿童在走向成年的过程中所接受的"教育权威"；二是由于社会分工不同和知识技能方面的差异所产生的"专业权威"，也就是人们所说的"专家"。权威是一种客观存在，在任何时代，只要有人的存在就会有权威的存在。事实上权威的观点也会受到人类对自然规律认识的局限性的影响，也是会犯错的，例如曾长期占统治地位的"地心说"，大发明家爱迪生曾极力反对使用交流电。

1769年，著名科学家瓦特发明了蒸汽机，瓦特也由此成为科学界权威人物，但是当时的瓦特并未考虑到蒸汽机的更大的用途——带动交通工具。他的助手默多科却想到了这一点，他经过5年的努力成功地发明了初期的火车，但是瓦特却担心火车会影响到否定蒸汽机的名誉而禁止默多科进一步改造，从而导致火车发明的中断。后来，英国技师——特里威雪科继续了默多科的发明，他首先改造了蒸汽机，却由此遭到瓦特的妒忌，瓦特公开否认了他的发明。特里威雪科并未放弃，他又接连制造了4辆火车。但是由于瓦特的否定，人们甚至不想了解他的发明，最终特里威雪科也失败了。由于瓦特的一次次干涉，导致火车一直到 1825 年才被斯帝文森成功地发明出来。由于瓦特的否定，火车的发明被一次又一次的中断，连大科学家都否定的东西那一定会有问题，优势再大也是有问题的，可见盲目相信权威会危害到社会的进步。

科学史上也有不少由于权威型思维定式造成与科学发现和发明失之交臂例子，例如 20 世纪 50 年代初，美籍华裔生物学家徐道觉的一位助手在配制冲洗培养组织的平衡盐溶液时，由于不小心，错配成了低渗溶液，低渗溶液最容易使细胞胀破。当他将低渗溶液倒进胚胎组织，在显微镜下无意中发现，染色体滋出后铺展情况良好，染色体的数目清晰可见，这本来是观察人类染色体确切数目的最好时机，但是他盲目地相信了美国遗传学家科特 20 年代初提出的理论，即由大猩猩、黑猩猩的染色体是 48 个推断人类的染色体也是 48 个，因此他错过了重大发现的机会。后来又过了几年，另一位美籍华裔科学家蒋有兴也是采用了低渗技术，终于发现了人类的染色体是 46 个。

盲目相信权威只会带来不良后果，因为权威并非圣贤，他们也会出错，如果盲目相信权威，而不经过自己的思考和判断，那只会把错误扩大化。从创新思维培养的角度来说，人们需要突破旧权威的思维束缚，不需要沿用权威的思路，时刻警惕权威型思维定式。

5. 自我中心型思维惯性

自我中心型思维惯性是指人在日常的思维活动中想问题、做事情完全从自己的利益与好恶出发，主观武断，不顾他人的存在和感觉。这是由于每个人都有自己独特的经历、经验和个性，不同的人具有不同的价值观念。

有科学家做过这样的实验：他找来一些人分成 3 组，每组的人由他指定两个两个地传递信息，每两个人得到一套骨牌，其中 A 的骨牌很有规律地排列，B 的骨牌则是乱的，要求 A 告诉 B 如何把他手中的骨牌排成像 A 手中骨牌的顺序，其中各组有不同的规则和限制条件。第 1 组中的 A 可以对 B 说话，但不许 B 回答。实验结束时，小组中的 B 无一人把排列顺序做对。第 2 组的 B 也不能同 A 说话，但可以按电铃示意 A 重复他的指示，实验结束时，有些小组的 B 把顺序搞对了。第 3 组的 A 和 B 可以自由交流，实验结束后，每个 B 把顺序做对了。这组实验说明由于人们的自我中心型思维定式极其容易造成人们误解所研究的客观对象。

如果被自我中心型思维惯性所困，那么就很容易造成人与人之间沟通的困难，造成不能勇于承认自己错误的结果。

6. 直线型思维惯性

直线型思维惯性是指人面对复杂和多变的事物仍用简单的非此即彼或者按顺序排列的方式去思考问题，不善于从侧面、反面或迂回地去思考问题。

3 个科学家乘坐一个热气球，一位是粮食科学家，他能解决未来世界 100 亿人的吃饭问题。一位是核物理学家，他能解决核污染问题。第三位是环卫学家，他能解决全球生态平衡并保护人类与自然和谐共存的问题。非常不幸的是，热气球出了故障，必须有一位科学家跳下去，才能使另外两名科学家的生命得救。创新科学家提出这个问题请大家回答，参加应试的人年龄、文化、职业、经历各不相同，结果议论纷纷，各说不一，都不能确定答案。结果获奖的是一位 11 岁女孩，答案是扔下最胖的那一个！一家 4 口中，老母亲、丈夫、妻子和 4 岁的孩子在湖面上划船，突然狂风骤起，一个浪头打过来，老母亲、孩子、妻子 3 个人落水，这位丈夫先救谁？大家都没有确定。结果是一位 5 岁的男孩回答对了这个问题，答案是谁离丈夫近先救谁。

直线型总是在两种或几种比较中见长短、轻重和利弊，限制了创新性思考。孩子们为什么能突破非此即彼、依顺序思考问题，而能走向"只有放弃，才有选择"的正确之路，这是由于他们受大脑直线型的影响甚少。

7. 只寻求唯一标准答案型思维惯性

一位美国学者说："一个读完了普通大学的学生将进行 2600 次测试、测验和考试，于是那个'标准答案'的态度在他们的思想中变得根深蒂固。"对于某些常见的问题而言，这也许是好的，因为这些问题确实只有一个正确的答案。但是现实生活中大部分问题并不是这样的。生活是模棱两可的，有很多正确的答案，如果你认为只有一个正确的答案，那么当你找到一个时，你就会停止寻找。实际上这些学科中的有关定理和公式是人创造出来的，只是在学校里不教给学生这些定理和公式是可以改变的，而是讲这些是被肯定了的。

由于在学校里长期受到唯一标准答案的教育，那么在毕业以后进入工作单位，当企业领导要求他发明一种新的产品、开拓一方市场时，他往往会手足无措。如果在进行创新设计和发明的时候，匆忙地只想出一个主意就急于拍板定案，那么很难有真正高质量高水平的最佳方案。

总之，如果要有所创新，有所创造，就要善于发现众多的可能性，每一种可能性都有成功的希望。有些习惯和行为有助于创造力发挥作用，有些则会严重破坏创造力。寻找唯一答案就会妨碍创造力的发挥，寻找多种可能性则会推动创造力的发挥。

8. 术语型思维惯性

术语是人们在实践中总结出来的，用来描述某一领域事物的专用语。术语包括专业性很强的术语，如四强雄蕊、歼-10、令牌环、夸克；工程通用术语，如整流器、传感器、容积、质量；定理、定义术语，如阿基米德定律、右手法则、高斯定理、狭义相对论；功能术语，如计时器、支撑物、油漆、切割器；日常生活术语、儿童术语，如餐刀、锅、杯子、绳子及儿童能明白的词汇。

术语会使人的思想局限于其所描述事物的领域或该领域的某个方向，或因对该术语描述事物的习惯印象而"隐藏"掉某些特性，从而在描述问题时产生遗漏或缩小物质可能存在状态的范围，产生术语思维惯性。例如，"容积"通常需要对测量数据的运算获得，但也可以通过其他简单的方式获得；"油漆"这一术语会使人只想到固态的或液态的，而油漆也可以是气态的。

有一次，爱迪生让一个学数学的助手算一下形状不规则的玻璃灯泡的容积。这个助手列出好多算式，也没算出结果。只见爱迪生拿起玻璃灯泡往里灌满水给他说："把水倒进量杯看看刻度，就知道答案了。"

9. 麻木型思维惯性

麻木型思维惯性就是不敏感，思维欠活跃，注意力不集中，总是兴奋不起来。人们都听说过"温水煮青蛙"的寓言，如果将一只青蛙放进沸水中，它会立刻试着跳出。但是如果把青蛙放入温水中，不去惊吓它，它将在水中不动。这时如果慢慢将温度升高，青蛙仍然不动，随着温度的慢慢上升，青蛙变得越来越虚弱最后无法动弹。为什么会这样？因为青蛙体内感应威胁的器官对外界反应迟钝，这说明青蛙处在温水中容易产生麻木现象。

20 世纪 70 年代到 80 年代，苏联科学院无机材料研究所的夏布里津教授早在 1978 年就合成了斓铜氧化物，同时发现了这种物质具有温度下降时电阻会趋于减小的特性。1980—1981 年，他在实验室中一次又一次地发现，斓铜氧化物在温度降低到－233℃时，电阻现象便消失。这本应该是给以高度重视和深入研究的极其重要的现象，但是夏布里津教授和另外一位物理学家都由于这一现象的多次出现，日益丧失了新鲜感和新奇感，把它看得越来越寻常、平凡，认为不值得研究，最后仅仅视为一种"表面异常"便放过了它。几年后，两位瑞典科学家缪勒和柏诺兹终于发现，这是一种人类以前所不了解的超导现象。他们从此为人类开辟了研制多种多样超导材料的广阔天地。这两位物理学家因此获得了 1987 年的诺贝尔物理学奖。

曾以人工合成尿素的实验结果震惊化学领域的德国化学家维勒在 1830 年研究墨西哥出产的一种褐色铅矿石时，意外地发现其中含有一些呈现多种颜色的金属化合物。大自然向维勒透露了宝贵的信息。但维勒看到这种化合物的一些特征同早已发现了的"铬"相似，于是他便想当然地断定矿石中含有"铬"，也不再进行深入的分析。第二年，瑞典化学家肖夫斯唐姆在瑞典的矿石中也见到了这样的金属化合物，而且同维勒一样，也发现了它同金属元素"铬"相似，但是肖夫斯唐姆没有轻易地做出结论，而是积极探索，对矿石的化学成分进行了细致的分析。他通过多次实验，最终断定其中并无铬元素，那是一种以前没有发现过的新元素，这种元素就是"钒"。维勒看到了这个消息后，恍然大悟，钒元素正是从自己的眼皮底下溜走的元素，心里十分懊悔。

习以为常是人的思维本能，它一方面规范了人们的行为和思维模式，让人们顺其自然，轻松地生活，但是它又局限了人们的思维。作为需要进行创新思维的人来说是极其不利的。人们需要对各种自然奥秘抱有强烈的好奇心，还要不断培养和加强自己的好奇心，警惕和克服麻木迟钝的思想情绪。强烈的好奇心是创新意识和创新精神的驱动器，年轻人尤其要注意培养自己的强烈好奇心。

2.3　传统创新思维方法

创新思维最大的敌人是思维惯性。世界观、生活环境和知识背景都会影响到人们对事对物的态度和思维方式，不过最重要的影响因素是过去的经验。生活中有很多经验，它们会时刻影响人们的思维。

积极思维是创新的前提，历史上所有重大发明创造无一不是积极思维的产物。积极思维需要科学的方法才能提高创新的质量和效率。古往今来，人们在创新实践中发明了许多积极思维的方法，尤其是 20 世纪以来，出现了"头脑风暴法"、"焦点客体法"、"六项思考帽法"、"检核表法"等诸多积极思维方法，并由此产生了一大批创新成果。这些方法都能和 TRIZ 理论很好地融合，同时也为学习 TRIZ 理论提供很好的借鉴。下面对一些常见的思维方法做简要介绍。

2.3.1　试错法

试错法是设计人员根据已有的产品或以往的设计经验提出新产品的工作原理，通过持续的修改和完善，然后做样件。如果样件不能满足要求，则返回到方案设计重新开

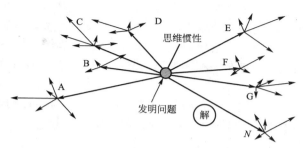

始，直到证明样件设计满足要求，才可转入小批量生产和批量生产的方法。如图 2.1 所示，设计人员根据经验或已有的产品沿方向 A 寻找解，如果扑空，就调整方向，沿着方向 B 寻找，如果还找不到，再变换方向 C，如此一直调整方向，直到第 N 个方向碰到一个满意的"解"为止。这是最原始的求新方法，也是历史上技术创造的第一种方法。

图 2.1　试错法示意图

由于设计人员不知道满意的"解"所在的位置，在找到该"解"或较满意的"解"之前，往往要扑空多次、试错多次。试错的次数取决于设计者的知识水平和经验。所谓创新是少数天才的工作，正是试错法的经验之谈。

对于发明创造而言，多少年来人们采用的是"试错法"，只有少数聪明人经过艰苦不懈的努力取得成功，这种成功没什么规律可言，也无法传授。

这里是一个利用试错法的典型事例，讲述的是查尔斯·固特异(Charles Goodyear)如何发明硫化橡胶(即制造橡胶)方法的故事。有一天，他买了一个橡胶救生圈，决定改进给救生圈打气的充气阀门。但是当他带着改造后的阀门来到生产救生圈的公司时，他得知如果他想成功的话，就应该去寻找改善橡胶性能的方法。当时橡胶仅仅用作布料浸染剂，比如当时非常流行的查尔斯·马金托什发明的防水雨衣(1823 年的专利)。生橡胶存在很多问题：它会从布料上整片脱落，完全用生橡胶制成的物品会在太阳下熔化，在寒冷的天气里会失去弹性。查尔斯·固特异对改善橡胶的性能着了迷。他瞎碰运气地开始了自己的实验，身边所有的东西，如盐、辣椒、糖、沙子、蓖麻油甚至菜汤，他都一一掺进干橡胶里去做试验。他认为如此下去，早晚他会把世界上的东西都尝试一遍，总能在这里面碰到成功的组合。查尔斯·固特异因此负债累累，家里只能靠土豆和野菜根勉强度日。据传说，那时如果有人来打听如何才能找到查尔斯·固特异，小城的居民都会这样回答："如果你看到一个人，他穿着橡胶大衣、橡胶皮鞋，戴着橡胶圆筒礼帽，口袋里装着一个没有一分钱的橡胶钱包，那么毫无疑问，这个人就是查尔斯·固特异。"人们都认为他是个疯子，但是他顽强地继续着自己的探索。直到有一天，当他用酸性蒸汽来加工橡胶的时候，发现橡胶得到了很大的改善，他第一次获得了成功。此后他又做了许多次"无谓"的尝试，最终发现了使橡胶完全硬化的第二个条件：加热。当时是 1839 年，橡胶就是在这一年被发明出来的。但是直到 1841 年，查尔斯·固特异才选配出获取橡胶的最佳方案。

查尔斯·固特异的一生只解决了一个难题，对于他而言，要获得"发明的技巧"，他一次生命的时间远远不够。实际上，甚至在解决这一个问题的时候他也是非常幸运的，大多数研究者在解决类似的难题时，往往用了一生的时间也没有任何结果。

试错法的成果在 19 世纪是非常卓著的。电动机、发电机、电灯、变压器、山地掘进机、离心泵、内燃机、钻井设备、转化器、炼钢平炉、钢筋混凝土、汽车、地铁、飞机、电报、电话、收音机、电影、照相等的发明都是由试错法带来的。如何来解释这种神速的进步呢？虽然试错法效率很低，但是这种方法仍然没有失去它担当解决创造性难题的重任的能力。这是因为：其一，时代出现了科学和技术的联盟；其二，在技术创造中涌入了越来越多的发明家和研究人员；其三，对显而易见的（不需要深入研究的）自然效应和现象的研究及它们在技术中的直接应用继续进行着，因为当时的技术系统相对来说比较简单。然而实际中常常会出现一些棘手的创造性难题，依靠试错法解决它们至少要耗费几十年的时间。这些难题并不都是那么复杂，但就算是简单的问题，试错法也常常束手无策，无计可施。

试错法是一条漫长的路，需要大量的牺牲和浪费许多不成功的样品。在尝试 10 种、20 种方案时是非常有效的，但在解决复杂任务时，则会浪费大量的精力和时间。随着技术的加快发展，试错法越来越不适应需要。例如，为了筛选出最理想的核反应堆或快速巡洋舰，人们不可能建造几千个来逐一尝试。

2.3.2　头脑风暴法

头脑风暴法（brainstorming）简称 BS 法，又名智力激励法、脑轰法、畅谈会法、群议法等，发明者是现代创造学的创始人、美国 BBDD 广告公司副经理阿历克斯·奥斯本。奥斯本于 1938 年首次提出头脑风暴法，最初用于广告设计，是一种集体创造性思维方法。"头脑风暴"的概念源于医学，原指精神病患者头脑中短时间出现的思维紊乱现象，称为脑猝变。病人发生脑猝变时会产生大量各种各样的胡乱想法。创造学中借用这个概念比喻思维高度活跃、打破常规的思维方式而产生大量创造性设想的状况。头脑风暴法是运用群体创造原理，充分发挥集体创造力来解决问题的一种创新思维方法。其中心思想是，激发每个人的直觉、灵感和想象力，让大家在和睦、融洽的气氛中自由思考。不论什么想法，都可以原原本本地讲出来，不必顾虑这个想法是否"荒唐可笑"。

现在世界上大约有十几种头脑风暴的形式，如个人的、双人的、多阶段的、分阶段的、想法研讨式的、受控会议式的等。所有这些方式都不如单纯的头脑风暴有效，因为试图控制自然力作用过程的企图恰恰损害了头脑风暴中最有价值的架构——为非理性想法的出现创造条件。使用头脑风暴法可分为 2 步走，首先是利用头脑风暴产生想法，然后对想法进行过滤。

假设甲、乙、丙 3 个人进行头脑风暴。

第 1 步：发散思维。由于 3 个人的知识结构不同，对同一个问题求解的出发点不同，每个人先在自己熟悉的领域及附近发表意见。丙沿方向 A 提出设想，乙在此基础上向方向 B 延伸，甲又沿方向 C 延伸，方向（A—B—C）形成了"思路"。然后进行第二次头脑风暴，甲、乙、丙分别使设想向 D、E、F 延伸，方向（D—E—F）形成了另一条"思路"。小组的讨论结果可形成多条思路。

第 2 步：集中思维。对大量的思路进行筛选分析，确定可能的问题"解"。本步骤将耗费大量的时间和精力，而且存在取舍的选择难度，所以效率低下。许多问题的解决都因为这个步骤而延误时间。

必须指出，头脑风暴法是一种生动灵活的创造技法，应用这一技法时完全可以并且应该根据与会者的情况以及时间、地点、条件和议题的变化而有所变化、有所创新。实际上，各国的创造学家已经在实践中发展了奥斯本的头脑风暴法。例如中国机械冶金工会举办的一次合理化建议和技术革新工作研讨班，运用智力激励法思考"未来的电风扇"，36 个人在半小时内提出 173 条新设想。其中典型的设想有带负离子发生器的电扇、全遥控电扇、智能式电扇、理疗电扇、驱蚊虫电扇、激光幻影式电扇、催眠电扇、变形金刚式电扇、熊猫型儿童电扇、老寿星电扇、解忧愁录音电扇、恋爱气氛电扇、去潮湿电扇、衣服烘干电扇、美容电扇、木叶片仿自然风电扇、解酒电扇、吸尘电扇、笔记本式袖珍电扇、太阳能电扇、床头电扇、台灯电扇等。

2.3.3　列举法

1. 缺点列举法

缺点列举就是发现已有事物的缺点，将其一一列举出来，通过分析选择，确定发明课题，制订革新方案，从而获得发明成果的创新技法。它是改进原有事物的一种发明创新方法。

在社会生活中各种不方便、不称心的事物到处可见，尽善尽美的东西是不多见的。即便是长处，在它的背后也会有弱点和不足。只要发现使用的物品存在不合理、不习惯、不顺手、不科学的地方，经过认真分析研究，就能从中选出有益的发明课题。由于这时的选题和改进都有比较明确的目的性，所以就有较高的成功率。例如，麻婆豆腐是驰名中国的川菜中的一个品种。日本人学习中国制作豆腐的技术，然后从制作到烹调逐一环节进行改进。他们认为麻婆豆腐花椒放得太多，口味太麻，一般人接受不了。于是，把麻味减轻，采用保鲜包装，命名为日本豆腐，出口到世界各地，以至于美国人认为豆腐是日本人发明的。

运用缺点列举法的关键是寻找出生活中感到不便或有缺点的事物，即发现了需要，然后通过对其他事物的联想、借鉴、启发，最后找出解决的办法来。尽管世上万事万物都不是十全十美的，都存在着缺点，然而并非每一个人都能想到、看到或发现这些缺点。其中主要原因是人都有一种心理惰性，"备周则意惰，常见则不疑"，对于习以为常看惯的东西，常常会认为历来如此。而历来如此的东西总是完美的、没有缺点的，所以就不肯也不愿意再去寻找或挖掘它们的缺点，这样也就失去了对每个人来说可能取得发明成果的机会，实际上也就失去了每个人都应该具有的创造力。

缺点列举的实质是一种否定思维，唯有对事物持否定态度，才能充分挖掘事物的缺陷，然后加以改进。因此，运用缺点列举，必须克服和排除由习惯性思维所带来的创造障碍，培养善于对周围事物寻找缺点、追求完美的创新意识。

2. 希望点列举法

希望点列举法是和缺点列举法相对应的创造技法，罗列的是事物目前尚不具备的理想化特征，是研究者追求的目标。希望点列举法不必拘泥于原有事物的基础，甚至可以在一无所有的前提下从头开始。从这个意义上说，希望点列举法是一种主动型创造技法，更需要想象力。

从实际操作的角度来看，希望点列举法既适用于对现有事物的提高（在这种情况下即为缺点列举法的延伸与发展）又适用于在无现成样板的前提下设计新产品，创建新方法等，而且以后一种情况更为有效。

例如，人们希望烧饭能自动控制，结果就有人发明了电饭锅；人们希望能随意控制电视节目，结果就有人发明了遥控电视机。这种技法是根据发明者的意愿而提出的各种设想。它不同于缺点列举法，因为缺点列举法是不离开物体的原型的。例如，人们希望有一种不用纽扣的穿着方便的衣服，那么，纽扣的圆形就不能使用了，后来，人们发明了一种

用尼龙的静电摩擦作用作为搭扣的衣服。

2.3.4 设问法

1. 和田 12 法

和田 12 法(又称和田 12 动词法、和田创新 12 法、和田创新法则)就是根据 12 个动词(加、减、扩、缩、变、改、联、学、代、搬、反、定)提供的方向去设问,进而开发创造性思维的方法,它是我国创造学研究者根据在上海和田路小学进行创造力开发工作的实践中总结出来的创造技法,是包括和田路小学师生在内的许多人集体劳动的成果。

1) 加一加

现有事物能否增加什么(比如加大、加高、加厚等)? 能否把这一事物与别的事物叠加在一起? 例如,橡皮和铅笔加在一起组合成带橡皮头的铅笔;收音机和录音机叠加就形成了收录机。

2) 减一减

现有事物能否减去些什么(如尺寸、厚度、重量等)? 能否省略或取消什么? 根据这一思路,简化体汉字就是繁体汉字减一减的产物。

3) 扩一扩

现有事物能否放大或扩展? 幻灯、电影、投影电视等就是扩一扩的成果。烈日下,母亲抱着孩子还要打伞,实在不方便,能不能特制一种母亲专用的长舌太阳帽,使得帽的长舌能够扩大到足够为母子二人遮阳使用呢? 于是有人就发明了长舌太阳帽,很受母亲们的欢迎。

4) 缩一缩

现有事物能不能缩小或压缩? 袖珍词典、压缩饼干等就是缩一缩的成果。

5) 变一变

现有事物能不能改变其固有属性(如形状、颜色、声音、味道或次序)? 彩色电影、电视正是黑白电影、电视变一变的产物。食品、文具等方面的不少系列产品也是根据变一变的思路开发出来的。

6) 改一改

现有事物是否存在不足之处需要改进? 这里的改进是对原有事物的不足之处而言的,因此可以结合缺点列举法考虑。和田路小学的一个学生曾根据这一思路发明了多用触电插头,并在国际青少年发明竞赛中获奖。

7) 联一联

现有事物和其他事物之间是否存在联系,能否利用这种联系进行发明创造? 干湿球温度表就是根据空气温度和湿度之间的联系开发出来的新产品。

8) 学一学

能否学习、模仿现有的事物而从事新的发明创造? 传说鲁班从茅草的锯齿形叶片把手掌拉破得到启发,进而模仿草叶边缘的形态发明了新的工具——锯,这就是学一学的典型事例。

9) 代一代

现有事物或其一部分能否用其他事物来替代? 替代的结果必须保证不改变事物的原有

功能。这一思路在材料工业领域有广泛的应用价值，许多合金、工业塑料、新型陶瓷材料等都是这一思路的成果。

10）搬一搬

现有事物能否搬到别的条件下去应用？或者能否把现有事物的原理、技术、方法等搬到别的场合去应用？用嘴吹气会发声的哨子搬到水壶口上，就产生了能自动报告水烧开了的新产品；搬到鸽子身上便转换为鸽哨，不仅能指示鸽子的行踪而且能提供悠扬的乐声。

11）反一反

现有事物的原理、方法、结构、用途等能否颠倒过来？这是要求逆向思维的思路。吸尘器的发明就是成功的一例。起初是想发明一种利用气流吹尘的清洁工具，试用时发现这会导致尘土飞扬，效果很差，结果反其道而行之，发明了吸尘器。

12）定一定

对现有事物的数量或程度变化，是否能做一些规定？这是一种定量化的思路。定量化是人们对客观事物的认识逐渐精确化的标志，也为创造发明提供了有效的途径。典型成果如尺、秤、天平、温度计、噪声显示器等。

和田12法实际上给出了发明创造的12条思路。

2. 检核表法

检核表法是现代创造学的奠基人奥斯本创立的又一种创造技法。

检核表法的基本内容是围绕一定的主题，将有可能涉及的有关方面罗列出来，设计成表格形式，逐项检查核对，并从中选择重点，深入开发创造性思维。用以罗列有关问题供检查核对用的表格即为检核表。在研究对象比较简单、需要检核的内容不甚复杂时，也可列成检核清单形式。在日常生活中人们较多地使用这一类检核清单。

奥斯本提出的检核表因思路比较清晰，内容比较齐全，在产品开发方面适用性很强，故得到广泛应用，并被誉为"创造技法之母"。

列表检核是检核表法的主要内容。奥斯本设计的检核表罗列了以下9方面的问题。

（1）能否改变。现有事物（产品等）的形状、色彩、声音、气味、味道等性质能否加以改变？这是从人的眼、耳、鼻、舌、身5种感官入手，探索新的途径。小号上的消音器就是根据这一思路发明出来的。

（2）能否转移。现有事物的原理、方法、功能能否转移或移植到别的领域中去应用？国外曾按照这一思路，根据电吹风的原理，开发出旅馆业使用的被褥烘干机。

（3）能否引入。现有事物中能否引入其他新的设想？这一思路有助于形成系列成果。例如火柴引入新设想后，开发出一系列新产品，包括防风火柴、长效火柴、磁性火柴、保险火柴等。

（4）能否改造。现有事物能否稍加改造以提高其使用价值？使用价值的提高包括增加功能、延长寿命、降低成本等方面。这一思路尤其适用老产品改造更新，可与缺点列举法结合使用。成功的例子如自行车链罩。

（5）能否缩小。现有事物能否缩小体积、减轻重量或分割为若干部分？但前提必须是保持原有功能，其结果往往是降低成本甚至增加功能。现行铁路线上的铁轨，其横截面为"工"字型，正是"能否缩小"这一思路的结果。

（6）能否替代。现有事物能否用其他材料作为代用品来制造？这样做的结果不仅能节约成本，而且往往能简化工艺，简便操作。这方面的成功例子如用纸代替木料做铅笔芯外围的材料，用塑料代替金属制造某些机器零件等。

（7）能否更换。现有事物的程序能否更改变化？这个问题主要用于打破习惯性思维造成的恶性循环。例如生产和生活中有不少同步现象引起一定的社会问题，企业、机关同时上下班给交通、能源都带来很大压力，从能否更换的思路出发，采取错开上下班时间和轮休的办法，就能解决大问题。

（8）能否颠倒。现有事物的原理、功能、工艺能否颠倒过来？这个问题主要用来引导逆向思维。这方面的典型成果是人类根据电对磁的效应发明了电动机，反之，又根据磁对电的效应发明了发电机。

（9）能否组合。现有的若干种事物或事物的若干部分能否组合起来，使之成为功能更大的新成果？这一思路追求的是整体化效应和综合效果。坦克就是攻击性武器（大炮），防御性设施（堡垒）和运载工具（机动车）三者的组合。美国著名的刊物《读者文摘》则是许多种报纸杂志精华部分的组合。

选择重点。根据检核表提出的问题往往很多，限于时间和精力，不可能一下子全部解决。这就要求人们在上述多种并列因素中做出选择。至于如何进行选择，可参照前面发散和集中思维的原理和方法去评价判断。

研究解决。通过评价判断选出重点问题之后，则可按照设想处理的办法组织实施或二次开发。经过切实努力之后，终能解决问题或获取新的成果。

例如，按检核表的提示进行杯子的创新开发，见表2-1。

表2-1　检核表法改进杯子设计

序号	检核问题	创新思路	创新产品
1	能否他用	用于保健	磁化杯、消毒杯、含微量元素的杯子
2	能否借用	借助电照技术	智能杯——会说话、会做简单提示
3	能否改变	颜色变化，形状变化	变色杯——随温度而能变色 仿形杯——按个人爱好特制
4	能否扩大	加厚、加大	双层杯——可放两种饮料 安全杯——底部加厚不易倒
5	能否缩小	微型化、方便化	迷你观赏杯，可折叠便携杯
6	能否替代	材料替代	以钢、铜、石、竹、木、玉、纸、布、骨等材料制作
7	能否调整	调整其尺寸比例工艺流程	新潮另类杯
8	能否颠倒	倒置不漏水	旅行杯——随身携带不易漏水
9	能否组合	将容量器具、炊具、保鲜等功能组合之	多功能杯

3. 5W2H法

5W2H法是由第二次世界大战中美国陆军兵器修理部首创的。发明者用5个以W开头的英语单词和2个以H开头的英语单词进行设问，发现解决问题的线索，寻找发明思路，进行设计构思，从而搞出新的发明项目，这就叫做5W2H法。简单、方便，易于理解、使用，富有启发意义，广泛用于企业管理和技术活动，对于决策和执行性的活动措施也非常有帮助，也有助于弥补考虑问题的疏漏。

WHY——为什么？为什么要这么做？理由何在？原因是什么？

WHAT——是什么？目的是什么？做什么工作？

WHERE——何处？在哪里做？从哪里入手？

WHEN——何时？什么时间完成？什么时机最适宜？

WHO——谁？由谁来承担？谁来完成？谁负责？

HOW——怎么做？如何提高效率？如何实施？方法怎样？

HOW MUCH——多少？做到什么程度？数量如何？质量水平如何？费用产出如何？

5W2H法的应用程序如下。

第一步，检查原产品的合理性。

1）为什么（Why）

为什么采用这个技术参数？为什么不能有响声？为什么停用？为什么变成红色？为什么要做成这个形状？为什么采用机器代替人力？为什么产品的制造要经过这么多环节？为什么非做不可？

2）做什么（What）

条件是什么？哪一部分工作要做？目的是什么？重点是什么？与什么有关系？功能是什么？规范是什么？工作对象是什么？

3）谁（Who）

谁来办最方便？谁会生产？谁可以办？谁是顾客？谁被忽略了？谁是决策人？谁会受益？

4）何时（When）

何时要完成？何时安装？何时销售？何时是最佳营业时间？何时工作人员容易疲劳？何时产量最高？何时完成最为适宜？需要几天才算合理？

5）何地（Where）

何地最适宜某物生长？何处生产最经济？从何处买？还有什么地方可以作为销售点？安装在什么地方最合适？何地有资源？

6）怎样（How）

怎样做省力？怎样做最快？怎样做效率最高？怎样改进？怎样得到？怎样避免失败？怎样求发展？怎样增加销路？怎样达到效率？怎样才能使产品更加美观大方？怎样使产品用起来方便？

7）多少（How much）

功能指标达到多少？销售多少？成本多少？输出功率多少？效率多高？尺寸多少？重量多少？

第二步，找出主要优缺点。

如果现行的做法或产品经过7个问题的审核已无懈可击，便可认为这一做法或产品可取。如果7个问题中有一个答复不能令人满意，则表示这方面有改进余地。如果哪方面的答复有独创的优点，则可以扩大产品这方面的效用。

第三步，决定设计新产品。

克服原产品的缺点，扩大原产品独特优点的效用。

2.3.5　焦点客体法

焦点客体法是美国人温丁格特于1953年提出的，目的在于创造具有新本质特征的客体。

这种方法的主要想法：为了克服与研究客体有关的心理惯性，将研究客体与各种偶然客体建立联想关系。

焦点客体法工作程序如下。

(1) 选择需要完善的客体(即焦点客体)；

(2) 制定完善客体目标；

(3) 借助任何书籍、字典或其他方法来选择偶然词(客体)；

(4) 列出所选偶然客体的特征(性质)；

(5) 将这些特征(性质)转向被研究客体；

(6) 记下研究客体与偶然客体特征结合后得到的想法；

(7) 分析得到的结合点，选择最合适的想法。

用此方法解决问题，使用表格形式比较方便。

2.3.6　六顶思考帽法

六顶思考帽法是爱德华·德·波诺博士众多发明中最受企业家瞩目的一种思维模式，并成为流行于西方企业界的最有效的思维训练。它提供了"平行思维"的工具，从而避免将时间浪费在互相争执上。它的主要功能在于为人们建立一个思考框架，在这个框架下按照特定的程序进行思考，从而极大地提高企业与个人的效能，降低会议成本，提高创造力，解决深层次的沟通问题。它为许多国家、企业与个人提供了强有力的管理工具。在实际运用中，它发挥了巨大的威力。

六顶思考帽法的主要内容是用白、红、黄、黑、绿、蓝6种颜色的帽子来代表不同的思考方向，如图2.2所示。

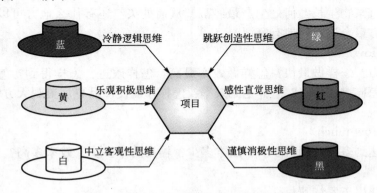

图2.2　水平思维——六顶思考帽思维

1) 白帽思维

白帽简称数据帽，是天然的，代表事实与信息。白色显得中立和客观，而白帽思维指的是客观的事实。白帽专注的是像一台计算机般的数据与信息。我们经常会戴着白帽问一些比较专注性的问题来取得需要和足够的信息，例如，我们拥有哪些信息？我们缺乏什么信息？我们希望得到什么信息？我们又该如何获得这些信息？白帽思维的原则是我们不可以对任何的思维做出分析或加上自己的主见。在使用白帽思维时，我们的态度必须永远地保持中立。当我们提到资讯时，人们必须了解到信息可以分为两大等级：头等信息和次等信息。头等信息是指已经被证实的信息；次等信息是指还未完全被证实正确度的信息。白帽思维者经常会比较有纪律，他们经常会有目标及方向。白帽者是不会根据自己的预感、直觉、感情、印象和意见来处理事情的。这种思维者不相信由经验而来的答案。

2）红帽思维

红帽简称情感帽，是愤怒的，代表直觉与预感。红色拥有的是愤怒和狂暴的情感特征。红帽思维代表情绪上的感觉、直觉和预感。当人们在处事时戴上红帽，便可以很"感觉"地来思考。可以说：我不喜欢这个产品；我的直觉告诉我这计划是行不通的；我对这服务感觉很好；我觉得这服务方案行得通。戴着红帽，人们可以在开始发表个人观点时说道：我现在感觉要说的是。这将会增加当下的真实度。根据六项思考帽的思考模式，红帽思维的最重要原则是一切的想法及思维是不需要被证明或解释的。但是人们需要避免过度地使用红帽，否则一切的结论将会很"感觉"化。红帽允许人们将感觉与直觉放进思考的过程，因为红帽承认情感是思维的一部分。人们在整个过程中是不需要道歉、解释及不必想办法掩饰自己的行为及感受的。红帽包括两大种感觉：第一是基本的感觉，指的是常见的喜怒哀乐；第二种感觉指的是预感、直觉、意识等比较另类的感觉。就因为如此，戴着红帽，人们经常可以问自己到底拥有什么感受，我的感觉告诉我什么，我的直觉反应是什么，我的预感是什么。

3）黑帽思维

黑帽简称谨慎帽，是负面的，代表逻辑与批判。黑色代表的是阴沉、抑制、悲观及负面的。黑帽思维考虑的是事物的负面因素，它对事物的负面因素进行逻辑判断和评估。重点是它必须是逻辑的判断，不管它是否公平。在黑帽思维过程中，人们并不是在吵架或抒发不满的感觉。人们其实是没有运用到个人的感觉，因为那是红帽的工作！人们只是想要提醒有关处事时的负面因素。人们戴着黑帽，便可以开始对课题批判，可以问道：它会起作用吗？它会符合我们的经验吗？它拥有什么缺点？这样做会存在什么害处？黑帽思维的原则是它在批判当时更应该提出应对的方式。人们可以用黑帽思维提出质疑来取得对事实和资料的正确度及可以通过黑帽找到事情的漏洞及错误。人们经常可以合理地利用自己的个人经验提出事情的危险和可能发生的问题。在处理新点子时，人们必须将黑帽放在黄帽之后。

4）黄帽思维

黄帽简称乐观帽，是正面的，代表乐观与积极。黄色代表阳光和快乐，它也是乐观的。黄帽思维正是黑帽的相反，黄帽包含着的是无数个希望与积极正面的思想。它是充满着"如果"的。戴着黄帽，人们可以经常给予很多的正面建议，这是因为黄帽让人们专注在事情的利益上。黄帽强调的并不是创意而是建设性的提议。这建议的优点是什么？如果人们这样处理肯定会很棒的！黄帽可以帮助人们探求事物的优点，证明为何某个观点行得通。这将会给人们很多的希望和可能性。

5）绿帽思维

绿帽简称创造力帽，是丰富的，代表创新与冒险。绿色代表草原、植物及生机。绿帽思维则代表创意。绿帽提倡的是新想法、新观念、新构想和新知觉。它特别喜欢改变。绿帽是"丰富的"和"大量的"，正如人们的创意，绿帽的点子是无所不在的。绿帽的另一个要点是思考时喜爱接受刺激，这里的刺激指的是经常希望不一样的方案，对绿帽者而言，冒险是它的精神。你们有何新的建议？我们还是改个方法，好吗？有其他方法做这件事情吗？想一想，如果你在时代广场开间小食店，那你会如何设计它呢？你的桌子、椅子、制服、服务、食物、饮料、灯光将会是如何的设计呢？绿帽者会以提供替代的选择为原则，不断地产生新的思维。

6）蓝帽思维

蓝帽简称指挥帽，是平静的，代表系统与控制。蓝色是冷静的，也是天空的颜色。蓝帽思维代表思维过程的控制与组织，它甚至可以控制其他思维。蓝帽思维的原则是在讨论的过程中要打断争论，带着和平的意义。蓝帽通常是主持整个会议或者是会议的主席戴的，这是因为他们需要管理及整合的功能。我们现在该谈的是什么？今天会议的流程是怎样的？我们该采用哪顶帽子？我们怎么总结今天的会议？蓝帽好像是个指挥官，在指挥和监督大家的思考方向及结果。

6顶思考帽的关系如图2.3所示。

图 2.3 六顶思考帽的关系

使用六顶思考帽法时应注意以下几点。

（1）6顶帽子代表的是思维的方向而不是对已发生事件的描述。并不是因为每个人说他喜欢什么帽子便用来描述什么。帽子是用来指引思考方向的。

（2）帽子不是对人来进行描述和分类的，而是用来代表不同的行为模式。

（3）集体使用帽子时，某一时刻大家都应该戴上同样颜色的帽子来思考，这才是平行思考的方法。而不是同一时刻有人戴上白帽子，有人戴上红帽子。

（4）6顶帽子可以单独使用，也可以按一定顺序连续使用。连续使用时，任意一顶思考帽可以根据需要经常使用，但没有必要每一顶帽子都使用。

（5）蓝色思考帽在开始和结束时都必须使用。

2.4 TRIZ 创新思维方法

相对于头脑风暴法、试错法等传统的创新方法，TRIZ 理论具有鲜明的特点和优势，对研发或解决问题的思路有明确的指导性，避免了耗费大量人力、物力、财力的盲目试错，让解决产品问题变得有律可循，有术可依，给技术创新留下了巨大的、易操作的空间，让创新不再是一个概念或一句口号。TRIZ 理论中突破思维惯性的方法有很多，如用非专业术语描述问题、九屏幕法、小人法、金鱼法、最终理想解、物-场分析法等。为了便于学习,本章对一些常用的方法做简要介绍,在以后的章节中会有具体的应用。需要说明的是,方法的应用是灵活的,需要在具体的实践中细加体会,还可以将 TRIZ 理论与其他方法结合使用,如与六西格玛结合使用等。

2.4.1 九屏幕法

九屏幕法(多屏操作)是系统思维的方法之一,是 TRIZ 理论用于进行系统分析的重要工具,可以很好地帮助使用者进行超常规思维,克服思维惯性,被阿奇舒勒称为"天才思维九屏图"。

九屏幕法能够帮助人们从结构、时间以及因果关系等多维度对问题进行全面、系统的分析,使用该方法分析和解决问题时,不仅要考虑当前系统,还要考虑它的超系统和子系统;不仅要考虑当前系统的过去和未来,还要考虑超系统和子系统的过去和未来。简单地说,九屏幕法就是以空间为纵轴,来考察"当前系统"及其"组成(子系统)"和"系统的环境与归属(超系统)";以时间为横轴,来考察上述 3 种状态的"过去"、"现在"和"未来"。这样就构成了被考察系统至少有 9 个屏幕的图解模型,如图 2.4 所示。

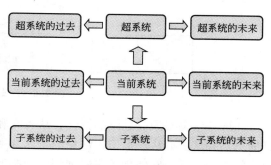

图 2.4 九屏幕法

当前系统是指正在发生当前问题的系统(或是指当前正在普遍应用的系统)。当前系统的子系统是构成技术系统之内的低层次系统,任何技术系统都包含一个或多个子系统。在底层的子系统在上级系统的约束下起作用,在底层的子系统一旦发生改变,就会引起高级系统的改变。当前系统的超系统是指技术系统之外的高层次系统。

当前系统的过去是指当前问题之前该系统的状况,包括系统之前运行的状况,其生命周期的各阶段的情况等。通过对过去事情的分析,来找到当前问题的解决办法,以及如何改变过去的状况来防止问题发生或减少当前问题的有害作用。

当前系统的未来是指发现当前系统有这样的问题之后该系统将来可能存在的状况,根据将来的状况,寻找当前问题的解决办法或者减少、消除其有害作用。

当前系统的"超系统的过去"和"超系统的未来"是指分析发生问题之前和之后超系统的状况,并分析如何改变这些状况来防止或减弱问题的有害作用。

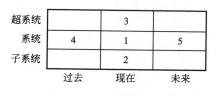

图 2.5 九屏幕法示意图

当前系统的"子系统的过去"和"子系统的未来"是指分析发生问题之前和之后子系统的状况,并分析如何改变这些状况来防止或减弱问题的有害作用。九屏幕法的步骤如下(图 2.5)。

(1)画出三横三纵的表格,将要研究的技术系统填入格 1。

(2)考虑技术系统的子系统和超系统,分别填入格 2 和 3。

(3)考虑技术系统的过去和未来,分别填入格 4 和 5。

(4)考虑超系统和子系统的过去和未来,填入剩下格中。

(5)针对每个格子,考虑可用的各种类型资源。

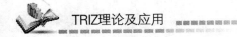

TRIZ理论及应用

（6）利用资源规律，选择解决技术问题。

应用九屏幕法分析汽车系统的结构如图 2.6 所示。

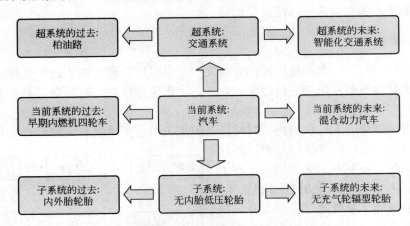

图 2.6　汽车系统九屏图

九屏幕法突破原有思维的惯性，从时间和系统两个维度看问题，根据现有资源，发现新的思路和解决办法。但值得注意的是，九屏幕法只是一种分析问题的手段，并非是一种解决问题的手段。它体现了更好地理解问题的思维方法，确定了解决问题的新途径。

另外，各个屏幕显示的信息并不都一定能引出解决问题的新方法。如果实在找不出来，就暂时空着，但对每个屏幕的问题都进行综合的总体的把握，这对将来解决问题都是有益的。练习九屏幕思维方式可以锻炼人们的创造能力和在系统水平上解决问题的能力。

为了更好地应用九屏幕法，可以在上述系统的基础上进行改进，不仅考虑当前系统，也可以同时考虑当前系统的反系统、反系统的过去和将来、反系统的超系统和子系统及它们的过去和将来。如图 2.7 所示，当有 9 个以上的屏幕时，会对问题有更深入的理解。反系统可以理解为一个功能与原先的技术系统刚好相反的技术系统。例如，为了改进铅笔的特性，不仅需要考查铅笔的九屏幕方案，而且还要考查橡皮的九屏幕方案，如图 2.8 所示。这种方法获得的信息有助于找出十分有效的解决方案。

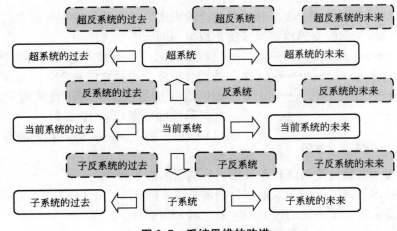

图 2.7　系统思维的改进

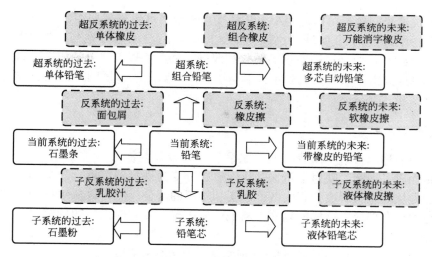

图 2.8 铅笔及其反系统(橡皮)九屏图

2.4.2 小人法

当系统内的某些组件不能完成其必要的功能，并表现出相互矛盾的作用，用一组小人来代表这些不能完成特定功能的部件，通过能动的小人，实现预期的功能。然后，根据小人模型对结构进行重新设计。小人法的目的是克服由于思维惯性导致的思维障碍，提供解决矛盾问题的思路。

应用小人法的步骤如下。

（1）对象中各个部分想象成一群一群的小人。（当前怎样）

（2）把小人分成按问题的条件而行动的组。（分组）

（3）研究得到的问题模型（有小人的图）并对其进行改造，以便实现解决矛盾。（该怎样打乱重组）

（4）过渡到技术解决方案。（变成怎样）

使用小人法的常见错误：画一个或几个小人，不能分割重组；画一张图，无法体现问题模型与方案模型的差异。例如矿山爆破装置。矿山作业时，曾经需要进行一系列的爆破工序，起初的 2min 内要完成 10 次爆破，矿工通常用传爆管手动接通电路。但之后需要 40个接点并且接通的最小时间间隔为 0.6s～1s，手工接通很难完成。有人提议将接点置于圆柱体内，用一个金属球依次接通接点，如图 2.9(a)所示。但是当球滑过或者球被卡住时，接点就不能正常接通。怎么办？

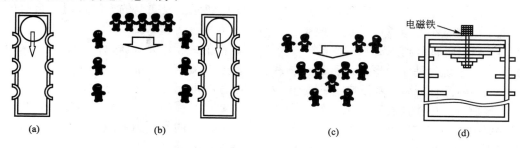

图 2.9 矿山爆破装置

41

为了解决这个问题，可以运用小人法将接点和金属球想象成两组能动的"智能小人"，如图2.9(b)所示，当"金属球"小人向下运动时，能自动紧密地与"接点"小人结合，如图2.9(c)所示，由此经过一系列的转化和改进，最后将爆破装置制成接点自上而下逐渐收缩，而金属球改由一系列由大到小且能与接点一一对应的金属圆环形状，成功地解决了难题，如图2.9(d)所示。

2.4.3 金鱼法

金鱼法的名称源自俄罗斯普希金的童话故事"金鱼与渔夫"，故事中描述了渔夫的愿望通过金鱼变成了现实，映射金鱼法是让幻想部分变为现实的寓意，故又称情境幻想分析法。金鱼法是从幻想式解决构想中区分现实和幻想的部分。然后再从解决构想的幻想部分分出现实与幻想两部分。这样的划分不断地反复进行，直到确定问题的解决构想能够实现时为止，即

$$幻想情境1-现实部分1=幻想情境2$$
$$幻想情境2-现实部分2=幻想情境3$$

得到了幻想情境3，那么同样一直往下推论，到找不出现实的东西为止。这样就可以集中精力解决幻想部分，只要这个幻想部分解决，整个问题也就迎刃而解。

实际上就是对问题采取"一分为二"的方法，迅速"定位"问题的位置，寻找解决方案。采用金鱼法，将思维惯性带来的想法重新定位和思考，有助于将幻想式的解决构想转变成切实可行的构想。

应用金鱼法的具体步骤如下。

(1) 将问题分为现实和幻想两部分。

(2) 问题1：幻想部分为什么不现实？

(3) 问题2：在什么条件下，幻想部分可变为现实？

(4) 列出子系统、系统、超系统的可利用资源。

(5) 从可利用资源出发，提出可能的构想方案。

(6) 选择构想中的不现实方案，再次回到第一步，重复。

例如埃及神话故事中会飞的魔毯曾经引起人们无数遐想，可现实生活中会有这样的魔毯吗？

问题：如何能让毛毯飞起来？

(1) 将问题分为现实和幻想两部分。现实部分：毯子是存在的；幻想部分：毯子能飞起来。

(2) 幻想部分为什么不现实？毯子比空气重，而且它没有克服地球重力的作用力。

(3) 在什么情况下，幻想部分可变为现实？施加到毯子上向上的力超过毯子自身的重力；毯子的重量小于空气的重量；地球引力消失，不存在。

(4) 列出所有可利用资源。超系统：空气、风(高能质子流)、地球引力、阳光、来自地球的重力。系统：毯子、形状、重量。子系统：毯子中交织的纤维。

(5) 利用已有资源，基于之前的构想(第三步)考虑可能的方案。方案一：毯子的纤维与太阳释放的微中子流相互作用可使毯子飞翔；方案二：毯子比空气轻；方案三：毯子在不受地球引力的宇宙空间；方案四：毯子上安装了提供反向作用力的发动机；方案五：毯子由于下面的压力增加而悬在空中(气垫毯)；方案六：磁悬浮。

(6) 选择构想中的不现实方案，再次回到第一步。

选择不现实的构想方案之一"毯子比空气轻"，重复以上步骤。

① 分为现实和幻想两部分。现实部分：存在着重量轻的毯子，但它们比空气重；幻想部分：毯子比空气轻。

② 为什么毯子比空气轻是不现实的？制作毯子的材料比空气重。

③ 在什么条件下，毯子会比空气轻？制作毯子的材料比空气轻；毯子像尘埃微粒一样大小；作用于毯子的重力被抵消。

④ 考虑可利用资源，结合可利用资源，考虑可行的方案：采用比空气轻的材料制作毯子；使毯子与尘埃微粒的大小一样，其密度等于空气密度，毯子由于空气分子的布朗运动而移动；在飞行器内使毯子飞翔，飞行器以相当于自由落体的加速度向下运动，以抵消重力。

哈佛大学的马哈德温教授成功展示了一个纸币大小的毯子在空中飞行，经计算 101.6mm 长、0.1mm 厚的毯子飘浮在空中需要每秒振动大约 10 次，振幅大约为 0.25mm。圣安德鲁大学的利昂哈特教授已经确定出转变这种现象(即卡西米尔力)的方法，就是用排斥代替相互吸引。将导致摩擦力更小的微型机器的一部分悬浮在空中。原则上相同的效果能让更大的物体甚至是一个人漂浮起来，再次让魔毯向现实迈进一步。

2.4.4　STC 算子

STC 算子法就是对一个系统通过对其自身的尺寸(S)、时间(T)和成本(C)因素单独考虑来进行创新思维的方法。字面的意思是单独考虑尺寸、时间、成本的一个因素，而不考虑其他的两个因素。引申的意思就是一个产品由诸多因素组成，单一考虑相应因素，而不是统一考虑。

应用 STC 算子的目的是克服因思维惯性产生的障碍；迅速发现对研究对象最初认识的不准确和误差；重新认识研究对象。

STC 算子的分析过程：明确研究对象现有的尺寸、时间和成本；想象对象的尺寸无穷大($S \to \infty$)，无穷小($S \to 0$)；想象过程的时间或对象运动的速度无穷大($T \to \infty$)，无穷小($T \to 0$)；想象成本(允许的支出)无穷大($C \to \infty$)，无穷小($C \to 0$)。即在最大范围内来改变每一个参数，只有问题失去物理学意义才是参数变化的临界值。需要逐步地改变参数的值，以便能够理解和控制在新条件下问题的物理内涵。

利用 STC 算子应注意的问题：每个想象试验要分步递增、递减，直到进行到物体新的特性出现；不可以还没有完成所有想象试验就担心系统变得复杂而提前中止；使用成效取决于主观想象力、问题特点等情况；不要在试验的过程中尝试猜测问题最终的答案。

现在来看一个船和海锚的例子，海锚对船只的停靠、风浪中的航行安全起到保障的作用，但对于巨型船只，海锚并不是很可靠。利用 STC 算子分析过程如下。

系统组成部分：船只、海锚、水、海底。

功能需求：更好地保证船只安全。

海锚的 STC 分析如下。

尺寸：船身长 100m，距离海底 1km。

时间：海锚到海底需要 1h。

成本：海锚—200 \$ 。

试验 1：尺寸 $S \approx \infty$。把船的尺寸增加为原来的 100 倍，变为 10km，这时船底已经触

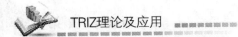

到海底了，船沉到了海底，也就不需要海锚了。

试验 2：尺寸 $S \approx 0$。如果船的尺寸缩小为原来的 1/1000，变为 10cm，问题解决了，但船变得太小了（如同一块小木片），缆绳的长度和重量远远超过小船的浮力，船将无法控制并会沉没。

试验 3：时间 $T \approx \infty$。当时间为 10h 时，锚下沉得很慢，可以很深地嵌入海底，打下扎到海底的桩子。有一种旋进型的锚，在美国已获得专利的振动锚；电动机的振动将锚深深地嵌入海底（系留力是锚自重的 20 倍）。但这种方法不适用于岩石海底。

试验 4：时间 $T \approx 0$。如果把时间缩减为原来的 1/100，就需要非常重的锚，使它能够快速地沉降到海底。如果时间缩减为原来的 1/1000，锚就要像火箭一般降入海底。如果缩减为原来的 1/10000，那么只能利用爆破焊接，将船连接到海底了。

试验 5：成本 $C \approx \infty$。如果允许不计成本，就可以使用特殊的方法和昂贵的设备（用白金做锚，利用火箭、潜水艇和深海潜箱）。

试验 6：成本 $C \approx 0$。如果需要的成本为零，那就利用不需要花费成本、现有的环境资源——海水。如果可行的话，则可以被认为是最好的方法。

利用 STC 算子不是为了获取问题的答案，而是为了开放思路，寻找突破性的解决方案。用 STC 算子处理问题后，应该找到技术矛盾和物理矛盾，并利用物-场分析和发明问题解决原理。用一个带制冷装置的金属锚，锚重 1t，制冷功率 50kw/h，1min 后，锚的系留力可达 20t，10～15min 后可达 1000t（苏联专利 NO：1134465）。

2.4.5 最终理想解

TRIZ 理论在解决问题之初，首先抛开各种客观限制条件，通过理想化来定义问题的最终理想解（Ideal Final Result，IFR），以明确理想解所在的方向和位置，保证在问题解决过程中沿着此目标前进并获得最终理想解，从而避免了传统创新设计方法中缺乏目标的弊端，提升了创新设计的效率。不是永远都能达到最终理想解，但是它能给问题的解决指明方向，也有助于克服思维惯性。

1. 最终理想解

洗衣机的发展历史堪称对技术系统进化法则的完美诠释。当然，还可以依据进化法则预测其未来的发展趋势。1995 年在日本大阪召开的亚洲设计会议上，松下洗衣机的设计部部长大谈 21 世纪的洗衣机应该怎样怎样，并请我国著名设计专家柳冠中教授进行预测。依据 TRIZ 进化理论，不难预测诸如喷雾洗衣机、气泡洗衣机、电磁洗衣机等必将在不久的将来问世。但是，柳冠中教授的发言语惊四座："中国要在 21 世纪淘汰洗衣机！"正当与会专家疑惑不解之时，柳教授接着解释说："老百姓需要的不是洗衣机，而是干净的衣物。我们做设计的最终目的不是无休止地改良洗衣机，而是要更好地实现衣物保洁，即满足人们最终的需求。"

其实，这里柳冠中教授的创新理念体现了 TRIZ 理论的一种重要思想——最终理想解的概念。所谓 IFR，即系统处于理想状态的解。最理想的系统作为物理实体它并不存在，但却能够实现所有必要的功能。也就是说，在系统有用功能充分实现的同时，希望系统资源消耗趋于零，有害作用能够自行消除。

阿奇舒勒对 IFR 做这样的比喻："可以把最终理想结果比作绳子，登山运动员只有抓住它才能沿着陡峭的山坡向上爬。绳子不会向上拉他，但是可以为其提供支撑，不让他滑下去。只要松开绳子，肯定会掉下来。"

最终理想解有 4 个特点：保留了原系统的优点；消除了原系统的不足；没有使系统变得更复杂；没有引入新的缺陷，或者新的缺陷很容易解决。当确定了待设计产品或系统最终理想解之后，可用这 4 个特点检查其有无不符合之处，并进行系统优化，以确认达到或接近 IFR 为止。

2. 理想化的建立

理想化是科学研究中创造性思维的基本方法之一。它主要是在大脑之中设立理想的模型，通过思想实验的方法来研究客体运动的规律。

理想化模型的表现是没有实体，没有物质，也不消耗能量，但能实现所需要的功能。理想化模型所涉及的要素包括理想系统、理想过程、理想资源、理想方法、理想机器、理想物质等。理想系统就是没有实体，没有物质，也不消耗资源，但能实现所需要的功能。理想过程就是只有过程的结果，而没有过程本身，突然获得所需要的结果；理想资源就是存在无穷无尽的资源，供随意使用，而且不必受其他条件约束；理想方法就是不消耗能量和时间，只是通过自身调节，获得所需的功能；理想机器就是没有质量、体积，但能完成所需要的工作；理想物质就是没有物质，但功能却得以实现。

理想化模型指明了目标所在的方向，突出了主要矛盾，简化了分析问题的过程，降低了解决问题的难度。如数学中的"点"、"线"和物理中的"绝对黑体"都是理想的模型，它们没有大小，没有质量，只有需要的最突出的属性；中国古代杰出的军事家孙武在《孙子兵法》中给出了战争的理想化结果——"不战而屈人之兵"，战争的过程是空的，但战争的功能存在，不需要战争的过程就获得战胜敌人的结果，这就是兵法的最高境界。

理想化模型的建立有时需要充分发挥人们的想象力，甚至是"不切实际"的幻想，例如教师上课用的教鞭需要一定的长度，但不方便携带，如果能像孙悟空的如意金箍棒一样，想长就长，想短就短就好了。如意金箍棒是幻想小说中的东西，现实生活中是没有的，但它给了人们什么启示呢？现在使用的拉杆式教鞭是不是和如意金箍棒有相似之处呢？再进一步发展教鞭的理想化模型：没有长度，但可实现任意长的功能。这可能吗？当然！激光教鞭，你可以站在讲台前使用，也可以站在教室的任意位置使用。

理想化包含多种要素，模型的层次分为最理想、理想和次理想，衡量系统的理想化程度须引入一个新的参数——理想化水平。

3. 理想化水平

技术系统是功能的实现，同一功能存在多种技术实现方式，任何系统在完成人们所期望的功能的同时，也会带来不希望的功能。在 TRIZ 理论中，用正反两方面的功能比较来衡量系统的理想化水平。

理想化水平衡量公式为

$$I = \sum U_F / \sum H_F$$

式中，I——理想化水平；
$\sum U_F$——有用功能之和；
$\sum H_F$——有害功能之和。

由上式可见，技术系统的理想化水平与有用功能之和成正比，与有害功能之和成反比。理想化水平越高，产品的竞争能力越强。创新中以理想化水平增加的方向作为设计的目标。增加理想化水平有 4 个方向：增大分子，减小分母，理想化显著增加；增大分子，分母不变，理想化增加；分子不变，分母减小，理想化增加；分子和分母都增加，但分子增加的速率高于分母增加的速率，理想化增加。实际工程中进行理想化水平的分析需要各个因子的细化，为便于分析，通常用效益之和代替分子（有用功能之和），将分母分解为两部分（有害功能之和）：成本之和（$\sum C$）和危害之和（$\sum H$）。这样理想化水平公式变为

$$I = \sum B / (\sum C + \sum H)$$

式中，I——理想化水平；

$\sum B$——效益之和；

$\sum C$——成本之和（如材料成本、时间、空间、资源、复杂度、能量、重量等）；

$\sum H$——危害之和（废弃物、污染等）。

这样看来，增加理想化水平 I 有以下 6 个方向：通过增加新的功能，或从超系统获得功能，增加有用功能的数量；传输尽可能多的功能到工作元件上，提高有用功能的等级；利用内部或外部已存在的可利用资源，尤其是超系统中的免费资源，以降低成本；通过剔除无效或低效率的功能，减少有害功能的数量；预防有害功能，将有害功能转化为中性的功能，减轻有害功能的等级；将有害功能转移到超系统中去，不再为系统的有害功能。

4. 理想化方法

TRIZ 理论中的系统理想化按照理想化涉及的范围大小分为部分理想化和全部理想化两种方法。在技术系统创新设计中，首先考虑部分理想化，当所有的部分理想化尝试失败后，才考虑系统的全部理想化。

1）部分理想化

部分理想化是指在选定的原理上考虑通过各种不同的实现方式使系统理想化，是创新设计最常用的理想化方法，贯穿于整个设计过程中。

部分理想化常用到以下 6 种模式。

（1）加强有用功能。通过优化提升系统参数，应用高一级进化形态的材料和零部件，给系统引入调节装置或反馈系统，让系统向更高级进化，获得有用功能作用的加强。

（2）降低有害功能。通过对有害功能的预防、减少、移除或消除，降低能量的损失、浪费等，或采用更便宜的材料、标准件等。

（3）功能通用化。应用多功能技术增加有用功能的数量。例如手机还包含了 PDA、游戏机、MP3、照相机、摄影、录音、GPS、上网等通用功能，功能通用化后，系统获得理想化提升。

（4）增加集成度。集成有害功能，使其不再有害或有害性降低，甚至变害为利，以减少优化功能的数量，节约资源。

（5）个别功能专用化。功能分解，划分功能的主次，突出主要功能，将次要功能分解出去。例如，近年来专用制造划分越来越细，元器件、零部件制造交给专业厂家生产，汽车厂家只进行开发设计和组装。

（6）增加柔性。系统柔性的增加可提高其适应范围，有效降低系统对资源的消耗和空间的占用。例如，以柔性设备为主的生产线越来越多，以适应当前市场变化和个性化定制的需求。

2）全部理想化

全部理想化是指对同一功能通过选择不同的原理使系统理想化。全部理想化是在部分理想化尝试失败无效后才考虑使用。

全部理想化主要有 4 种模式。

（1）功能的剪切。在不影响主要功能的条件下，剪切系统中存在的中性功能及辅助功能让系统简单化。

（2）系统的剪切。如果能够通过利用内部和外部可用的或免费的资源后可省掉辅助子系统，则能大大减少系统的成本。

（3）原理的改变。为简化系统或使过程更为方便，如果通过改变已有系统的工作原理可达到目的，则改变系统的原理，获得全新的系统。

（4）系统替换。依据产品进化法则，当系统进入衰退期，需要考虑用下一代产品来替代当前产品，完成更新换代。

5. **最终理想解的确定**

最终理想解的确定是问题解决的关键所在，在很多问题的 IFR 被正确理解并描述出来时，问题就直接得到了解决。设计者的惯性思维常常让自己陷于问题之中不能自拔。解决问题大多采用折中的方法，结果就使问题时隐时现，让设计者叫苦不迭。而 IFR 可以帮助设计者跳出传统设计的怪圈，以 IFR 这一新角度来重新认识定义问题，得到与传统设计完全不同的问题根本解决思路。

最终理想解确定的步骤如下。

（1）现有的问题描述。

（2）问题解决的 IFR 描述。

自我服务，实现有用功能，利用"聪明"的材料或物质；有害作用的自我消除。

（3）分析现有的所有可利用资源。

充分利用现有的能量和资源；尽量少引入新的资源。

（4）得到接近 IFR 的技术方案。

例如，给鸡蛋标注生产日期和保质期，消费者就能够判断鸡蛋是否坏损，因此有"身份证"的鸡蛋受到消费者的青睐，价格也比没有标识的高。养殖场厂长决定要这样做，但是购买进口的电脑喷码仪太贵了，如何解决这个问题？

应用上面的 4 步骤，分析并提出最终理想解。

（1）现有的问题描述。

要给鸡蛋标注生产日期和保质期，但不能用昂贵的进口电脑喷码仪。

（2）问题解决的 IFR 描述。

不增加新设备，给鸡蛋打上标记。

（3）分析现有的所有可利用资源。

如大量鸡蛋、蛋格、蛋框、流水线、操作人员的手和眼。传送带传送鸡蛋。工人用手把鸡蛋放到蛋格中。蛋格封装入箱。

（4）得到接近 IFR 的技术方案。

利用现有的与鸡蛋有直接接触的组件，打上标记。

按照 IFR 的思想与方法，可以解决很多领域的难题。如割草机的改进，人们一直致力于降低割草机的噪声问题，但显然这不是 IFR，人们最终需要的是漂亮整洁的草坪，同时人们希望草坪能够自行维持一个固定高度。于是，人们可以跨越到超系统领域研发"漂亮的草种"，即发明一种生长到一定高度就停止生长的草，这无疑是一种理想解。

TRIZ 还总结了九屏幕法、小人法、金鱼法、STC 算子等创新思维方法，这些方法与 IFR 综合应用，可以有效打破思维定式，加速 IFR 的高效实现。

第3章
技术系统进化法则

半个世纪前，苏联发明家阿奇舒勒先生在分析大量专利的过程中发现，产品及其技术的发展总是遵循一定的客观规律，而且同一条规律往往在不同的产品技术领域被反复应用。即任何领域的产品改进、技术的变革过程都是有规律可循的，所有技术的创造与升级都是向最强大的功能发展的。人们如果掌握了这些规律，就能能动地进行产品设计并能预测产品的未来发展趋势。于是，阿奇舒勒和他的合作伙伴不断总结提炼，形成当前著名的技术系统进化法则，构成 TRIZ 理论的核心内容之一。

TRIZ 理论中包含的进化法则主要有提高理想度法则、完备性法则、能量传递法则、协调性法则、子系统不均衡进化法则、向超系统进化法则、向微观级进化法则、动态性进化法则。这些技术系统进化法则基本涵盖了各种产品核心技术的进化规律，每条法则又包含不同数目的具体进化路线和模式。

例如，计算机键盘的进化(图 3.1)。常见的键盘是一个刚性整体，体积较大，携带不方便。在美国，海军陆战队配备一种可以折叠的键盘，便于行军中携带。再就是一些 PDA 产品将键盘输入功能设置在其柔性的外包装套上，展开后就成了一个比较大的键盘。而现在液晶触摸屏也可以作为输入设备代替键盘。最近，以色列一家公司推出一种虚拟激光键盘，它将全尺寸键盘的影像投影到桌子平面上，用户在上面就可以像使用物理键盘一

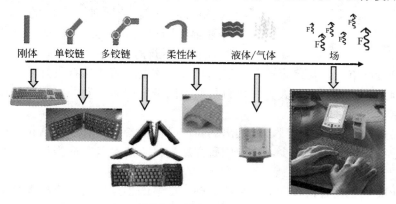

刚体　单铰链　多铰链　柔性体　液体/气体　场

图 3.1　键盘进化过程

样直接输入文本。

上面提到的几种输入设备基本上代表了过去几十年来键盘的主要发展历程。简单分析一下，可以发现键盘的演变脉络，即从一体化的刚性键盘到折叠式键盘，到柔性的键盘，到液晶键盘，再到激光键盘。如果将键盘核心技术的这种演变过程抽象出来，会发现它是按照从刚性，到铰链式，到完全柔性，到气体、液体，一直到场的发展路线。其实很多产品的发展也是沿着这条路线不断进化。比如轴承，它从开始的单排球轴承，到多排球轴承，到微球轴承，到气体、液体支撑轴承，到磁悬浮轴承。又如切割技术，从原始的锯条，到砂轮片，到高压水射流，到激光切割等。它们本质上基本都是沿着和键盘同样的演变路线在不断发展。

3.1 技术系统进化过程曲线

3.1.1 S曲线

技术进化的过程不是随机的。历史数据表明，所有产品向最先进的功能进化时，都有一条"小路"引领着它前进。这条"小路"就是进化过程中的规律，用图例表示出来就是一条S形的"小路"，即所谓的S曲线。任何一种产品、工艺或技术都在随着时间向着更高级的方向发展和进化，并且它们的进化过程都会经历相同的几个阶段。试想，人们平日里用的手机如果没有引入"红外"、"蓝牙"、"MP3"等新技术，而是一直停留在只有"通话"功能的水平上，那就必然不会带动产品的进化与升级，也就不会有高利润的效益。

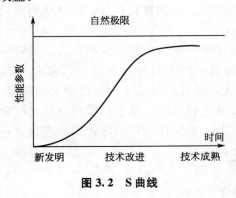

图3.2 S曲线

图3.2给出了S曲线，可以看出S曲线明显地趋近于一条直线，该直线是由技术的自然属性所决定的性能极限。沿横坐标可以将产品或技术分为新发明、技术改进和技术成熟3个阶段。

在新发明阶段，一项新的物理的、化学的、生物的发现被设计人员转变成产品。不同的设计人员对同一原理的实现是不同的，已设计出的产品还要不断改善。因此，随时间的推移，产品的性能指标不断提高。

在上一阶段结束时，很多企业已认识到，基于该发现的产品有很好的市场潜力，需要大力开发。因此，将投入很多人力、物力与财力用于新产品开发，新产品的性能参数快速增长。这就是技术改进阶段。

随着产品进入技术成熟阶段，所推出的新产品性能参数只有少量增长。继续投入并进一步完善。已有技术的效益减少，企业应研究新的核心技术以在适当的时间替代已有产品的核心技术。

对于企业决策，具有指导意义的是能够确定曲线的拐点。第一个拐点之后，企业应从原理实现的研究转入商品化开发，否则，该企业会被恰当转入商品化的企业甩在后面。当出现第二个拐点后，产品的技术已经进入成熟期，企业因生产该类产品获得了丰厚的利润，同时要继续研究优于该产品核心技术的更高一级的核心技术，以便将来在适当的机会转入下一轮的竞争。

　　一代产品的发明要依据某一项核心技术，然后经过不断完善使该技术逐渐成熟。在这期间，企业要有大量的投入，但如果技术已经成熟，推进技术更加成熟的投入不会取得明显的收益。此时，企业应转入研究，选择替代技术或新的核心技术。

3.1.2　TRIZ 中的 S 曲线

　　通过对大量专利的分析，阿奇舒勒发现技术的性能随时间变化的规律呈 S 曲线，但进化过程是靠设计者推动的，新技术的引入使其不断沿着某些方向进化。TRIZ 中的 S 曲线如图 3.3 所示。S 曲线描述了一个技术系统的完整生命周期，图中横轴代表时间，纵轴代表技术系统的某个重要的性能参数，比如采煤机这个技术系统，截割功率、可靠性就是其重要性能参数，性能参数随时间的延续呈现 S 形曲线。一个技术系统的进化一般经历 4 个阶段，分别是婴儿期、成长期、成熟期和衰退期。每个阶段都会呈现出不同的特点。S 曲线也可以认为是一条产品技术成熟度预测曲线。

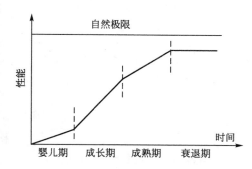

图 3.3　分段线性 S 曲线

　　S 曲线的各个阶段特征见表 3-1。

表 3-1　S 曲线的各个阶段特征

序号	时期	特　点
1	婴儿期	效率低，可靠性差，缺乏人、物力的投入，系统发展缓慢
2	成长期	价值和潜力显现，大量的人、物、财力的投入，效率和性能得到提高，吸引更多的投资，系统高速发展
3	成熟期	系统日趋完善，性能水平达到最佳，利润最大并有下降趋势，研究成果水平较低
4	衰退期	技术达极限，很难有新突破，将被新的技术系统所替代，新的 S 曲线开始

1. 技术系统的诞生和婴儿期

　　当有一个新需求，而且满足这个需求是有意义的这两个条件同时出现时，一个新的技术系统就会诞生。新的技术系统一定会以一个更高水平的发明结果来呈现。处于婴儿期的系统尽管能够提供新的功能，但该阶段的系统明显地处于初级，存在着效率低、可靠性差或一些尚未解决的问题。由于人们对它的未来比较难以把握，而且风险较大，因此只有少数眼光独到者才会进行投资，处于此阶段的系统所能获得的人力、物力上的投入是非常有限的。

　　TRIZ 从性能参数、专利级别、专利数量、经济效益 4 个方面来描述技术系统在各个阶段所表现出来的特点，以帮助人们有效了解和判断一个产品或行业所处的阶段，从而制

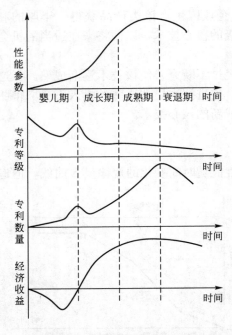

图 3.4　S 曲线各阶段的特点

定有效的产品策略和企业发展战略。

处于婴儿期的系统所呈现的特征是性能的完善非常缓慢，此阶段产生的专利级别很高，但专利数量较少，系统在此阶段的经济收益为负，详细情况如图 3.4 所示。

2. 技术系统的成长期(快速发展期)

进入发展期的技术系统中原来存在的各种问题逐步得到解决，效率和产品可靠性得到较大程度的提升，其价值开始获得社会的广泛认可，发展潜力也开始显现，从而吸引了大量的人力、财力，大量资金的投入会推进技术系统获得高速发展。

处于成长期的系统性能得到急速提升，此阶段产生的专利级别开始下降，但专利数量出现上升。系统在此阶段的经济收益快速上升并凸显出来，这时候投资者会蜂拥而至，促进技术系统的快速完善。

3. 技术系统的成熟期

在获得大量资源的情况下，系统从成长期会快速进入成熟期，这时技术系统已经趋于完善，所进行的大部分工作只是系统的局部改进和完善。

处于成熟期的系统性能水平达到最佳。这时仍会产生大量的专利，但专利级别会更低，甚至垃圾专利。处于此阶段的产品已进入大批量生产，并获得巨额的财务收益，此时，需要知道系统将很快进入下一个阶段——衰退期，需要着手布局下一代的产品，制定相应的企业发展战略，以保证本代产品淡出市场时，有新的产品来承担起企业发展的重担。

4. 技术系统的衰退期

成熟期后系统面临的是衰退。此时技术系统已达到极限，不会再有新的突破，该系统因不再有需求的支撑而面临市场的淘汰。此阶段系统的性能参数、专利等级、专利数量、经济收益 4 个方面均呈现快速的下降趋势。

5. S 曲线的跃迁

当一个技术系统进化到一定程度时(例如在成熟期内)，必然会出现一个新的技术系统来替代它，即现有技术替代了老技术，新技术又替代了现有技术，形成技术上的交替。例如，混合动力汽车将会取代燃油汽车，燃料电池汽车有可能在未来取代混合动力汽车，更进一步地，太阳能电动车将可能主宰未来的汽车时代。每个新的技术系统也将会有一条更高阶段的 S 曲线产生。如此不断地替代，就形成了 S 曲线跃迁，如图 3.5 所示，也就形成了产品的持续演变与进化。图 3.6 是洗衣机技术系统进化的例子。

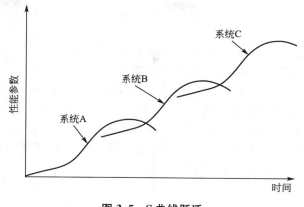

图 3.5 S 曲线跃迁

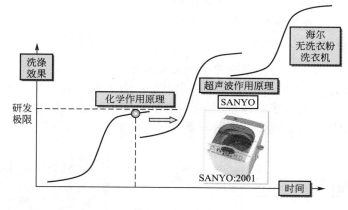

图 3.6 洗衣机技术系统进化

3.2 八大技术系统进化法则

3.2.1 提高理想度法则

1. 提高理想度法则

技术系统向增加其理想化水平的方向进化。最理想的技术系统作为物理实体它并不存在，也不消耗任何的资源，但是却能够实现所有必要的功能，即"功能俱全，结构消失"。体现在：①技术系统是沿着提高其理想度，向最理想系统的方向进化的；②提高理想度法则代表着所有技术系统进化法则的最终方向。理想化是推动系统进化的主要动力。例如手机的进化，第一部手机诞生于 1973 年，重 800g，功能仅为电话通信；现代手机重仅数十克，功能可超过 100 种，包括通话、闹钟、SMS、游戏、MP3、GPRS、录音、照相等。

每个系统在执行职能的同时会产生有用效应和有害效应。有用效应和有害效应之间的比率称为"理想度"。

一般系统改进的方向是将理想度的比率最大化。通过创建并选择发明解决方案来努力提升理想度。有两种方法可提高系统的理想度。其一是增加有用职能的数量或大小；其二是减少有害职能的成本、数量或大小。

技术系统理想状态包括3个方面的内容：①系统的主要目的是提供一定功能。传统思想认为，为了实现系统的某种功能，必须建立相应的装置或设备；而TRIZ则认为，为了实现系统的某种功能不必引入新的装置和设备，而只需对实现该功能的方法和手段进行调整和优化。②任何系统都是朝着理想化方向发展的，也就是向着更可靠、更简单有效的方向发展。系统的理想状态一般是不存在的，但当系统越接近理想状态，结构就越简单，成本就越低，效率就越高。③理想化意味着系统或子系统中现有资源的最优利用。

提高理想度可以从以下4个方向予以考虑。

(1) 增加系统的功能；

(2) 传输尽可能多的功能到工作元件上；

(3) 将一些系统功能转移到超系统或外部环境中；

(4) 利用内部或外部已存在的可利用资源。

2. 增加系统理想化水平的方法

图3.7给出了一些有效增加系统理想化水平的方法。

(1) 去除双重元件，用一个综合的元件替代。例如，煤矿救生员的工作制服上需要有一个冷却系统和一个呼吸系统，各重20kg。新系统使用液态氧作为呼吸系统，当液态氧蒸发时，要大量吸热，就会同时产生所需要的制冷系统的效果(图3.8)。

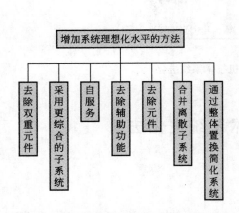

图3.7 有效增加系统理想化水平的方法

图3.8 将冷却系统和呼吸系统合并后的工作制服

(2) 采用更综合的子系统替代。例如，使用一体化汽车发动机，以焊接结构替代，去除了大量螺钉、垫圈，整个发动机会得到简化，制造简单，维护方便，可靠性提高。

(3) 去除辅助功能。

① 去除校正功能(操作)。例如，传统金属喷漆在使用过程中从熔解剂里会释放出有害物。改用在静电场作用下，将粉末状金属喷漆涂在物体表面，整个过程中没有用到有害性的溶解剂(图3.9)。

② 去除防护功能(操作)。例如，月球上使用的电灯泡根本就无需外壳玻璃保护罩。

③ 去除预备操作(功能)。例如，钢件冷却后要喷丸处理，将事先制成的钢球射入零

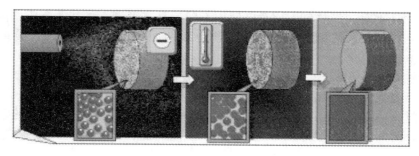

图3.9 使用静电场涂色

度以下的容器中，从容器外喷入的水滴迅速包围在钢球外表面，形成一层薄冰，获得持续的冰球束，冰球束在高速喷丸的过程中既具有一定的强度，又可以用来冷却钢件表面。这样，把钢件的喷丸硬化和冷却合并处理(图3.10)。

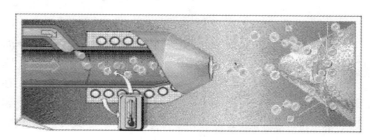

图3.10 使用冰球束处理刚体表面

④ 去除外壳。例如，德国制造的 C114.7 型自动步枪是专门为枪靶射击设计的，这种步枪用的是无壳子弹。

⑤ 去除其他的辅助功能(操作)。去除一切没有必要的辅助功能。

(4) 自服务。例如，工人所用手套上的一个手指可以提供墨水，这样，就可以在将鸡蛋包装到纸板箱的同时在鸡蛋上印上邮戳日期(图3.11)。

(5) 去除元件。

① 修复或更新系统消耗的元件。例如，用铁磁性材料制造箭靶环，每次箭头射击后产生的洞能自动修复(图3.12)。

图3.11 邮戳印记鸡蛋

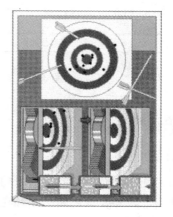

图3.12 自动恢复的箭靶环

② 自动相互作用，这样就不用考虑使用专门工具来处理。例如，车床切削的铁屑有时很长，清理不便，改进切削工具，使切屑分成两股，相互摩擦碰撞，破裂成较小的铁屑。

（6）合并离散的子系统。例如，电视机、收音机、录音机都有其独立的扩音器，将这些离散的扩音器集成，合并为一个独立的扩音器。

（7）通过整体置换简化系统（用简化的系统替代复杂系统或一个灵敏的系统代替整个子系统）。例如，过去在传送带上传送大型平板玻璃，现在改在漂浮的熔锡池里传送。

3. 提高理想度法则的路线

随着系统进化，要提高其理想度，可以在不削弱系统主要功能的前提下简化掉系统的某些组件或操作。

图 3.13 简化的采煤机摇臂传动装置

（1）简化子系统的路线。

本路线的技术进化阶段：简化传输装置→简化动力装置→简化控制装置→简化执行装置。如图 3.13 所示，采煤机截割部电动机横向布置在摇臂上，摇臂和机身连接没有动力传递，取消了螺旋伞齿轮传动和结构复杂的通轴，可使机身长度缩短。

（2）简化操作路线。

本路线的技术进化阶段：修正功能的操作→辅助功能的操作→产生功能的操作。

（3）简化低价值组件路线。

本路线的技术进化阶段：完整的系统→去掉部分组件→部分简化的系统→完全简化的系统。图 3.14 为汽车仪表盘的进化过程。

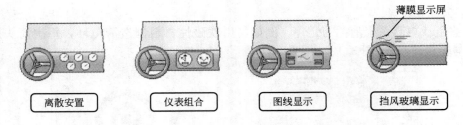

| 离散安置 | 仪表组合 | 图线显示 | 挡风玻璃显示 |

图 3.14 汽车仪表盘的进化过程

3.2.2 完备性法则

1. 完备性法则

系统是为实现功能而建立的，履行功能是系统存在的目的，为了实现功能，系统必须具备最基本的要素，各要素之间必须存在必要的联系。

一个完整系统必须由 4 部分组成：动力装置、执行装置、传动装置和控制装置

（图3.15）。其中，执行装置直接与产品相作用；动力装置将能量转换成技术所需要的使用形式；传输装置将能量传输到执行机构；控制装置协调系统内部、技术系统与外部的相互作用；能量源提供能量的形式。

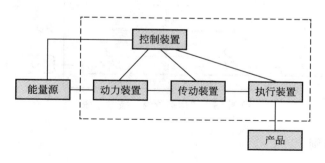

图3.15   系统组成

完备性法则体现为：①系统如果缺少其中的任一部件，就不能成为一个完整的技术系统；②如果系统中的任一部件失效，整个技术系统也无法"幸存"；③技术系统存在的必要条件是主要组件都存在并有最基本的工作能力。完备性法则有助于确定实现所需技术功能的方法并节约资源，利用它可对效率低下的技术系统进行简化。

2. 完备性法则的建议

新的技术系统经常没有足够的能力去独立地实现主要功能，所以依赖超系统提供的资源。随着技术系统的发展，系统逐渐获得需要的资源，自己提供主要的功能（图3.16）。

图3.16   完备性法则的建议

3. 完备性法则的例子

例如刷牙，完成"清洁牙齿"这一功能的技术系统由4部分组成（图3.17）。

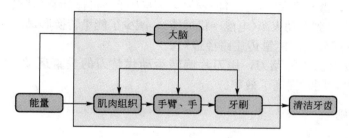

图3.17   "清洁牙齿"技术系统

再如帆船，完成"运输货物"这一功能的技术系统由4部分组成(图3.18)。

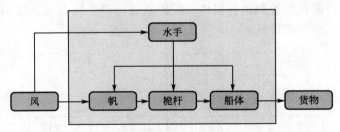

图 3.18 "运输货物"技术系统

3.2.3 能量传递法则

1. 能量传递法则

技术系统的能量从能源装置到执行装置传递，效率向逐渐提高的方向进化。选择能量传递形式是很多发明问题的核心。体现为①技术系统要实现其功能，必须保证能量能够从能量源流向技术系统的所有元件。如果技术系统中的某个元件不能接收能量，它就不能发挥作用。那么整个技术系统就不能执行其有用功能，或者有用功能的作用不足。例如，收音机在金属屏蔽的环境(如汽车)中就不能正常收听高质量广播。尽管收音机内各子系统工作都正常，但电台传导的能量源(作为系统的组成部分)受阻，使整个系统不能正常工作。在汽车外加一天线，问题就解决了。②技术系统的进化应该沿着使能量流动路径缩短的方向发展，以减少能量损失。掌握了"能量传递法则"，有助于减少技术系统的能量损失，保证其在特定阶段提供最大效率。

2. 降低能量损失可采取的措施

(1) 提高系统各部分的传导率。

能量从技术系统的一部分向另一部分的传递可以通过物质媒介(轴、齿轮等)、场媒介(磁场、电流等)。例如，目前远程电力输送一般采用铜或铝，未来的发展方向是超导材料。据统计，目前的铜或铝导线输电约有15%的电能损耗在输电线上，在中国每年的电力损失达1000多亿度，若改为超导输电，节省的电能相当于新建数十个大型发电厂。

(2) 减少能量转换的形式。

能量守恒定律表述为能量既不会消灭，也不会创生，它只会从一种形式转化为其他形式，或者从一个物体转移到另外一个物体，而在转化和转移的过程中，能量的总和保持不变。如火车的进化，由蒸汽火车(化学能→热能→压力能→机械能)、到柴油火车(化学能→压力能→机械能)，再到电动火车(电能→机械能)，减少了能量转换形式，降低了能量损失。

(3) 使系统各部分间的能量传递路径最短。

例如，手摇绞肉机代替菜刀，用刀片旋转运动代替刀的垂直运动，能量传递路径缩短，能量损失减少，同时提高了效率。

3.2.4 协调性法则

1. 协调性法则

技术系统的进化是沿着各个子系统相互之间更协调的方向发展的。即系统的各个部件在保持协调的前提下，充分发挥各自的功能。这也是整个技术系统能发挥其功能的必要条件。体现在①结构上的协调。例如，积木玩具的进化。早期是只能摞、搭的积木，现代是可自由组合的玩具，随意组成不同的形状。②各性能参数的协调。例如网球拍的进化。网球拍的重量与力量的协调：较轻的球拍更灵活，较重的球拍能产生更大的挥拍力量，因此需要考虑两个性能参数的协调。设计师将球拍整体重量降低，提高了灵活性，同时增加球拍头部的重量，保证了挥拍的力量。③工作节奏/频率上的协调。例如混凝土浇筑。建筑工人在混凝土浇筑施工中，为了提高质量，总是一面灌混凝土，一面用振荡器进行振荡，使混凝土由于振荡的作用而变得更紧密、更结实。

2．协调性法则的进化路线

1）形状协调

各子系统之间以及子系统与超系统的形状要相互协调。

形状协调进化路线①：相同形状→自兼容形状→兼容形状→特殊形状。如螺母的斜度、螺纹深、直径等参数与螺栓应该是一致的（图3.19），这是相同形状；如砖的形状可以组合成不同的排列（图3.20），这是自兼容形状；如符合人机工程学设计的手杖与超系统形状协调（图3.21），这是兼容形状；如球鼻形船首，使船首与球鼻分别形成的波浪的波峰与波谷相遇而相互抵消（图3.22），这是特殊形状。

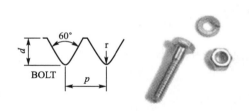

图 3.19　螺栓和螺母

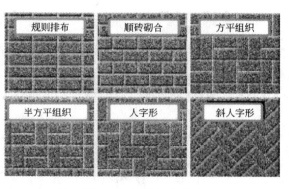

图 3.20　砖的组合形式

图 3.21　符合人机工程学设计的手杖

图 3.22　球鼻形船首

形状协调进化路线②——表面形状的进化：平滑表面→带有突起的表面→粗糙表面→带有活性物质的表面。如方向盘的进化（图3.23）。

光滑表面　　　　　肋状突起　　　　针点状粗糙表面　　　可制热表面(带电阻丝)

图 3.23　方向盘的进化

形状协调进化路线③——内部结构的进化：实心的物体→物体内部中空→内部多孔结构→毛细结构→动态内部结构。如汽车保险杠的进化(图 3.24)。

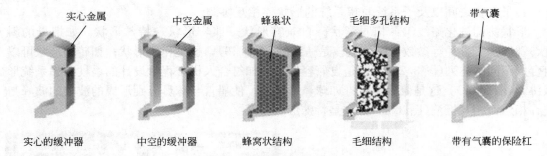

实心金属　　　　中空金属　　　　蜂巢状　　　　毛细多孔结构　　　　带气囊

实心的缓冲器　　　中空的缓冲器　　　蜂窝状结构　　　毛细结构　　　带有气囊的保险杠

图 3.24　汽车保险杠的进化

形状协调进化路线④——几何形状进化，如图 3.25 所示。

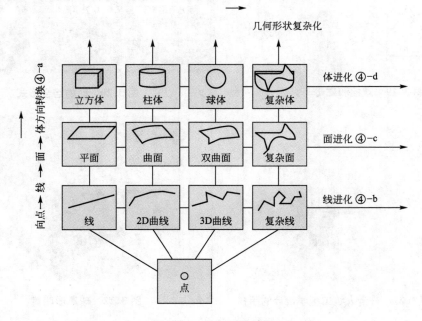

图 3.25　几何形状进化

④-a: 点→线→面→体。如轴承接触(图3.26)。

图3.26 轴承接触的进化1

（球形　圆柱　油膜　磁场）

④-b: 直线→2D线→3D线→复杂线。如轴承接触(图3.27)。

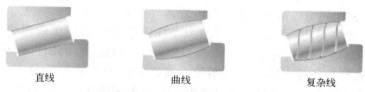

图3.27 轴承接触的进化2

（直线　曲线　复杂线）

④-c: 平面→曲面→双曲面→复杂曲面。如鼠标(图3.28)。

图3.28 鼠标的进化

（平面　曲面　复杂曲面）

2）频率协调

频率协调进化路线①——单个物体: 连续运动→脉冲→周期性作用→增加频率→共振。例如，冲击钻就是以较高的冲击频率打击工具的尾端，使工具向前冲打。

频率协调进化路线②——多个物体: 节奏不匹配→节奏一致→共振→复杂相变→利用动作间隙。例如，第一次世界大战中德国飞机设计师安东尼·富克及他的同伴们发明使用凸轮的射击同步协调器(图3.29)。这种装置可依靠螺旋桨的转动来控制机枪的射击，当枪口指向桨叶间隙时子弹射出，而枪口对准桨叶时射击停止。

3）材料协调

材料协调进化路线: 相同材料→相似材料→惰性材料→可变特性的材料→相反特性的材料。如人工心脏(图3.30)。

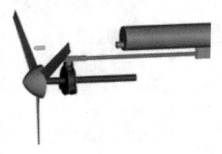

图3.29 飞机射击同步协调器

图3.30 人工心脏

3.2.5　子系统不均衡进化法则

技术系统由多个实现各自功能的子系统(元件)组成。虽然系统作为一个整体在不断改进，但子系统(元件)的改进是单独进行的，不同步的。体现在①任何技术系统所包含的各个子系统都不是同步、均衡进化的，每个子系统都是沿着自己的S曲线向前发展的。②这种不均衡的进化经常会导致子系统之间的矛盾出现。③整个技术系统的进化速度取决于系统中发展最慢的子系统的进化速度。不同的子系统在不同的时间到达其内在极限，矛盾由此产生。率先到达极限的子系统将"抑制"整个系统的发展。消除矛盾才能继续改进系统。所以掌握了该法则可以帮助人们及时发现并改进最不理想的子系统。

通常设计人员容易犯的错误是花费精力专注于系统中已经比较理想的重要子系统，而忽略了"木桶效应"中的短板，结果导致系统发展缓慢。例如自行车的进化，早在18世纪中期，自行车还没有链条传动系统，脚蹬直接安装在前轮轴上，此时自行车的速度与前轮直径成正比。因此为了提高速度，人们采用增加前轮直径的方法。但是一味地增加前轮直径，会使前后轮尺寸相差太大，从而导致自行车在前进中的稳定性很差。后来人们开始研究自行车的传动系统，在自行车上装上了链条和链轮，用后轮的转动来推动车子的前进，且前后轮大小相同，以保持自行车的平衡和稳定(图3.31)。

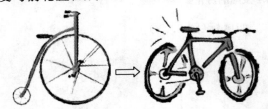

图3.31　19世纪中期和改进传动系统后的自行车

3.2.6　向超系统进化法则

1. 向超系统进化法则

当一个系统自身发展到极限时，它向着变成一个超系统的子系统方向进化，通过这种进化，原系统升级到一种更高水平。体现在①技术系统的进化是沿着从单系统→双系统→多系统的方向发展的。在一个发展中的工程系统中，这种情况经常发生：有些物体不能有效地完成必需的功能。在这种情况下，要引入一个或几个物体加到这些(个)物体上。单系统变成双系统和多系统，或者是系统中物体数目增加，多系统的进一步发展就组成了一个更高水平的单系统(超系统)，功能达到完善。例如，瑞士军刀就是一个多系统。②技术系统进化到极限时，它实现某项功能的子系统会从系统中剥离，转移至超系统作为超系统的一部分。在该子系统的功能得到增强改进的同时也简化了原有的技术系统。例如空中加油机。长距离飞行时，飞机需要在飞行中加油。最初燃油箱是飞机的一个子系统。进化后，燃油箱脱离了飞机，进化至超系统，以空中加油机的形式给飞机加油(图3.32)。飞机系统简化，不必再携带数百吨的燃油。

图3.32　空中加油机

2. 向超系统进化法则的进化路线

（1）系统参数差异性增加进化路线。

本路线的技术进化阶段：相同系统合并→同类差异系统合并→同类竞争系统合并。其中，相同系统和原技术系统有相同的参数；有差异性系统至少有一个参数与技术系统不同；竞争系统是不同的系统，但具备类似的功能。如帆船的进化（图 3.33）。

图 3.33　帆船的进化

（2）系统功能差异增加进化路线。

本路线的技术进化阶段：竞争系统→关联系统→不同系统→相反系统。其中，竞争系统和原系统具备相同的主要功能。关联系统和原系统具备不同的主要功能和共同的特征，如图 3.34 均为家用工具。关联系统有 3 个特点：一是两个技术系统主要功能的作用对象是相同的，如煎锅（装食物）和炭火烤架（加热食物）；二是技术系统处于同一操作过程，如显影剂和相纸（洗照片过程中）；三是技术系统用于相同的条件下，如野营帐篷和科尔曼炉（野营条件下）。不同系统和原系统具备不同的主要功能和不同的特征。相反系统与原系统具备相反的主要功能。

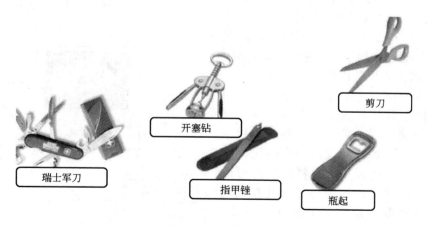

图 3.34　家用工具

（3）集成深度增加进化路线。

本路线的技术进化阶段：无连接→有连接→局部简化→完全简化。图 3.35 为 2009 年英国"空中冒险"航空展上的"白色骑士二号"，它是一架双机身飞机，外形好似两架机翼连接在一起的飞机。将负责搭载加压飞船"太空飞船二号"从新墨西哥州一基地起飞，

图 3.35 双机身飞机

而后进入地球大气层。在达到 5 万英尺（约合 1.524 万米左右）的高度后，"太空飞船二号"将与母机分离并以 4 倍于声速的速度飞向太空。飞船上的 6 名乘客可以感受大约 5min 的零重力状态同时欣赏地球的美丽景色。在此之后，"太空飞船二号"将以滑翔方式返回地球，这在很大程度上与航天飞机类似。据悉，飞船从起飞到着陆将历时大约两个半小时。

3.2.7 向微观级进化法则

1. 向微观级进化法则

技术系统的进化是沿着减小其元件尺寸的方向发展的。即元件从最初的尺寸向原子、基本粒子的尺寸进化，同时能够更好地实现系统的功能。技术系统倾向于从宏观系统转换到微观系统。在这一转换过程中，通过使用不同的能量场来获得更好的性能或控制。

2. 向微观级进化法则的进化路线

1）系统分割的进化路线

（1）物质或物体的分割：处于宏观层次的系统→任意形状的组件组成的多系统（平面元素、纸张等→棒、杆等→球体等）→高度分散的元素组成的多系统（粉末、颗粒等）→泡沫、凝胶等次分子系统→起化学作用的分子系统→原子系统→含有场的系统。如在电子学领域，首先是应用真空管，之后是电子管，再是大规模集成电路，就是典型的例子。图 3.36 是传动带结构的进化。图 3.37 是清洁系统的进化。

（2）空间分割：实心物体→物体内部引入空洞→将空洞分割成几个小空洞→制成多孔结构→制成活性的毛孔。新的工程系统可以按这样一条路线发展，它的元件占用空间要有效利用。其他材料或空洞可以引入到单块物体中，然后将空洞分割成几个部分，空洞数目增多，重量就会减少，并且催化物质和场可以引入到毛孔中。如轮胎的进化：实心轮胎→空心轮胎（有内胎轮胎和无内胎轮胎）→多腔轮胎→多孔材料轮胎→多毛细孔材料、含冷却剂的轮胎→填充了多孔聚合物颗粒和凝胶状物质的轮胎。

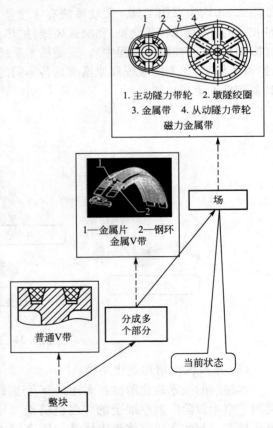

1. 主动隧力带轮　　2. 墩隧绞圈
3. 金属带　　4. 从动隧力带轮
磁力金属带

1—金属片　　2—钢环
金属 V 带

普通 V 带

分成多个部分

当前状态

整块

图 3.36 传动带结构的进化

| 刮削器 | 刷子 | 喷砂机 | 高压水枪 | 激光净化器 |

图 3.37　清洁系统的进化

（3）表面分割：平坦表面→表面上有许多突起→形成粗糙表面→活性的表面。改善一个系统时，通过分割物体表面成许多小面，可以获得很多优点。在平面上生成分割的突起，突起数目增加，表面变得越来越粗糙，催化物质注入粗糙之处后，表面就变成一个活性面。

2）向高效能场转化的进化路线

这一路线反映了技术进化的以下阶段：运用机械作用→运用热作用→运用分子作用→运用化学作用→运用电作用→运用磁作用→运用电磁作用和辐射。如存储介质的进化。最初计算机记录数据的方式是在纸带上打孔，后来采用了录音磁带，再后来发明了软磁盘、硬盘。多媒体技术海量数据存储的需求促生了光记录介质（光盘）。但无论是磁带、磁盘还是光盘，读写时都需要辅助的机械结构。现在，以 Flash 闪存为介质的各种产品已经被广泛地应用，它的读写过程不需要机械结构的辅助，因而可靠性大大增加，体积可以做得很小，且读写速度快。可以预见，"非机械结构"存储介质是发展的方向。

3）提高场效应的进化路线

这一路线反映了技术进化的以下阶段：运用直接场→运用反向场→运用反向场的结合体→运用交互场（如振动、共振和驻波等）→运用脉冲场→运用倾斜场（带梯度的场）→运用不同场的组合作用。可以不夸张地说，现代无线电技术、光电子学、计算机计算技术、计算机断层照相（CT）技术、激光技术和微电子技术的进步完全依靠这一发展路线。

3.2.8　动态性进化法则

1. 动态性进化法则

技术系统诞生通常是静态的、不灵活的、不变的。在技术系统进化过程中，其动态性和可控性会提高，也就是说对有针对性变化的适应能力会提高，而这种有针对性的变化可以保证系统适应可变的系统工作条件，对环境的相互作用也会提高。提升系统的动态性能使系统功能更灵活地发挥作用，或作用更为多样化，提高系统动态性需要提高系统的可控性。

2. 动态性进化法则的进化路线

1）柔性进化路线

这一路线反映了技术进化的以下阶段：刚体系统→单铰接系统→多铰接系统→柔性系统→场连接系统。具有刚性元件的系统对工况的适应性很差，在刚性元件设计中引入铰接，铰接点的数目越多，系统柔性就越好，系统的元件实现分子形式或场形式就达到了最大的柔性。如门锁的进化（图 3.38）。

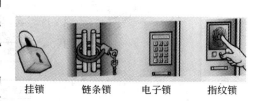

| 挂锁 | 链条锁 | 电子锁 | 指纹锁 |

图 3.38　门锁的进化

2）可移动性进化路线

这一路线反映了技术进化的以下阶段：不可动系统→部分可动系统→高度可动系统→整体可动系统。如固定电话到手机的进化。

3）提高可控性进化路线

这一路线反映了技术进化的以下阶段：直接控制→间接控制→反馈控制→自动控制。如照相机的进化（图 3.39），再如路灯的进化（图 3.40），直接控制（每个路灯都有开关，有专人负责定时开闭）→间接控制（用总电闸整条线路的路灯）→引入反馈控制（通过感应光亮度控制路灯的开闭）→自我控制（通过感应光亮度，根据环境明暗自动开闭并调节亮度）。

手动调焦　　　　通过按钮调焦　　　感应光线调焦　　　自动调焦

图 3.39　照相机的进化

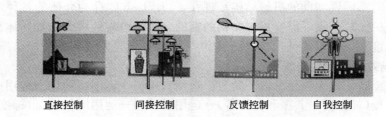

直接控制　　　　间接控制　　　　反馈控制　　　　自我控制

图 3.40　路灯的进化

3.3　具有进化潜力的进化路线搜索方法

通常产品的技术系统沿多条进化路线进化，进化潜力可以从不同的与产品进化相关的进化法则和进化路线中进行搜索，图 3.41 所示为一种搜索具有进化潜力路线的方法。首

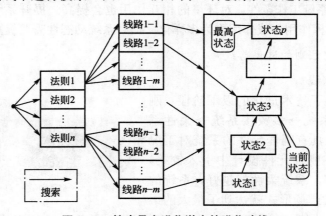

图 3.41　搜索具有进化潜力的进化路线

先，选择一个相关的进化法则，进化法则下的相关进化路线也被选择；然后确定产品沿被选择的进化路线进化的当前进化状态。则当前进化状态与最高进化状态之间就存在进化潜力，具有进化潜力的状态应该有一个或多个，即从比当前进化状态高一级的进化状态到最高进化状态都是具有进化潜力的状态。选择进化路线时要注意其相关性和类型。对比所有与产品核心技术系统进化特征相匹配的TRIZ进化路线的可能性，以确定最具有相关性的进化路线。

3.4 技术系统进化法则的应用

技术系统的八大进化法则是TRIZ中解决发明问题的重要指导原则，掌握好进化法则，可有效提高问题解决的效率。同时进化法则可以应用到其他很多方面，下面简要介绍5个方面的应用。

（1）产生市场需求。

产品需求的传统获得方法一般是市场调查，调查人员基本聚焦于现有产品和用户的需求，缺乏对产品未来趋势的有效把握，所以问卷的设计和调查对象的确定在范围上非常有限，导致市场调查所获取的结果往往比较主观、不完善。调查分析获得的结论对新产品市场定位的参考意义不足，甚至出现错误的导向。

TRIZ的技术系统进化法则是通过对大量的专利研究得出的，具有客观性的跨行业领域的普适性。技术系统的进化法则可以帮助市场调查人员和设计人员从进化趋势确定产品的进化路径，引导用户提出基于未来的需求，实现市场需求的创新，从而立足于未来，抢占领先位置，成为行业的引领者。

（2）定性技术预测。

针对目前的产品，技术系统的进化法则可为研发部门提出如下的预测。

① 对处于婴儿期和成长期的产品，在结构、参数上进行优化，促使其尽快成熟，为企业带来利润。同时，也应尽快申请专利进行产权保护，以使企业在今后的市场竞争中处于有利的位置。

② 对处于成熟期或衰退期的产品，避免进行改进设计的投入或进入该产品领域，同时应关注于开发新的核心技术以替代已有的技术，推出新一代的产品，保持企业的持续发展。

③ 明确符合进化趋势的技术发展方向，避免错误的投入。

④ 定位系统中最需要改进的子系统，以提高整个产品的水平。

⑤ 跨越现系统，从超系统的角度定位产品可能的进化模式。

（3）产生新技术。

产品进化过程中，虽然产品的基本功能基本维持不变或有增加，但其他的功能需求和实现形式一直处于持续的进化和变化中，尤其是一些令顾客喜欢的功能变化得非常快。因此，按照进化理论可以对当前产品进行分析，以找出更合理的功能实现结构，帮助设计人员完成对系统或子系统基于进化的设计。

（4）专利布局。

技术系统的进化法则可以有效确定未来的技术系统走势，对于当前还没有市场需求的技术，可以事先进行有效的专利布局，以保证企业未来的长久发展空间和专利发放所带来的可观收益。

当前的社会，有很多企业正是依靠有效的专利布局来获得高附加值的收益。在通信行业，高通公司的高速成长正是基于预先的大量的专利布局，在 CDMA 技术上的专利几乎形成全世界范围内的垄断。我国的大量企业每年会向国外的公司支付大量的专利使用许可费，这不但大大缩小产品的利润空间，而且经常还会因为专利诉讼而官司缠身，我国的 DVD 厂商们就是一个典型代表。

最重要的是专利正成为许多企业打击竞争对手的重要手段。我国的企业在走向国际化的道路上几乎全都遇到了国外同行在专利上的阻挡，虽然有些官司最后以和解结束，但被告方却在诉讼期间丧失了大量的、重要的市场机会。同时，拥有专利权也可以与其他公司进行专利许可使用的互换，从而节省资源，节省研发成本。因此，专利布局正成为创新型企业的一项重要工作。

（5）选择企业战略制定的时机。

八大进化法则尤其是 S 曲线对选择一个企业发展战略制定的时机具有积极的指导意义。一个企业也是一个技术系统，一个成功的企业战略能够将企业带入一个快速发展的时期，完成一次 S 曲线的完整发展过程。但是当这个战略进入成熟期以后，将面临后续的衰退期，所以企业面临的是下一个战略的制定。

很多企业无法跨越 20 年的持续发展，正是由于在一个 S 曲线的 4 个阶段的完整进化中，企业没有及时进行有效的下一个企业发展战略的制定，没有完成 S 曲线的顺利交替，以致被淘汰出局，退出历史舞台，所以企业在一次成功的战略制定后，在获得成功的同时不要忘记 S 曲线的规律，需要在成熟期开始着手进行下一个战略的制定和实施，从而顺利完成下一个 S 曲线的启动，将企业带向下一个辉煌。

第4章
资源分析

TRIZ 理论要求问题解决者在应用 TRIZ 理论解决问题时要详细全面地考察并列出系统涉及的所有资源。这一点是非常重要的，可以这样认为，解决问题的实质就是对资源的合理应用。任何系统，只要还没有达到理想解，就应该具有可用资源。对资源进行分类，详细分析，深刻理解，对设计人员是十分必要的。

4.1 资源分类

设计中的产品是一个系统，任何系统都是超系统中的一部分，超系统又是自然的一部分。系统在特定的空间与时间中存在，要由物质构成，要应用场来完成某种特定的功能。按自然、空间、时间、系统、物质、能量、信息和功能等将资源分为 8 类，见表 4-1。

表 4-1 资源分类

序号	类型	意义	实例
1	自然或环境资源	自然界中任何存在的材料或场	太阳能电池、斜井靠重力下放矿车、放顶煤开采工艺
2	时间资源	系统启动之前、工作之后、两个循环之间的时间	厨房中米饭和炒菜一起做、采煤机割煤同时装运煤
3	空间资源	位置、次序、系统本身及超系统	某种食品包装中有本企业其他食品的广告、综采工作面的布置
4	系统资源	当改变子系统之间的连接、超系统引进新的独立技术时，所获得的有用功能或新技术	扫描与打印的功能结合形成影印功能、采煤机与装载机的功能结合形成连续采煤机
5	物质资源	任何用于有用功能的物质	扫雪车的废气用于被清扫雪的预处理、瓦斯发电

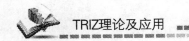

（续）

序号	类型	意义	实例
6	能量/场资源	系统中存在的或能产生的场或能量流	煤矸石热电厂冷却水供暖
7	信息资源	系统中任何存在或能产生的信号	加工中心正在加工中的零件误差可用于在线补偿
8	功能资源	系统或环境能够实现辅助功能的能力	按时间进行任务规划的软件要应用计算机内部的时钟、刮板输送机兼作采煤机轨道

在设计过程中，合理地利用资源可使问题的解更容易接近理想解，如果利用了某些资源，还可能取得附加的、未曾设想的效益。对资源及其利用的深入讨论是必要的。

资源可分为内部与外部资源。内部资源是在矛盾发生的时间、区域内存在的资源。外部资源是在矛盾发生的时间、区域外部存在的资源。内部与外部资源又可分为现成资源、派生资源及差动资源3类。

4.1.1 现成资源

现成资源是指在当前存在状态下可被应用的资源。如物质、场（能量）、空间和时间资源都是可被多数系统直接应用的现成资源。例如，物质资源：煤可用作燃料；能量资源：汽车发动机既驱动后轮或前轮，又驱动液压泵，使液压系统工作；场资源：地球上的重力场及电磁场；信息资源：汽车运行时所排废气中的油或其他颗粒表明发动机的性能信息；空间资源：仓库中多层货架中的高层货架；时间资源：双向打印机；功能资源：人站在椅子上更换屋顶的灯泡时，椅子的高度是一种辅助的功能的利用。

4.1.2 派生资源

通过某种变换，使不能利用的资源成为可利用的资源，这种可利用的资源为派生资源。原材料、废弃物、空气、水等经过处理或变换都可在设计的产品中采用，而变成有用资源。在变成有用资源的过程中，必要的物理状态变化或化学反应是需要的。

派生物质资源：由直接应用资源如物质或原材料变换或施加作用所得到的物质。例如，毛坯是通过铸造得到的材料，相对于铸造的原材料，已是派生资源。

派生能量资源：通过对直接应用能量资源的变换或改变其作用的强度、方向及其他特性所得到的能量资源。例如，变压器将高压变为低压，这种低电压的电能为派生资源。

派生场资源：通过对直接应用场资源的变换或改变其作用的强度、方向及其他特性所得到的场资源。如无影灯，单一的光源会产生清晰的影子，可以在光源周围加上镜子来消除影子。

派生信息资源：利用各种物理及化学效应将难以接受或处理的信息改造为有用的信息。例如，地球表面电磁场的微小变化可用于发现矿藏。

派生空间资源：由于几何形状或效应的变化所得到的额外空间。例如，双面磁盘比单面磁盘存储信息的容量更大。

派生时间资源：由于加速、减速或中断所获得的时间间隔。例如，被压缩的数据在较短的时间内可传递完毕。

派生功能资源：经过合理变化后，系统完成辅助功能的能力。例如，锻模经适当修改后，锻件本身可以带有企业商标。

4.1.3　差动资源

通常，物质与场的不同特性是一种可形成某种技术的资源，这种资源称为差动资源。差动资源分为差动物质资源及差动场资源两类。

1. 差动物质资源

1) 结构各向异性

各向异性是指物质在不同的方向上物理性能不同。这种特性有时是设计中实现某种功能的需要。例如，光学特性：金刚石只有沿对称面做出的小平面才能显示出其亮度；电特性：石英板只有当其晶体沿某一方向被切断时，才具有电致伸缩的性能；声学特性：一个零件内部由于其结构有所不同，表现出不同的声学性能，使超声探伤成为可能；机械特性：劈木柴时一般是沿最省力的方向劈；化学性能：晶体的腐蚀往往在有缺陷的点处首先发生；几何性能：只有球形表面符合要求的药丸才能通过药机的分拣装置。

2) 不同的材料特性

不同的材料特性可在设计中用于实现有用功能。例如，合金碎片的混合物可通过逐步加热到不同合金的居里点，之后用磁性分拣的方法将不同的合金分开。

2. 差动场资源

场在系统中的不均匀可以在设计中实现某些新的功能。

1) 场梯度的利用

在烟囱的帮助下，地球表面与3200m高空中的压力差使炉子中的空气流动。

2) 空间不均匀场的利用

为了改善工作条件，工作地点应处于声场强度低的位置。

3) 场的值与标准值的偏差的利用

病人的脉搏与正常人不同，医生通过对这种不同的分析为病人看病。

4.2 资源考察

为了便于寻找和利用资源，可以利用如图 4.1 所示资源的寻找路径。

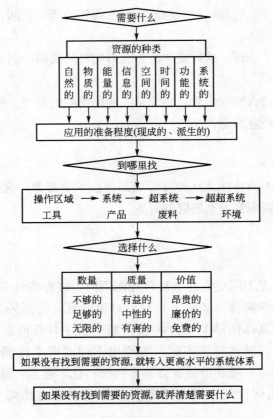

图 4.1 资源的寻找路径

4.3 资 源 利 用

设计过程中所用到的资源不一定明显，需要认真挖掘才能称为有用资源。下面是一些通用的建议。

(1) 将所有的资源首先集中于最重要的动作或子系统。

(2) 合理地、有效地利用资源，避免资源损失、浪费等。

(3) 将资源集中到特定的空间与时间。

(4) 利用其他过程中损失的或浪费的资源。

(5) 与其他子系统分享有用资源，动态地调节这些子系统。

(6) 根据子系统隐含的功能，利用其他资源。

（7）对其他资源进行变换，使其成为有用资源。

不同类型资源的特殊性能帮助设计者克服资源的限制。

1. 空间

（1）选择最重要的子系统，将其他子系统放在空间不十分重要的位置上。
（2）最大限度地利用闲置空间。
（3）利用相邻子系统的某些表面或一表面的反面。
（4）利用空间中的某些点、线、面或体积。
（5）利用紧凑的几何形状，如螺旋线。
（6）利用暂时闲置的空间。

2. 时间

（1）在最有价值的工作阶段，最大限度地利用时间。
（2）使用过程连续，消除停顿、空行程。
（3）变换顺序动作为并行动作，以节省时间。

3. 材料

（1）利用薄膜、粉末、蒸气，将少量物质扩大到一个较大的空间。
（2）利用与子系统混合的环境中的材料。
（3）将环境中的材料，如水、空气等，转变成有用的材料。

4. 能量

（1）尽可能提高核心部件的能量利用率。
（2）限制利用成本高的能量，尽可能采用低廉的能量。
（3）利用最近的能量。
（4）利用附近系统浪费的能量。
（5）利用环境提供的能量。

在设计中认真考虑各种资源有助于开阔设计者的眼界，使其能跳出问题本身，这对于将全部精力都集中于特定的子系统、工作区间、特定的空间与时间的设计者解决问题特别重要。

第5章
40个发明原理

阿奇舒勒通过对大量发明专利的研究发现，大约只有20%左右的专利才称得上是真正的创新，许多宣称为专利的技术其实早已经在其他的产业中出现并被应用过。所以，阿奇舒勒认为如果跨产业间的技术能够更充分地交流，一定可以更早开发出优化的技术。同时阿奇舒勒也坚信发明问题的原理一定是客观存在的，如果掌握这些原理，不仅可以提高发明的效率，缩短发明的周期，而且能使发明问题更具有可预见性。如果一个发明原理融合了物理、化学等学科，相应此原理将超越领域的限制，可应用到其他行业中去。

为此，阿奇舒勒对大量的专利进行了研究、分析和总结，提炼出了 TRIZ 中最重要的、具有普遍用途的 40 个发明原理。实践证明这些原理对于指导设计人员的发明创造具有重要的作用。本章将对各个发明原理进行详细介绍，并包括一些工程及生活实例。

表 5-1　40 个发明原理

序号	原理名称	序号	原理名称	序号	原理名称	序号	原理名称
1	分割	11	预先防范	21	快速	31	多孔材料
2	抽取	12	等势	22	变害为利	32	改变颜色
3	局部质量	13	反向作用	23	反馈	33	同质性
4	非对称	14	曲面化	24	中介物	34	抛弃与再生
5	组合	15	动态化	25	自服务	35	物理/化学参数变化
6	多用性	16	部分超越	26	复制	36	相变
7	嵌套	17	维数变化	27	廉价替代品	37	热膨胀
8	质量补偿	18	机械振动	28	机械系统的替代	38	加速氧化
9	预先反作用	19	周期性作用	29	气压与液压结构	39	惰性环境
10	预先作用	20	有效作用的连续性	30	柔性壳体或薄膜	40	复合材料

5.1　发明原理 1：分割

（1）将一个物体分成相互独立的部分。例如，用多台个人计算机代替一台大型计算机完成相同的功能；用一辆卡车加拖车代替一辆载重量大的卡车；在大项目中应用工作分解结构；将冰箱分为冷冻、冷藏、零度保鲜等多个抽屉，以实现不同功能。

（2）使物体分成容易组装和拆卸的部分。如组合式家具；花园中浇花用的软管系统可根据需要通过快速接头连接成所需的长度；采煤机分为牵引部和截割部，以便于井下运输。

（3）增加物体被分割的程度。例如，用百叶窗代替整体窗帘；用粉状焊接材料代替焊条改善焊接效果。

例5-1 在一般人的思维定式里面，调节家里阳光的唯一方法就是窗帘，其实并不尽然。学学外国人的生活方式，定做百叶窗是一个很好的方法。百叶窗的好处在于通过调节窗叶的角度可以调节室内的光线，如图5.1所示。

例5-2 如图5.2所示，将矿车厢分成单节，以适应井下转弯和装卸方便。

图 5.1 用百叶窗调节室内光线

图 5.2 用于井下运输的矿车

例5-3 "建筑家具(Architechtural Furniture)"是日本的家具制造商 Atelier OPA 推出的概念，"建筑家具"的特点就是移动性强、组合式、折叠式设计，非常适合那些租房居住，经常需要搬家或者是家里居住面积比较小的朋友。从图5.3中可以看到，3个大小不一的带轮子的木箱其实分别是一个移动式厨房、移动式办公室和一个移动式的单人床。需要的时候打开，所需要的功能都有；不需要的时候就合上，非常节省空间，也非常容易挪动。

图 5.3 建筑家具

例5-4 安全槽的出现使得道路更加安全，这种小装置虽然简单，但作用非常大。在跑道或者公路的水泥面上进行处理，使上面形成又长又浅的安全槽(图5.4)。这种在水泥面上的锯齿状安全槽可以分流多余的水，增加轮胎和跑道或道路之间的摩擦，增加了交通工具的安全性。这种技术由美国宇航局的兰利研究中心(Langely Research Center)于20世纪60年代第一次试用。后来，人们认识到这种技术非常实用，道路工程师开始把这种相同的技术运用到公路上。美国宇航局的调查显示，安全槽的出现使美国的公路交通事故减少了85%。

图 5.4　安全槽

📖**例 5 - 5**　煤矿用刮板输送机链轮支撑和驱动由盲轴和减速器伸出轴共同完成，便于井下拆装(图 5.5)。同时刮板输送机的中部槽为 1.5m 一节，便于推溜。

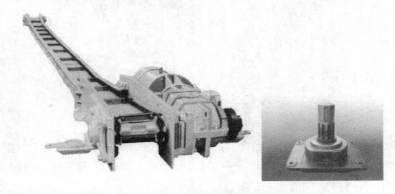

图 5.5　刮板输送机及其盲轴

5.2　发明原理 2：抽取

(1) 从物体中拆出"干扰"部分("干扰"特性)或者相反，分出唯一需要的部分或需要的特性。例如，在飞机场环境中，为了驱赶各种鸟，采用播放刺激鸟类的声音使鸟与机场分离；将产生噪声的空气压缩机放于室外；避雷针利于金属导电的原理将可能对建筑物造成损害的雷电引入大地。

(2) 将物体中的关键部分挑选或分离出来。如离子培植中的离子分离；晶片工厂中存储铜的区域与其他区域隔离；普通轮船航行过程中自身产生的电磁振动严重干扰了水底位置探测器的正常工作，使用分离原理，可以用天线将其拖在轮船后方 1000m 的地方，以减少噪声的干扰，天线可以通过远距离控制来操作。

图 5.6　外置回收站

📖**例 5 - 6**　Windows 系统里的回收站是用来存放暂时删除的文件的，很多人甚至都是直接用 shift＋del 将文件彻底删除。这样虽然节约了硬盘空间，但是一旦发现有用信息包含在被删除的文件里时，再想恢复就很困难了。图 5.6 所示为外置回收站，将回收站与硬盘分离，即可解决此问题。

📖**例 5 - 7**　将一个反光器位置提高，以便反射在地面上安装的高强度灯光的光线，而不用将每个灯提高(即不用提高所有的照明灯，而仅仅是反射灯提高即可)。

5.3　发明原理3：局部质量

(1) 将物体或环境(外部作用)的均匀结构变成不均匀结构。例如，变化中的压力、温度或密度代替定常的压力、温度或密度；将硬度高、耐磨的好钢制成刀刃的部分，刀的其他部分用一般的钢；书本的封面使用较厚且耐用的纸，而内部用一般的纸；在刮板输送机机头架端部堆焊耐磨金属(图 5.7)。

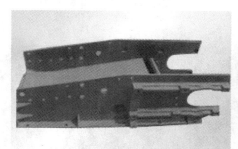

图 5.7　刮板输送机机头架端部堆焊耐磨金属

(2) 使组成物体的不同部分完成不同的功能。例如，瑞士军刀(图 5.8)带多种常用工具(螺丝起子、尖刀、剪刀等)。

(3) 使组成物体的每一部分都最大限度地发挥作用。在餐盒中设置间隔，在不同间隔内放置不同食物，避免串味。

📖**例 5 - 8**　挂胶履带(图 5.9)其实早在 1937 年的时候就已经投入使用了，当时美国的 M1 战斗车率先采用了挂胶履带，后来美国的坦克也多使用这种挂胶履带，其目的就是为了保护路面，同时起到减振、降低噪声的作用。此外，挂胶履带还被应用于训练中。

图 5.8　瑞士军刀　　　　　　**图 5.9　带橡胶板的坦克履带**

5.4 发明原理4：非对称

（1）物体的对称形式转为不对称形式。如鱼嘴形喷气式飞机进气口（图 5.10）；非对称容器或对称容器中的非对称搅拌叶片可以提高搅拌效果（如水泥搅拌车等）；三相电源插头为预防接地线、电源线混淆将 3 个插脚做成不对称的；将电脑的插口设置为非对称性的以防止不正确的使用；模具设计中，对称位置的定位销设计成不同直径，以防安装或使用中出错；振动筛（图 5.11）通过调整偏心块的重量改变激振力，以达到调整振幅的目的。

（2）如果物体不是对称的，则加强它的不对称程度。例如，防撞汽车轮胎具有一个高强度的侧缘（图 5.12），以抵抗人行道路缘石的碰撞；为增加防水保温性，建筑商采用多重坡屋顶。

图 5.10 鱼嘴形喷气式飞机进气口

图 5.11 振动筛   图 5.12 硅胶防撞墙

例 5 – 9 图 5.13 为非对称凹叶轮，6 片深凹面叶片在圆盘上下呈非对称结构，叶片后缘气腔完全消失，通气时功率下降幅度比六叶圆盘涡轮更小，与六叶圆盘涡轮相比，气体分散能力提高近 5 倍。传质能力最多可提高近 20% 以上，且该叶轮对物料粘度相对不敏感。

例 5 – 10 通过在比较规则的杯子上加入较深的凹槽从而让人们在没有托盘的情况下也

能够同时端起许多个杯子，如图 5.14 所示。

图 5.13　非对称凹叶轮

图 5.14　带凹槽的杯子

5.5　发明原理 5：组合

（1）在空间上将相似的物体连接在一起，使其完成并行的操作。如网络中的个人计算机、并行计算机中的多个微处理器、安装在电路板两侧的大量电子芯片、双层/三层玻璃窗。

（2）把时间上相同或类似的操作联合起来。如同时分析多个血液参数的医疗诊断仪；冷热水混水阀；双联显微镜组由一个人操作，另一个人观察和记录。

例 5-11　圆盘式西瓜刀（图 5.15）把圆盘的辐条用刀片代替，就变成了这样一款圆盘西瓜刀。只需轻轻一压，西瓜就被切成均匀的几块，比起一刀一刀的切要方便得多，而且更加卫生。

图 5.15　圆盘式西瓜刀

例 5-12　拍摄环场照片，还在傻傻地转圈圈，一张一张慢慢地拍吗？瞧瞧图 5.16 的

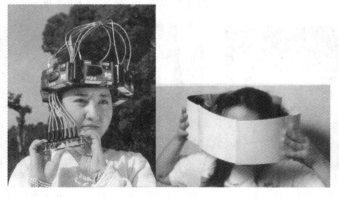

图 5.16　环场实景照相机

这个设计，多么聪明啊。只要往头上一套，按下按键，一切搞定！更棒的是，冲洗出来之后，只要将照片依序贴成一个圆筒，将头伸进去一瞧，哇，旅行当时的景象跟感动马上又能浮现在您的眼前！

例 5-13 蟹立爪装载机是利用蟹爪和立爪联合扒取矿岩的装载机。用立爪从岩堆扒取矿岩，再由蟹爪转扒至刮板输送机上。这样就克服了蟹爪不能在有根底和高岩堆情况下扒取矿岩、立爪扒取速度慢并可能碰坏刮板的缺点。

5.6 发明原理 6：多用性

使一个物体能完成多项功能，可以减少原设计中完成这些功能的多个物体的数量。如可以坐的拐杖、可当做 U 盘使用的 MP3、兼有摄像、照相、录音、硬盘存储功能的数码摄像机。

例 5-14 设计师 Yong Rok Kim 特意设计了"拐杖椅"来帮助腿部有疾患的人尽快恢复体质。这个名字听起来也许有点奇怪，不过它就是这么个东西。从图 5.17 中可以看出，

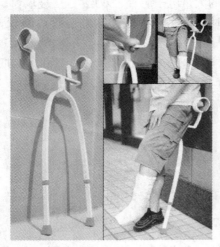

这副拐杖可以一分为二，行走的时候，是两个单独的拐杖，而停下来休息的时候，又可以合到一起，关键就在这个合到一起了，把拐杖靠在墙边人就可以坐上休息一会。

例 5-15 对于想减肥的人来说，经常用皮尺来量腰围，担心自己的身材再长胖。有时会忘记自己把皮尺放在哪里，就会到处翻找，很麻烦。有了如图 5.18 所示的减肥腰带尺就可以解决了。

例 5-16 人们经常会选择用夹子夹住袋口来存放已经开口的食物。但是这样很容易让人们忘记食品的保质期，更有甚者在开口的时候直接就把保质期给撕掉了。图 5.19 所示的这款创意风格的夹子就通过设置划片和刻度的方式在你夹住袋口的同时标记下食品的安全食用日期，一目了然。

图 5.17 拐杖椅

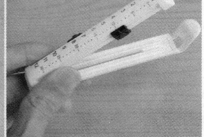

图 5.18 减肥腰带尺

图 5.19 可以标注食用日期的夹子

5.7 发明原理7：嵌套

（1）将一个物体放在第二个物体中，将第二个物体放在第三个物体中，以此类推。如俄罗斯套娃；嵌套量规、量具；多功能螺丝刀（图5.20）只有一个刀柄，却拥有很多刀头，便于携带和使用。

（2）使一个物体穿过另一个物体的空腔。如伸缩式天线、汽车安全带收卷器、伸缩教鞭、变焦透镜。

📖**例5-17** 汽车加油时，一部分汽油会蒸发掉。为了防止损失，美国工程师们建议使用一对同轴软管，里面的那个管供应燃料，外面的管用来抽出热气。

📖**例5-18** 可伸缩带式输送机（图5.21）。为了适应采煤工作面变化，输送长度需要不断变化。伸缩带式输送机设有储带仓，将带立体叠放于输送机中间架内，从而满足采煤工作面的推进伸长或缩短。

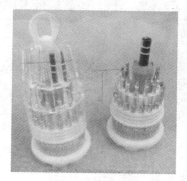

图5.20 多功能螺丝刀

图5.21 可伸缩带式输送机

5.8 发明原理8：质量补偿

（1）用另一个能产生提升力的物体补偿第一个物体的质量。例如，在圆木中注入发泡剂，使其更好地漂浮；用气球携带广告条幅；用游泳圈的浮力使人不沉入水底。

（2）通过与环境相互作用产生空气动力或液动力的方法补偿第一个物体的质量。例如，船在航行过程中船身浮出水面，以减少阻力；利用燃料燃烧时向后的推力产生的空气反作用力使火箭向前飞。

📖**例5-19** 飞机机翼的形状：上方为弧形，下方一般是平的。根据空气动力学和流体力学的基本原理，飞机飞行时，机翼将气流分为上下两个部分，上半部分走的路径为弧线，流速低，压强小；下半部分气流走直线，流速高，压强大。正是由于此压力差的存在才产生升力，使飞机能飞起来（图5.22）。

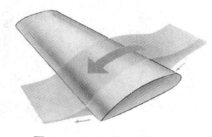

图5.22 机翼升力原理图

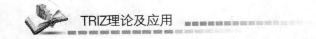

5.9　发明原理9：预先反作用

（1）预先施加反作用。例如，缓冲器能吸收能量，减少冲击带来的负面影响；在做核试验之前，工作人员佩戴防护装置，以免受射线损害；给树木外表刷白灰防止其腐烂。

（2）如果一个物体处于或将处于受拉伸状态，预先施加压力。例如，在浇筑混凝土之前，对钢筋进行预压处理。

例 5-20　日本人发明了如图5.23所示的透明的塑料罩，让人在切洋葱时不用为呛鼻刺眼的洋葱汁而烦恼了。

例 5-21　图5.24为带式输送机清扫装置，为卸载后的输送带清扫表面粘着物，防止发生跑偏。

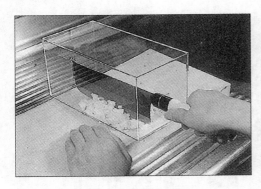

图 5.23　洋葱罩

图 5.24　带式输送机清扫器

5.10　发明原理10：预先作用

（1）在操作开始前，使物体局部或全部产生所需的变化。如预先涂上胶的壁纸、在手术前为所用器械的杀菌、药物预先已在胶带上的创可贴。

（2）预先对物体进行特殊安排，使其在时间上有准备或已处于易操作的位置。如透明胶带架、在停车场安置的缴费系统、建筑通道里安置的灭火器、柔性生产单元和灌装生产线中使所有瓶口朝一个方向以增加灌装效率。

例 5-22　随着工业生产线自动化程度的提高，并日趋向柔性化发展。工业机械手臂被越来越多地应用在涂漆、包装、焊接、装配等生产环节来代替人工完成恶劣环境下的劳动。图5.25为柔性无人加工车

图 5.25　柔性无人加工车间

间，该6轴机械手臂用于变压器生产流水线的点胶、浸漆和烘干工序。

📖例5-23 图5.26所示端盘通过四角特殊的折边设计配合放在上面的物体的重力。当你端起两边的提手时，盘子的四边就会自动翻折起来，起到一定的保护作用。而当你把盘子放下的时候，这四个褶边又会自动落下，就像一块平板一样。

图5.26　自动翻折托盘

📖例5-24 药物洗脱支架（图5.27）也称为药物释放支架，通过包被于金属支架表面的聚合物携带药物，当支架置入血管内病变部位后，药物自聚合物涂层中通过洗脱方式有控制地释放至血管壁组织而发挥生物学效应。

📖例5-25 带式输送机拉紧装置，作用是使输送带具有足够的张力，以保证驱动装置所传递的摩擦牵引力和限定的输送带垂度。图5.28所示为液压拉紧装置。

图5.27　药物洗脱支架

图5.28　液压拉紧装置

5.11　发明原理11：预先防范

图5.29　防水纸

采用事先准备好的应急措施补偿物体相对较低的可靠性。如飞机上的降落伞、航天飞机的备用输氧装置、可以弥补曝光度不足的胶卷底片上的磁性条；商场中的商品为了防止被窃印上的磁条；在发生交通事故时，将驾驶员的伤害降到最低的事先给汽车安放的安全气囊；安全出口；电梯的应急按钮等。

📖例5-26 和多数伟大发明一样，"生态覆料"（Ecology Coatings）这一新型的防水纸（图5.29）是在一个偶然的机会发明出来的。首席化学家萨莉·拉姆塞在她的实验室里在塑料纸上试验一种新型的保护性涂层,为了保持工作间清洁,她铺上了一些纸。可是,就在她准备把偶然涂上这种新型涂料的纸倒进垃圾桶时,她突然产生了强烈的好奇心,于是仔细地看了看这些纸。她惊讶地发现,自己竟然创造出一种防水、抗霉的纸,而且很容易在上面书写。这一技术最适合用于生产诸如海运标签等物美价廉的纸产品。

📖例 5-27 安眠药外面包了一层能缓慢溶解的物质,然后是一层催吐剂。如果吞下很多这种药片,催吐剂的量达到临界量,所有的药就会从胃中吐出。

5.12 发明原理 12:等势

改变工作条件,使物体不需要被升高或降低。例如,与冲床工作台高度相同的工件输送带将冲好的零件输送到另一工位;在两个不同高度水域之间的运河上的水闸;汽车制造厂的自动生产线和与之配套的工具(现在的大型工厂大部分采用流水线生产,传送带上的物品是不动的,而机械手臂代替了人的劳动,在不改变位置的前提下可以上下左右自由伸缩,提高了生产效率);阶梯教室的前排到后排依次提高座位,前排的人没动却达到了降低的目的;无障碍通道方便轮椅通过。

5.13 发明原理 13:反向作用

(1)将一个问题说明中所规定的操作改为相反的操作。例如,为了拆卸处于紧配合的两个零件,采用冷却内部零件的方法,而不采用加热外部零件的方法。

(2)使物体中的运动部分静止,静止部分运动。例如使工件旋转,刀具固定;扶梯运动,乘客相对扶梯静止;喷砂清洗零部件是通过振动零部件而实现的,而不使用研磨剂;跑步机将不动的地面变成了可动的橡胶滚轮,减少了人们锻炼时空间和场地的限制。

(3)使一个物体的位置倒置。例如,将一个部件或机器总成翻转以安装紧固件;通过翻转容器以倒出谷物。

📖例 5-28 图 5.30 为"内八字"旱冰鞋。旱冰鞋鞋轮角度向内倾斜可能是个可怕的错

误,但 LandRoller 公司的特大号鞋轮的这种排列方式可以帮助你保持平衡,尤其是在有裂缝的人行横道或坑洼路面滑行时。鞋轮倾斜问题被脚的重量抵消,这种旱冰鞋实际上比大多数直排轮旱冰鞋更为坚固耐用。经验丰富的溜冰者可能发现,与其他流行的旱冰鞋相比,LandRoller 有一点笨重,但对拥挤的人群中渴望滑冰的初学者来说,大号双轮能够有效避免危险因素。

图 5.30 "内八字"旱冰鞋

5.14 发明原理 14：曲面化

（1）将直线或平面部分用曲线或曲面代替，立方体用球形代替。例如，为了增加建筑结构的强度，采用弧或拱；在结构设计中采用圆角过渡，避免应力集中；跑道变成圆形可以跑无限远。

（2）采用辊、球和螺旋。例如，斜齿轮提供均匀的承载能力；采用球或滚柱为笔尖的钢笔增加了墨水的均匀程度。

（3）用旋转运动代替直线运动，采用离心力。例如，鼠标采用球形结构产生计算机屏幕内光标的运动；洗衣机采用旋转产生离心力的方法甩干衣物；在家具底部安装球形轮以利于移动。

例 5 - 29　图 5.31 是一款游戏座椅，它是专为玩游戏的人设计的，舒适的坐姿角度配有可调整角度的屏幕和踏板。

例 5 - 30　把台灯的灯罩设计成螺旋形，这样不仅能使灯光更柔和，而且还可以多出一道凹槽，用来做书架。配合白色的外壳，更显出几分简约（图 5.32）。

图 5.31　游戏座椅

图 5.32　螺旋形灯罩

例 5 - 31　采煤机滚筒采用螺旋形叶片，便于装煤和割煤（图 5.33）。

图 5.33　采煤机滚筒工作

5.15 发明原理 15：动态化

（1）使物体或其环境在操作的每一个阶段自动调整，以达到优化的性能。如可调整座椅、可以弯曲的吸管、飞机中的自动导航系统。

（2）把物体分成几个部分，各部分之间可相对改变位置。如折叠椅、笔记本电脑、分成一段一段的利于转弯的火车车厢、电动病床(图 5.34)。

（3）将不动的物体改变为可动的，或具有自适应性。如医疗检查中挠性肠镜的使用。

例 5-32 对很多人来说，学骑自行车可能是件令人烦恼的事，但在不久的将来，人们将没有这种顾虑。美国帕杜大学的工业设计师已经发明出一种"变身三轮车"，当骑车者加速时，它的两个后轮会靠得越来越近，而减速或停车时，两个后轮又张开，骑车者根本不用担心车子侧翻(图 5.35)。

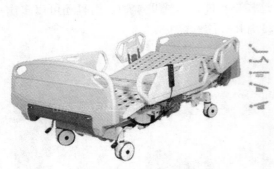

图 5.34 电动病床

图 5.35 会变身的自行车

例 5-33 有很多人都喜欢睡觉的时候伴着微弱的灯光入睡。但是睡着了之后却又无法关闭灯光，这样就容易造成电力的浪费。图 5.36 这款设计新颖的沙漏灯不仅可以用沙漏装饰你的家居，而且它会自动感应内部的流沙，当流沙停止下落的时候，里面的灯就会自动熄灭。

例 5-34 图 5.37 所示为桥式转载机，它实际上是一个结构特殊的短刮板输送机。机身前半部与可伸缩带式输送机搭接，能随采煤工作面的变化动态移动。

图 5.36 沙漏灯

图 5.37 桥式转载机

5.16 发明原理16：部分超越

如果难以取得百分之百所要求的功效，稍微未达到或稍微超过预期的效果将大大简化问题。例如，大型船只在造船厂的制造往往先不安装船体上部的结构，以避免船只从船厂驶往港口的过程中受制于途中的桥梁高度，待船只到达港口后再安装上部的结构；油印印刷时，滚筒涂布全表面的印油刷到纸张上的是需要的字迹部分，其他的油印被蜡纸所阻挡；在孔中填充过多的石膏，然后打磨平滑。

📖 **例5-35** 防止冰雹的办法主要是借助碘化银，冰雹云在碘化银的作用下结晶。为了大大减少碘化银的消耗，不是对所有的冰雹云晶体而是针对大颗粒（局部）云团进行。

📖 **例5-36** 矿井下，瓦斯与空气混合，在标准状况下瓦斯按体积百分比浓度为5％～16％时遇到高温火源后就会发生瓦斯爆炸。要使瓦斯浓度在5％～16％之外难以控制，同时瓦斯爆炸界限不是固定不变的，它受温度、压力以及煤层其他可燃气体、惰性气体的混入等因素的影响。因而抽排瓦斯通风系统采用全部抽出方式。

5.17 发明原理17：维数变化

（1）将一维空间中运动或静止的物体变成在二维空间中运动或静止的物体，在二维空间中的物体变成三维空间中的物体。例如，五轴机床的刀具可被定位到任意所需的位置上；采煤机在滚筒端面和螺旋叶片上都布置有截齿（图5.38）；矿井提升的双层罐笼（图5.39）。

图5.38 采煤机滚筒

图5.39 双层罐笼

（2）将物体用多层排列代替单层排列。例如，多碟CD机可以增加音乐的时间，丰富选择；为了节约城镇居住空间，将单层的平房改为楼房。

(3) 使物体倾斜或改变其方向。如侧卸式矿车(图5.40)。

图 5.40 侧卸式矿车

(4) 使用指定表面的反面。例如，印制电路板(PCB)经常采用两面都焊接电子元器件的结构，比单面焊接节省面积。

例 5–37 时间就是金钱，在加工行业亦是如此。在加工零件时，每更换一次机床，都会导致费用的增加，并使加工时间延长。每更换一次刀具，也会给工序带来负面的影响。所以人们越来越多地寻求那种能集多种加工工艺于一身的机床。图 5.41 为复合机床，除了 12 座刀具转塔刀架之外，还带有一个砂轮轴。图 5.42 为多功能车-钻-铣组合机床。

图 5.41 复合机床

图 5.42 多功能车-钻-铣组合机床

5.18 发明原理 18：机械振动

(1) 使物体处于振动状态。例如电动剃须刀；锣的中心做得很薄，击打时产生振动，发出声音。

(2) 如果振动存在，则提高它的振动频率（甚至可以达到超声波频率）。例如通过振动分选粉末；振动给料机。

(3) 使用共振频率。例如利用超声共振消除胆结石或肾结石；音叉。

(4) 利用电振动替代机械振动。例如高精度时钟使用石英振动机芯。

(5) 使超声波振动与电磁场耦合。例如，在高频炉中对液态金属进行电磁搅拌，使其混合均匀。

例 5–38 振动给料机在生产流程中可把块状、颗粒状物料从储料仓中均匀、定时、连续地给到受料装置中去，在砂石生产线中可为破碎机械连续均匀地喂料，并对物料进行粗筛分。振动给料机广泛用于冶金、煤矿、选矿、建材、化工、磨料等行业的破碎、筛分联合设备中。振动给料机是由给料槽体、激振器、弹簧支座、传动装置等组成的。槽体振动给料机的振动源是激振器，激振器是由两根偏心轴(主、被动)和齿轮副组成，由电动机通过三角带驱动主动轴，再由主动轴上齿轮啮合被动轴转动，主、被动轴同时反向旋转，使槽体振动，使物料连续不断流动，达到输送物料的目的。图5.43为振动给料机。

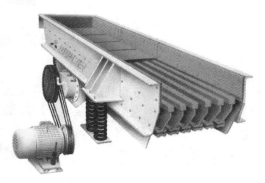

例5-39 音叉是呈"Y"形的钢质或铝合金发声器，各种音叉可因其质量和叉臂长短、粗细不同而在振动时发出不同频率的纯音。音叉主要用于音乐上对乐器校音，另外因为可以产生频率不变的声波，也用于物理的波实验。

图5.43　振动给料机

例5-40 平炉炼钢要求有足够大的脱碳速率，电弧炉炼钢配料中要求有一定的脱碳量，都是为了保证在冶炼过程中对熔池有足够搅拌能力。然而只是广泛应用电磁搅拌和吹惰性气体搅拌以后，熔池搅拌才真正成为可控制的、能定量计算的独立操作。熔池搅拌在冶金过程中的作用主要是提高熔池的传热、传质和冶金反应速率，从而促进渣与金属混合，加快固体料熔化，缩短冶炼时间，加速有害元素的去除，最终达到提高产品质量和生产率。当在盛有熔融金属的容器外面的线圈中通过电流时或感应电流直接通过金属熔池时，会感生一个电磁力场，熔体在力场作用下产生流动和搅拌。图5.44为几种电磁搅拌器的布置和熔池钢液流动特征。

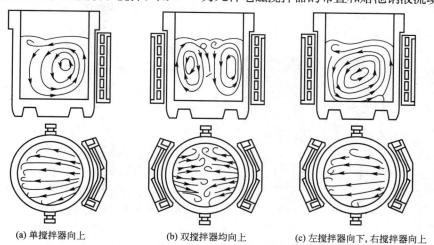

(a) 单搅拌器向上　　　　(b) 双搅拌器均向上　　　　(c) 左搅拌器向下，右搅拌器向上

图5.44　几种电磁搅拌器的布置和熔池钢液流动特征

例5-41 图5.45为振动光电鼠标，这种电脑配件并不只是全功能光学鼠标，它还有一个内置式振动发动机，可以用来放松手腕的肌肉。

图5.45　振动光电鼠标

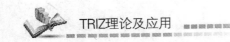

5.19　发明原理 19：周期性作用

（1）从连续作用过渡到周期性作用（脉冲）。例如，警车的警笛利用周期性原则，避免噪声过大，并且使人对其更敏感；挖煤机钻头冲上水并加上脉冲压力，以便更好、更容易地挖煤。

（2）如果作用已经是周期性的，则改变其运动频率。例如，收音机用各种不同的波段来传递信息。

（3）利用脉冲的间歇完成其他作用。例如在医用呼吸器系统中，每压迫胸部 5 次呼吸 1 次。

例 5 - 42　可以使清理电动过滤器的过程自动化。要达到自动化必须对过滤器的电极进行间断的作用，改变高压电流的周期。这样表面的灰尘在自身重量的作用下不能停留在过滤器的上面。

5.20　发明原理 20：有效作用的连续性

（1）连续工作，物体的所有部件均应一直满负荷工作。例如，当车辆停止运动时，飞轮或液压蓄能器储存能量，使发动机运转平稳；内燃机的活塞装置；循环流水线。

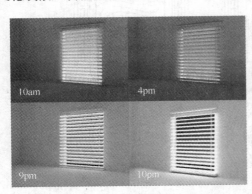

图 5.46　白天储能晚上照明的太阳能百叶窗

（2）消除运动过程中的中间间歇。如双运带式输送机、无极绳运输；喷墨打印机的打印头在回程也执行打印操作，避免空转，消除了间歇性动作。

例 5 - 43　图 5.46 为白天储能晚上照明的太阳能百叶窗。人们在使用百叶窗时，总是习惯不断地调整开合的角度，让更多的阳光照到屋内。这也保证了百叶窗上的太阳能储蓄板在白天能捕捉收集到更多的阳光。白天储蓄太阳能的电池将为百叶窗上安装的电极金属发光薄片提供电能。当黑夜降临，足够为室内照明。

5.21　发明原理 21：快速

以最快的速度完成有害的操作。例如，修理牙齿的钻头高速旋转，以防止牙组织升温；为避免塑料受热变形，高速切割塑料；照相机使用闪光灯，高速闪烁，避免给人眼造成伤害。

例 5 - 44　对于提高金属冷却速度，铸造或热处理时要提高金属的强度，但是同时金属的脆性也增大了。在快速冷却的情况下，金属中还来不及产生结晶体就形成了所谓的金属玻璃化，其特点是质量高和不易碎裂。

例 5 - 45 人们在生病时测量体温使用传统的水银温度计不仅费时，而且难以辨认，用户总是感到不方便。1991 年，利用红外线进行耳测的耳温计(图 5.47)终于解决了这一难题，由于节省了大量时间，它甚至解决了美国医院护士短缺的难题。这种新产品是美国宇航局与美国 diatek 公司研制的，它利用了红外线在测量温度方面的优势，只需要两秒就可以准确测量人体温度。

图 5.47 耳温计

5.22 发明原理 22：变害为利

(1) 利用有害因素(特别是对环境的有害作用)获得有益的效果。例如用废弃的热能来发电；利用秸秆作为板材原料；将可能污染环境的废旧物品回收，加工后重新利用。

(2) 通过有害因素与另外几个有害因素的组合来消除有害因素。例如，在潜水中使用氦氧混合气，以避免单独使用氧气时使人造成昏迷或中毒。

(3) 将有害因素加强到不再是有害的程度。例如，用逆火烧掉一部分植物，形成隔离带，来防止森林大火的蔓延；在炸毁旧房子之前，为了降低灾害，先在周围挖一道深沟，爆炸后振动波到达深沟时，立即反射回来从而抵消冲击波。

例 5 - 46 在腐蚀性的溶液中添加缓冲剂。缓冲剂是有酸碱缓冲作用的溶液，一般是多元弱酸盐的溶液，如碳酸氢钠和碳酸钠等。向溶液中加入酸时，溶液会吸收氢离子形成酸式盐(比如碳酸钠生成碳酸氢钠)；加入碱时，酸式盐会和氢氧根中和(碳酸氢钠生成碳酸钠)，避免了溶液中有大量氢氧根或者氢离子存在，这样便有了相对稳定的 PH 环境。

例 5 - 47 在夏天最热的时候，马路上的柏油几乎要融化了。澳大利亚的工程师们建议在路面下铺设循环水的管道，收效是双重的：既得到了热水又消除了汽车在行驶时下滑和侧滑的危险。而日本的专家们建议冬天时在这些管道中通入生物瓦斯，使冬天的柏油马路上的冰雪更容易清理。

5.23 发明原理 23：反馈

(1) 引入反馈以改善过程或动作。如音频电路中的自动音量控制，当电台信号强时使音量减小，当电台信号弱时与此相反；加工中心自动监测装置；驾驶室中的各种仪表将车辆所处的行驶状态反馈给驾驶员，方便驾驶员操作车辆；音乐喷泉，随着音乐节奏快慢、音的高低将信息传递给水流控制系统，使喷泉随着音乐而变化；采煤机的自动调高；带式输送机的自动张紧装置。

(2) 如果反馈已经存在，改变反馈控制信号的大小或灵敏度。例如，飞机接近机场时，改变自动驾驶系统的灵敏度。

例 5 - 48 任何一个消防队员或者攀岩者都可以告诉你，一条简单的绳子可以救你的命，条件是它不要磨损或突然断裂。如今科学家研制出了"聪明绳索",这种智能绳里面织有电子传导金属纤维,可以判断它所承受的重量。如果重量太大,它无法承受,绳索就会向使用者发出警告。智能绳索还可以用于停泊船只,保护贵重物品或者用于营救行动。

图 5.48　睡眠跟踪器腕表

例 5-49　你是不是纳闷,有时候早晨起来比其他时候感觉到更头昏眼花?这可能是因为你的闹钟在你深睡阶段把你叫醒了。睡眠跟踪器腕表(图 5.48)可以帮你解决这个问题,它只会在你处于浅睡眠状态时才会叫醒你。这种腕表里装有一个内置情绪传感器,它会检测你是处在深度睡眠还是浅睡眠状态。当它判断你将以最佳的精神状态面对新的一天时,睡眠跟踪器手表的警报才会响铃。

例 5-50　在轧制时为了得到钢板真实尺寸安装了反馈传感器。根据送入轧辊的钢板尺寸的变化,传感器接收辐射强度变化信号,给料枪发出指令。金属板越厚,料枪移动的速度就越慢,金属板燃烧得更猛烈。

5.24　发明原理 24：中介物

(1) 使用中介物传递某一物体或某一中间过程。如机械传动中的惰轮;机械加工中钻孔所用的钻孔导套作用是管住钻头或刀杆在切削时不会跑偏,以提高被加工孔的尺寸精度和位置精度;木匠的冲钉器用在榔头和钉子之间。

(2) 将一个容易移动的物体与另一个物体暂时接合。例如机械手抓取重物并移动该重物到另一处;用托架把热盘子端到餐桌上;提升机的钢丝绳等。

例 5-51　图 5.49 为五指托盘。在托盘上加上 5 个手指的凹槽,这样即使没有经过专业训练的人,也能够把托盘托得很稳。

例 5-52　煮熟的鸡蛋总是因烫手而无法去壳,图 5.50 所示这只鸡蛋剥壳器帮你轻松地去掉烫手鸡蛋的外壳。

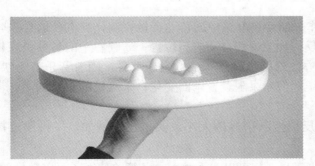

图 5.49　五指托盘

图 5.50　鸡蛋脱壳器

5.25　发明原理 25：自服务

（1）物体应当为自我服务，完成辅助和修理工作。如可以自己充电的机器人；利用电焊电流工作的螺旋管供给电焊枪中的电焊条，而不用专门装置。

（2）利用废弃的材料、能量与物质。如用食物或野草等有机废物做的肥料；利用发电过程产生的热量取暖。

图 5.51　智慧机器人"PR2"

例 5-53　美国硅谷一家机器人研发公司推出新的智慧机器人"PR2"，如图 5.51 所示。它不但有视觉功能，还会在房间内自动巡逻，行进时速约两公里；不仅如此，它还可以自行开门，找到电器插座为自己充电。虽然早就有机器人可以自动搜寻电源充电，不过"PR2"号称是第一种可在实际环境中自行充电的机器人。它利用身上的激光扫描仪与视讯摄影机看到门之后，会先测量门的大小与门把位置，然后伸出仿真人类的机器手臂，扭开门把手进入房间找插座，连开冰箱门也是轻巧自如。

例 5-54　如果在远足或踏青的时候手机没电了，就用如图 5.52 所示的穿在鞋上的充电器吧！它可以通过走路时脚下的压力转化成电能，可提供 5～6V 的电压。该项发明 Pankaj Sharma 用了 5 年的时间，而且获得印度 National Innovation Foundation(国民创新基金)学生组的头等奖。

例 5-55　如图 5.53 所示，采煤机滚筒上装有镐形截齿，通过截齿套安装在齿座上，尾部用卡环固定，拆装简单且可靠性高。齿套装在齿座上，截齿装在齿套中可自由转动，形成双旋转，以提高旋转几率，在割煤过程中有自磨利作用。

图 5.52　走路即可充电的鞋

图 5.53　镐形截齿

5.26　发明原理 26：复制

（1）用简单的、低廉的复制品代替复杂的、昂贵的、易损坏的或不易操作的物体。如宇航员的模拟训练系统、公园中的微缩景观、售楼处的楼盘模型。

（2）用光学拷贝（或图像）代替物体或物体系统，可以放大或缩小复制品。例如，用卫星图像代替实地考察；用B超观察胎儿的生长。

图 5.54　卡通造型的灭蚊灯

（3）如果可视的光学复制品已经被采用，进一步扩展到红外或紫外线复制品。例如，用红外图像来检测热源；灭蝇灯/灭蚊灯采用特制诱蚊蝇紫外光管，对蚊蝇等昆虫有强烈诱力，吸引蚊蝇进入，利用高压电将其击毙（图 5.54）。

例 5－56　红外热像仪利用红外探测器和光学成像物镜接受被测目标的红外辐射能量分布图形并反映到红外探测器的光敏元件上，从而获得红外热像图，这种热像图与物体表面的热分布场相对应。通俗地讲，红外热像仪就是将物体发出的不可见红外能量转变为可见的热图像。热图像上面的不同颜色代表被测物体的不同温度。用亮表示温度高，暗表示温度低，或用暖色和冷色表示温度高低。

例 5－57　承担中国航天员培训任务的中国航天员中心是世界上第三个航天员中心，承担着载人航天工程中的航天员选拔训练、航天员医监医保、航天服和航天食品研制、航天特因环境的影响防护、飞船环境控制与生命保障系统研制等任务，被誉为"中国航天员成长的摇篮"。针对神舟七号航天员的出舱任务，中国航天员中心成功研制出舱外航天服、飞船环境控制与生命保障系统等产品和失重水槽、低压舱、出舱活动程序训练器等大型地面设备（图 5.55）。

图 5.55　航天员出舱活动程序训练室

5.27　发明原理 27：廉价替代品

用一些低成本物体代替昂贵物体，用一些不耐用物体代替耐用物体，有关特性做折中处理。如一次性水杯、一次性餐具、一次性医疗用品。

例5-58 如图5.56所示为在第七届上海国际工业博览会上展现的脱排油烟机,在外形上它与一般的脱排机完全相同,但掀开它的外罩,里面加了一道轻薄的内胆。就是这道特殊的"内胆""自甘牺牲"地把本来会粘附在脱排机上的油腻都吸到了自己身上。这台脱排油烟机每启用两三个月,稍感"吃力"之时,只消打开底盖,抽出这片价值仅1角钱的内胆丢到废物箱里,换上一块新内胆,脱排油烟机就能重新如常工作了。

图5.56 带"内胆"的脱排油烟机

5.28 发明原理28:机械系统的替代

(1)用视觉、听觉、嗅觉系统代替部分机械系统。例如,在天然气中混入难闻的气体代替机械或电器传感器来警告人们天然气的泄漏;声控灯由声音控制系统替代机械开关,省时省电。

(2)用电场、磁场和电磁场完成与物体的相互作用。例如,为混合两种粉末,用电磁场替代机械振动使粉末混合均匀。

(3)由恒定场转向可变场,由静态场转向动态场,由随机场转向确定场。例如,早期的通信系统用全方位检测,现在用定点雷达预测,可以获得更加详细的信息。

(4)将铁磁粒子用于场的作用之中。例如,铁磁催化剂呈现顺磁状态;在热塑材料上涂金属层的方法是将热塑材料同加热到超过它的熔点的金属粉末接触,其特征是,为提高涂层与基底的结合强度及密实性,在电磁场中进行此过程。

例5-59 日本研究出超级软件,换台不用遥控器,挥挥手即可调换你喜欢的电视频道,摸摸耳朵就能控制音量(图5.57)。

例5-60 如图5.58所示为"磁速"网球拍,菲舍尔公司推出的"磁速"网球拍不但不会限制你的正手击球,反而能击中最有效击球点,你将会体验到其中的不同。在正常击球时,球拍的结构在恢复前会微微变形。然而,一旦拥有"磁速"网球拍,安装在拍头两侧的两个单极磁铁有助于加快球拍恢复的速度,这样,球就有了多余的力量可以弹回到球网的方向。德国网球选手格罗恩菲尔德和其他著名选手都使用这种球拍进行比赛。

图5.57 不用遥控器调换电视频道

图5.58 "磁速"网球拍

图 5.59 带磁性的腕带

例 5 - 61 拆卸下来的螺丝经常会因为存放不当而丢失，当要重新组装的时候发现少了一个螺丝，多麻烦。图5.59 所示的腕带就可以很好地解决这个问题，它通过在腕带上面安装一个磁性托盘方便使用者随时都把螺丝、螺母吸在上面，要组装的时候再拿起来。这样就不会因为大意而丢失了。

5.29 发明原理 29：气压与液压结构

物体的固体零部件用气动或液压零部件代替，将气体或液体用于膨胀或减振。如消防救生用的充气气垫；机动车上用的液压减振器；高档球鞋鞋底的气垫，给脚部提供很好的缓冲；运输易损物品时经常使用发泡材料保护；汽车的安全气囊当汽车受到撞击时会迅速膨胀以保护司机的安全；综采工作面的支持设备用液压支架(图 5.60)代替金属摩擦支柱。

例 5 - 62 在森林宿营，最不愿意做的事也许就是在太阳落山后摸索帐篷支柱。尼莫设备公司帮助解决了这个问题。该公司研制的充气式帐篷(图 5.61)装有 2 个辅助横梁，这实质上成为一种流行趋势，用一个脚踏泵就可迅速为帐篷充气，不再使用麻烦的铝制支柱。

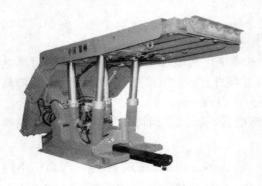

图 5.60 液压支架

图 5.61 充气式帐篷

5.30 发明原理 30：柔性壳体或薄膜

(1) 用柔性壳体或薄膜代替传统结构。例如，奥运会"水立方"游泳馆运用聚四氟乙烯(ETFE)立面装配系统；充气儿童城堡；使用膨胀的(薄膜)结构作为冬天里网球场上空的遮盖。

(2) 用柔性壳体或薄膜将物体与环境隔离。例如，水上步行球将人体与水隔离，使人能够体验在水中行走的乐趣；农业上使用塑料大棚种菜。

例 5 - 63 图 5.62 为北京奥运会标志性建筑之一的国家游泳中心(水立方)。水立方是国内首个采用 ETFE 气枕结构的场馆，是世界上建筑面积最大、功能要求最复杂的膜结构场馆。

例5-64 在英国苏格兰东北角的奥克尼群岛，这里的海域风急浪高。海浪不仅时常折断过往船只的桅杆，甩出的小石块还常将岸上百米高处的居民房里的玻璃击得粉碎。在能源专家眼里，这里却正是世界上海浪能强度最高的地区之一。2003年，全球首座海浪发电试验场就在这里问世。

"海蛇"发电的试验就在奥克尼进行。这条长达140m的红色"海蛇"Pelamis看上去甚为平静。它由4节直径为3.5m的圆柱形不锈钢红色浮筒铰接而成，它的"嘴"垂直于海浪的方向，每当海浪翻滚过来，它的身子就会随着波浪上下起伏，水压通过"嘴"上的阀门传递进去，推动躯体内的液压活塞做往复运动，驱动发电机发电。当大海中出现高强度的海浪时，Pelamis会像真的海蛇一样，潜入海浪中，穿梭自由，而不会有毫发损伤。

"海蛇"的出现，将当时全球海浪发电的效率发挥到了极致。然而来自南安普敦大学的约翰·查普林(John Chaplin)教授带来的"巨蟒"(图5.63)却更让人吃惊。它体积更大，长约200米、直径达7米，重量却更轻。主要的秘密在于材料，"巨蟒"通身用橡胶制成，从外面看上去和一条长长的橡胶水管没多大区别，而"海蛇"则是不锈钢、混凝土和橡胶的混合。

图5.62 国家游泳中心(水立方)

图5.63 海中"巨蟒"发电站

和"海蛇"一样，"巨蟒"也由采集和转换两大系统组成。由于橡胶材料良好的伸缩性，它捕获海浪能的本领更强。再想象一下人体的"脉搏"：心脏有节奏的跳动以"脉冲"的形式传递到动脉血管所及的部位——这是生命的能量，而"巨蟒"的能量转换和这颇为类似。海水的上下挤压在灌满海水的"血管"壁里形成一股"水脉冲"。当海浪强度和速度合适时，"巨蟒"体内外的两股波动便会相互激荡，产生共鸣。当这股强有力的"脉冲"能量传递到另一端的涡轮发电机上时，就产生巨大而稳定的电能。

"巨蟒"的工作原理是这样的：①将"巨蟒"固定在离岸1.6～3.2km外的海底。②海浪把"巨蟒"的前端升起，令胶管内的水产生胀波。③海浪向前推进和拍击，令胶管内的胀波不断移动。④胀波挤入末端的涡轮将波浪能转化成电力，再经电缆传送到陆上。

5.31 发明原理31：多孔材料

(1) 使物体多孔或通过插入、涂层等增加多孔元素。例如，在一结构上钻孔以减轻质量；生活中用的纱窗；蜂窝煤的受热面积增加，便于迅速充分燃烧；泡沫金属(图5.64)：失重条件下，在液态的金属中通过气体，气泡将不"上浮"，也不"下沉"，均匀地分布在液态金属中，凝固后就成为轻得像软木塞似的泡沫钢，用它做机翼，又轻又结实。

（2）如果物体是多孔的，用这些孔引入有用的物质或功能。如药棉；用多孔的金属网吸走接缝处多余的焊料。

例 5-65 图 5.65 为自行车新款运动服，它是用一种新布料剪裁而成的，具有防湿、除味、防紫外线等功能。它是由从椰子中提取的碳制成的。椰子的外壳被加热到 1600℃生成活性炭（水和空气过滤器中使用的也是这种碳），与纱线混合，织成"Carbon LE"布料。这些通过一个专利程序保持活性的碳颗粒形成一种多孔渗水的表面，防止异味和有害射线侵入，并能使身体排出的汗液迅速蒸发。经常将这种运动服清洁、晒干，纤维会焕然一新，骑车者穿着它会感觉更轻松。

图 5.64 泡沫金属

图 5.65 "椰碳运动服"

例 5-66 离心泵、压缩机等的转轴密封一般采用填料密封。填料装入填料腔以后，经压盖螺丝对它做轴向压缩，当轴与填料有相对运动时，由于填料的塑性，使它产生径向力，并与轴紧密接触。与此同时，填料中浸渍的润滑剂被挤出，在接触面之间形成油膜。由于接触状态并不是特别均匀，接触部位便出现"边界润滑"状态，称为"轴承效应"；而未接触的凹部形成小油槽，有较厚的油膜，接触部位与非接触部位组成一道不规则的迷宫，起阻止液流泄漏的作用，称为"迷宫效应"。这就是填料密封的机理。

5.32 发明原理 32：改变颜色

（1）改变物体或环境的颜色。例如，在冲洗相片的暗房中使用红色的暗灯；彩色荧光棒；在街道上经常看见的荧光灯。

（2）改变物体的透明度或改变某一过程的可视性。例如，透明绷带不必取掉便可观察伤情；透明的包装使用户能看到里面的产品；感光玻璃随光线改变其透明度。

（3）采用有颜色的添加物，使不易被观察的物体或过程被观察到。例如，为了观察一个透明管路内的水是处于层流还是紊流，使带颜色的某种流体从入口流入；紫外光笔辨别伪钞。

（4）通过辐射加热改变物体的加热辐射性。例如，在太阳能电池板上使用抛物面镜来提高能量收集。

例**5－67**　紫外荧光油墨是应用紫外光（200～400nm）照射激发而发出可见光（400～800nm）的特种油墨。根据激发波长不同分为短波和长波。激发波长为254nm的称为短波紫外荧光油墨；激发波长为365nm的称为长波紫外荧光油墨。按颜色的变化又分为无色、有色、变色3种，无色可显示红、黄、绿、蓝等颜色；有色可使原有颜色发亮；变色可使一种颜色变成另一种颜色。人民币、银行票据、税务发票都使用该技术。

例**5－68**　图5.66所示的立体斑马线远看像是突出地面的减速带，色彩鲜明，晚上还会发光……，更好地提醒司机前方是过街斑马线将有行人通过，请及时踩刹车。

例**5－69**　家中是不是会经常将电器插头插在插座上，但是这个也是耗电的。有了这个插座，使用者就会随时注意了。图5.67所示插座上面会显示插头的耗电量，时刻提醒使用者，如果不使用的情况下，也是耗电的。

图5.66　立体斑马线

图5.67　可以提醒耗电的插座

5.33　发明原理33：同质性

采用相同或相似的物体制造与某物体相互作用的物体。例如，用金刚石来切割钻石；螺丝与螺帽为保证耐用性与稳定性采用的都是钢材料；为减少化学反应，盛放某物体的容器应与该物体用相同的材料制造。

例**5－70**　为润滑轴承，将轴套材料作为润滑物质。

例**5－71**　为补偿产品在砂模铸造时所产生的收缩率，制造砂模和样板的材料要与制件的材料相同。

例**5－72**　为增加驱动滚筒与输送带之间的摩擦系数，将滚筒表面包覆一层高摩擦系数的材料，通常用橡胶，如图5.68所示。

图5.68　驱动滚筒

5.34　发明原理34：抛弃与再生

（1）已完成自己的使命或已无用的物体部分应当被剔除（溶解、蒸发等）或在工作过程中直接变化。例如，用可溶解的胶囊作为药面的包装；可降解餐具；火箭助推器在完成其作用后立即分离。

(2) 立即修复一个物体中损耗的部分。如割草机的自刃磨刀具；自动铅笔的笔芯可以随时被折断，然后再按出新的笔芯；壁纸刀可以将不锋利的刀片抛弃，再推出新的刀片。

例 5 - 73 为使发射太空火箭时灵敏度高的仪器不被破坏，把它们装入有减振作用、很快能在太空中蒸发的泡沫塑料中。

例 5 - 74 建议用干冰块代替砂粒或丸粒来对零件进行喷丸加工。加工后冰块自己就蒸发了，不会污染机械装置。

5.35 发明原理 35：物理/化学参数变化

(1) 改变物体的物理状态，即使物体在气态、液态、固态之间变化。例如，使氧气处于液态便于运输；固体胶比液体胶水更便于使用和携带。

(2) 改变物体的浓度或密度。例如，洗手液比肥皂更有粘性，更容易分配合适的用量，多人使用也更加卫生。

(3) 改变物体的柔性。例如，用三级可调减振器代替轿车中不可调减振器，根据传感器信号自动选择所需要的阻尼级；硫化橡胶改变了橡胶的柔性和耐用性。

(4) 改变温度。例如，使金属的温度升高到居里点以上，金属由铁磁体（此时和材料有关的磁场很难改变）变为顺磁体（磁体的磁场很容易随周围磁场的改变而改变）；为保护动物标本，需要将其降温；烹饪食品时利用升温改变食物的色、香、味。

例 5 - 75 水滴遇到扑向零件的冷气，瞬间结冰变成了很多小冰珠，用这种冰珠处理零件不逊色于喷丸。

5.36 发明原理 36：相变

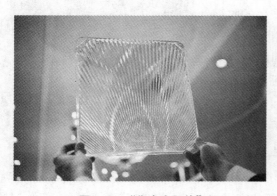

图 5.69 "集中太阳能"

利用物质状态变化时发生的现象，如体积改变，放热或吸热。例如，水凝固体积膨胀，可利用这一特性进行定向无声爆破；加湿器利用水蒸发来增加室内的湿度。

例 5 - 76 家用集中太阳能利用阳光的新办法已经出现，这就是"集中太阳能"（图 5.69），就是将阳光集中到充满液体的管道上，加热使其产生蒸气，驱动涡轮机来发电。

5.37　发明原理 37：热膨胀

（1）利用材料的热膨胀（或热收缩）性质。例如，装配过盈配合的两个零件时，将内部零件冷却，将外部零件加热，然后装配在一起并置于常温中；温度计利用热胀冷缩的原理测量温度。

（2）利用一些热膨胀系数不同的材料。例如，双金属片传感器使用两种不同膨胀系数的金属材料并联结在一起，当温度变化时双金属片会发生弯曲。

5.38　发明原理 38：加速氧化

（1）用富氧空气代替普通空气。如潜水员使用的氧气瓶。

（2）用纯氧替换富氧空气。例如，炼钢中使用的强氧化枪利用纯氧提高火焰的温度，便于切割作业；用高压氧气处理伤口，既杀灭厌氧细菌又帮助伤口愈合。

（3）用电离射线处理空气或氧气，使用离子化的氧气。例如，空气过滤器通过电离空气来捕获污染物；在化学试验中使用离子化气体加速化学反应。

（4）用臭氧（氧的同素异形体在常温下是一种有特殊臭味的蓝色气体）代替离子化的空气。例如，臭氧溶于水中去除船体上的有机污染物。

例 5-77　为使鸡蛋的表面形成一层保护膜，可将其浸入溶解的石蜡中，然后用臭氧进行处理，这样它们就可以长期存放。

5.39　发明原理 39：惰性环境

（1）用惰性环境代替通常环境。例如，在电灯泡内充入惰性气体或将电灯泡内部制成真空，防止灯丝过快氧化；油气弹簧（油气弹簧以惰性气体——氮作为弹性介质，而用油液作为传力介质。它一般是由气体弹簧和相当于液力减振器的液压缸组成。通过油液压缩气室中的空气实现刚度特性，而通过电磁阀控制油液管路中的小孔节流实现变阻尼特性）。

（2）在真空中进行某过程。例如，真空包装食品可防止或减少细菌生存繁殖，延长存储期。

5.40　发明原理 40：复合材料

将材质单一的材料改为复合材料。例如，玻璃纤维与木材相比较轻，其在形成不同形状时更容易控制；用复合环氧树脂/碳化纤维制成的高尔夫球棍更加轻便、结实；飞机上一些金属部件用工程塑料取代，使飞机更轻。

例 5-78　几十年来，人们一直使用由泡沫和玻璃纤维材料制成的冲浪板乘风破浪。现在新的高科技产品将改变这一现状。Hydro Epic 冲浪板（图 5.70）内部为空心结构，由碳纤维-凯夫拉尔合成材料和薄铝蜂窝材料制成的外壳也更加结实。为了让冲浪板内的空气膨胀和压缩过程达到最佳状态，尾端设有一个小的通风口——空气出得去，水流不进来。这一基本设计理念下的 Hydro Epic 结构更坚固，速度更快，重量与其他冲浪板相比也减少 30%。更重要的是，该冲浪板的弧度更大，便于更好地控制。

例 5 - 79　让人工智能机器人真正智能起来，关键是让它具有足够多的它所处的环境的信息。东京大学的研究人员发明了一种电子胶片，由可以弯曲的防振晶体管构成，嵌入塑料中，这种材料可以探测压力和温度。这种薄薄的材料也就是所谓的"大面积传感器阵列"材料，它具有足够的灵活性，可以覆盖在任何小型物体上，还可以让机器人拥有触觉。它还有其他潜在的用途：用于制作"聪明地毯"或贴在家具的外面，自动调节室内温度。图 5.71 为应用这种材料制成的机器人皮肤。

图 5.70　新时尚冲浪板

图 5.71　机器人皮肤

例 5 - 80　图 5.72 所示梯子采用碳纤维合成材料制成，可以在保证强度的前提下把重量做得非常轻，它的重量不超过 1kg。

例 5 - 81　"记忆海绵"（图 5.73）也称为"太空海绵"，最早由美国太空总署开发，是为宇航员进行太空旅行而设计的支撑和保护垫。这种革命性材料具有吸振、减压、低回弹的特点，能够根据身体的曲线和温度自动调整形状，从而化解身体各压迫点的压力。随着技术的革新，记忆海绵逐渐用于医疗床垫。如今记忆海绵已在全世界范围内普遍使用，翻开了家庭床上用品的新篇章。

图 5.72　碳纤维合成材料梯子

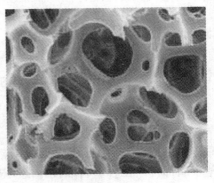

图 5.73　"记忆海绵"

第6章
矛盾与矛盾的解决

6.1 技术系统中的矛盾

6.1.1 矛盾

矛盾是指在两个或更多陈述、想法或行动之间的不一致。在逻辑中，矛盾被更加特殊化的定义为同时断言一个陈述和它的否定。当两个对立的见解在同一时间、同一地点、同一条件都被认为是正确时，矛盾出现了。矛盾在人们的生活中处处可见。例如，孩子认为河水很暖和，想下去洗澡，母亲则认为河水是凉的，下去会感冒；人们希望钢笔的笔尖应很细以便画出细线，但细笔尖易划破纸。生活中还存在大量的逻辑性的矛盾，例如能看见一切的盲人、会说话的哑巴、不道德的圣徒、愚蠢的智者、年轻的老人等。分析和解决这些矛盾需要发挥创造性和想象力。

系统的发展是从一个矛盾到另一个矛盾的发展过程，即任何一个系统都是通过克服不断产生的矛盾来发展的。在技术系统中，矛盾就是反映相互作用的因素之间在功能特性上具有不相容要求或对同一功能特性具有不相容(相反)要求的系统冲突模型。

TRIZ 理论认为，发明问题的核心是解决矛盾，未克服矛盾的设计不是创新设计。产品进化过程就是不断解决产品所存在矛盾的过程，一个矛盾解决后，产品进化过程处于停顿状态；之后解决另一个矛盾，使产品移到一个新的状态。设计人员在设计过程中不断地发现并解决矛盾，这是推动其向理想化方向进化的动力。

6.1.2 基于 TRIZ 的矛盾分类

阿奇舒勒将矛盾分为 3 类，即管理矛盾(Administrative Contradiction)、技术矛盾(Technical Contradiction)、物理矛盾(Physical Contradiction)。

管理矛盾是指为了避免某些现象或希望取得某些结果，需要做一些事，但不知如何去做。例如，希望提高产品质量、降低原材料的成本，但不知方法。管理矛盾本身具有暂时性，而无启发价值。因此，不能表现出问题的解的可能方向，不属于 TRIZ 的研究内容。

技术矛盾是指一个作用同时导致有用及有害两种结果，也可指有用作用的引入或有害效应的消除导致一个或几个子系统或系统变坏。技术矛盾常表现为一个系统中两个子系统之间的矛盾。系统中的问题是由 2 个参数导致的，2 个参数相互促进，相互制约。例如，桌子强度增加，导致重量增加；桌面面积增加，导致体积增大。

物理矛盾是指为了实现某种功能，一个子系统或元件应具有一种特性，但同时出现了与该特性相反的特性。物理矛盾的核心是指对一个物体或系统中的一个子系统有相反的、矛盾的需求，系统中的问题是由 1 个参数导致的。例如，系统要求温度既要升高，也要降低；质量既要增大，也要减小；缝隙既要窄，也要宽等。这种矛盾的说法看起来也许会觉得荒唐，但事实上在多数工作中都存在这样的矛盾。

6.1.3 技术矛盾与物理矛盾的关系

1. 物理矛盾与技术矛盾的比较

技术矛盾总是涉及一个系统中的两个基本参数 A 与 B，当 A 得到改善时，B 变得更差。物理矛盾仅涉及系统中的一个子系统或元件，而对该子系统或元件提出了相反的要求，物理矛盾更能体现核心矛盾，见表 6 - 1。

表 6 - 1　技术矛盾与物理矛盾的比较

物理矛盾		一个组件	同一参数，两个不同要求
技术矛盾		一个系统	两个参数 A、B 的矛盾

2. 物理矛盾与技术矛盾的联系

技术系统中的技术矛盾是由系统中矛盾的物理性质造成的，矛盾的物理性质是由元件相互排斥的两个物理状态确定的，而相互排斥的两个物理状态之间的关系是物理矛盾的本质。物理矛盾与系统中某个元件有关，是技术矛盾的原因所在，确定了技术矛盾的原因，就可更直接地找到解决方案。从技术矛盾出发确定物理矛盾的核心是确定另一参数或物体，该参数或物体控制着技术矛盾的两个参数 A 与 B。

往往技术矛盾的存在隐含物理矛盾的存在，有时物理矛盾的解决比技术矛盾更容易。因此，物理矛盾对系统问题的揭示更准确、更本质。从研究整个系统的矛盾转向研究系统的一个元件的矛盾，大大缩小了解决方案的范围和候选方案的数目。

6.2　技术矛盾的解决

6.2.1 技术矛盾的描述

技术矛盾是两个参数之间的矛盾，改善系统的某一个参数，导致另一个参数的恶化。

用符号表示为 "A＋，B－" 或 "B＋，A－"，如图 6.1 所示。

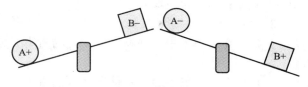

图 6.1　技术矛盾

技术冲突出现的几种情况如下所示。

（1）在一个子系统中引入一种有用功能，导致另一个子系统产生一种有害功能，或加强了已存在的一种有害功能。

（2）消除一种有害功能导致另一个子系统有用功能变坏；

（3）有用功能的加强或有害功能的减少使另一个子系统或系统变得太复杂。

定义技术矛盾的步骤如下。

（1）问题是什么？

在因果分析链中找到问题入手点。

（2）现在有什么解决办法？

目前的解决方法改进了什么参数？

（3）上述的方法有什么缺点？

此方法导致什么参数恶化？

6.2.2　阿奇舒勒矛盾矩阵

解决矛盾的重要途径之一就是使用第 5 章中介绍的 40 个发明原理。问题是消除矛盾时，需要用到哪些原理？其中的哪些原理最有效？是不是每次都需要将 40 个发明原理从头到尾分析一遍？有没有一种方法或工具，在确定了一对技术矛盾后，引导人们快速地找到相应的发明原理？答案是有的，就是应用阿奇舒勒矛盾矩阵。（见附录 1）

阿奇舒勒通过对大量发明专利的研究总结出工程领域内常用的表述系统性能的 39 个通用参数，通用参数一般是物理、几何和技术性能的参数。并由 39×39 个通用工程参数和 40 个创新原理构成了矛盾矩阵表——阿奇舒勒矛盾矩阵。矩阵表的第一列表示待改善的参数，第一行表示恶化的参数。整个矛盾矩阵涵盖了约 1250 多种工程技术矛盾。

在矛盾矩阵表中，只要人们清楚了待改善的参数和恶化的参数，就可以在矛盾矩阵中找到一组相对应的创新原理序号，这些原理就构成了矛盾的可能解的集合。矛盾矩阵表所体现的最基本的内容就是创新的规律。

1. 39 个通用工程参数

TRIZ 的发明者阿奇舒勒通过对大量发明专利的研究总结出工程领域内常用的表述系统性能的 39 个通用参数，通用参数一般是物理、几何和技术性能的参数。尽管现在有很多对这些参数的补充研究，并将个数提高到了 50 多个，但本书仍然只介绍核心的这 39 个参数。

39 个工程参数中常用到运动物体（Moving Objects）与静止物体（Stationary Objects）两

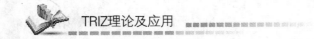

个术语，运动物体是指自身或借助于外力可在一定的空间内运动的物体；静止物体是指自身或借助于外力都不能使其在空间内运动的物体。

以下给出 39 个通用参数的含义。

（1）运动物体的重量：是指在重力场中运动物体所受到的重力。如运动物体作用于其支撑或悬挂装置上的力。

（2）静止物体的重量：是指在重力场中静止物体所受到的重力。如静止物体作用于其支撑或悬挂装置上的力。

（3）运动物体的长度：是指运动物体的任意线性尺寸，不一定是最长的，都认为是其长度。

（4）静止物体的长度：是指静止物体的任意线性尺寸，不一定是最长的，都认为是其长度。

（5）运动物体的面积：是指运动物体内部或外部所具有的表面或部分表面的面积。

（6）静止物体的面积：是指静止物体内部或外部所具有的表面或部分表面的面积。

（7）运动物体的体积：是指运动物体所占有的空间体积。

（8）静止物体的体积：是指静止物体所占有的空间体积。

（9）速度：是指物体的运动速度、过程或活动与时间之比。

（10）力：是指两个系统之间的相互作用。对于牛顿力学，力等于质量与加速度之积。在 TRIZ 中，力是试图改变物体状态的任何作用。

（11）应力或压力：是指单位面积上的力。

（12）形状：是指物体外部轮廓或系统的外貌。

（13）结构的稳定性：是指系统的完整性及系统组成部分之间的关系。磨损、化学分解及拆卸都降低稳定性。

（14）强度：是指物体抵抗外力作用使之变化的能力。

（15）运动物体作用时间：是指运动物体完成规定动作的时间、服务期。两次错误动作之间的时间也是作用时间的一种度量。

（16）静止物体作用时间：是指静止物体完成规定动作的时间、服务期。两次错误动作之间的时间也是作用时间的一种度量。

（17）温度：是指物体或系统所处的热状态，包括其他热参数，如影响改变温度变化速度的热容量。

（18）光照度：是指单位面积上的光通量，系统的光照特性，如亮度、光线质量。

（19）运动物体消耗的能量：是指能量是运动物体做功的一种度量。在经典力学中，能量等于力与距离的乘积。能量包括电能、热能及核能等。

（20）静止物体消耗的能量：是指能量是静止物体做功的一种度量。在经典力学中，能量等于力与距离的乘积。能量包括电能、热能及核能等。

（21）功率：是指单位时间内所做的功，即利用能量的速度。

（22）能量损失：是指为了减少能量损失，需要不同的技术来改善能量的利用。

（23）物质损失：是指部分或全部、永久或临时的材料、部件或子系统等物质的损失。

（24）信息损失：是指部分或全部、永久或临时的数据损失。

（25）时间损失：是指一项活动所延续的时间间隔。改进时间的损失指减少一项活动所花费的时间。

（26）物质或事物的数量：是指材料、部件及子系统等的数量，它们可以被部分或全部、临时或永久地改变。

（27）可靠性：是指系统在规定的方法及状态下完成规定功能的能力。

（28）测试精度：是指系统特征的实测值与实际值之间的误差。减少误差将提高测试精度。

（29）制造精度：是指系统或物体的实际性能与所需性能之间的误差。

（30）物体外部有害因素作用的敏感性：是指物体对受外部或环境中的有害因素作用的敏感程度。

（31）物体产生的有害因素：是指有害因素将降低物体或系统的效率或完成功能的质量。这些有害因素是由物体或系统操作的一部分而产生的。

（32）可制造性：是指物体或系统制造过程中简单、方便的程度。

（33）可操作性：是指要完成的操作应需要较少的操作者、较少的步骤以及使用尽可能简单的工具。一个操作的产出要尽可能多。

（34）可维修性：是指对于系统可能出现失误所进行的维修要时间短、方便和简单。

（35）适应性及多用性：是指物体或系统响应外部变化的能力或应用于不同条件下的能力。

（36）装置的复杂性：是指系统中元件数目及多样性，如果用户也是系统中的元素将增加系统的复杂性。掌握系统的难易程度是其复杂性的一种度量。

（37）监控与测试的困难程度：是指如果一个系统复杂、成本高、需要较长的时间建造及使用，或部件与部件之间关系复杂，都使得系统的监控与测试困难。测试精度高，增加了测试的成本也是测试困难的一种标志。

（38）自动化程度：是指系统或物体在无人操作的情况下完成任务的能力。自动化程度的最低级别是完全人工操作。最高级别是机器能自动感知所需的操作、自动编程和对操作自动监控。中等级别的需要人工编程，人工观察正在进行的操作，改变正在进行的操作及重新编程。

（39）生产率：是指单位时间内完成的功能或操作数。

2. 39 个通用工程参数的分类

为了应用方便和便于理解，可依据不同的方法对 39 个通用工程参数加以分类。

（1）根据 39 个通用工程参数本身内涵可分为如下 3 大类：物理及几何参数、技术负向参数、技术正向参数，见表 6-2。

表 6-2　工程参数的分类

物理及几何参数		技术负向参数		技术正向参数	
编号	通用工程参数名	编号	通用工程参数名	编号	通用工程参数名
1	运动物体的重量	15	运动物体作用时间	13	结构的稳定性
2	静止物体的重量	16	静止物体作用时间	14	强度
3	运动物体的长度	19	运动物体消耗的能量	27	可靠性

(续)

物理及几何参数		技术负向参数		技术正向参数	
编号	通用工程参数名	编号	通用工程参数名	编号	通用工程参数名
4	静止物体的长度	20	静止物体消耗的能量	28	测试精度
5	运动物体的面积	22	能量损失	29	制造精度
6	静止物体的面积	23	物质损失	32	可制造性
7	运动物体的体积	24	信息损失	33	可操作性
8	静止物体的体积	25	时间损失	34	可维修性
9	速度	26	物质或事物的数量	35	适应性及多用性
10	力	30	物体外部有害因素作用的敏感性	36	装置的复杂性
11	应力或压力	31	物体产生的有害因素	37	监控与测试的困难程度
12	形状			38	自动化程度
17	温度			39	生产率
18	光照度				
21	功率				

① 物理及几何参数：是描述物体的物理及几何特性的参数，共 15 个。

② 技术负向参数(Negative Parameters)：指这些参数变大时，使系统或子系统的性能变差，共 11 个。例如，子系统为完成特定的功能所消耗的能量(第 19、20 条)越大，则设计越不合理。

③ 技术正向参数：(Positive Parameters)指这些参数变大时，使系统或子系统的性能变好，共 13 个。例如，子系统可制造性(第 32 条)指标越高，子系统制造成本就越低。

(2) 根据系统改进时参数的变化，可分为欲改善的参数、欲恶化的参数两大类。

① 欲改善的参数：系统改进中将提升和加强的特性所对应的工程参数。

② 欲恶化的参数：根据矛盾论，在某个工程参数获得提升的同时，必然会导致其他一个或多个工程参数变差，这些变差的工程参数称为恶化的参数。

欲改善的参数与欲恶化的参数就构成了技术系统内部的矛盾，TRIZ 理论就是克服这些矛盾，从而推进系统向理想化进化。

3. 阿奇舒勒矛盾矩阵表的构成

阿奇舒勒矛盾矩阵表是经典 TRIZ 理论中创新解决技术矛盾的主要工具。阿奇舒勒通过对大量专利的研究、分析、比较、统计，归纳出当 39 个工程参数中的任意 2 个参数产生矛盾时，化解该矛盾所使用的发明原理就是第 5 章中所介绍的 40 个发明原理。阿奇舒勒还将工程参数的矛盾与发明原理建立了对应关系，整理成一个 39×39 的矩阵——阿奇舒勒矛盾矩阵，以便使用者查找。阿奇舒勒矛盾矩阵浓缩了对大量专利研究所取得的成果，矩阵的构成紧密而且自成体系。

阿奇舒勒矛盾矩阵使问题解决者可以根据系统中产生矛盾的2个工程参数分析出待改善的参数和恶化的参数，准确地定义一对矛盾，然后在矛盾矩阵中找到一组相对应的发明原理序号，这些原理就构成了解决矛盾的可能解的集合。矛盾矩阵表所体现的最基本的内容就是创新的规律性。该矩阵将工程参数的矛盾和40个发明原理有机地联系起来。矛盾矩阵表的构成见表6-3。

表6-3　矛盾矩阵表的构成

改善的参数 ＼ 恶化的参数		1 运动物体的重量	2 静止物体的重量	3 运动物体的长度	4 静止物体的长度	...	39 生产率
1	运动物体的重量	＋	—	15, 8 29, 34	—		35, 3 24, 37
2	静止物体的重量	—	＋		10, 1 29, 35		1, 28 15, 35
3	运动物体的长度	8, 15 29, 34	—	＋	—		14, 4 28, 29
4	静止物体的长度	—	35, 28 40, 29	—	＋		30, 14 7, 26
...	......					＋	
39	生产率	35, 26 24, 37	28, 27 15, 3	18, 4 28, 38	30, 7 14, 26		＋

　　39×39的工程参数从行、列两个维度构成矩阵，方格共1521个，涵盖了约1250多种工程技术矛盾。矛盾矩阵中的列所代表的工程参数是待改善的参数，行所描述的工程参数表示矛盾中可能引起恶化的参数。矩阵元素中或空或有几个数字，这些数字表示TRIZ理论所推荐的解决对应技术矛盾的发明原理的序号，其数字顺序的先后表示应用频率的高低；45°对角线的方格是同一名称工程参数所对应的方格（灰色带"＋"的方格），表示产生的矛盾是物理矛盾而不是技术矛盾；其他无数字的方格表示不常用的创新原理；矛盾矩阵是不对称的。

　　矛盾矩阵表最大限度地排除了不可能解，集中给出可能解，快速给出符合客观规律的产品改进方向。同时，有效地避免传统试错法的弊端，减少了人力、物力和财力的耗费。

　　本书所介绍的是阿奇舒勒于1985年完成的矛盾矩阵，称为"矛盾矩阵-85"。美国科技人员在引入TRIZ理论基础上，对1500万件专利加以分析、研究、总结、提炼和定义后，确立了新的2003矛盾矩阵，见附录2。该矩阵增加了9个通用工程参数，参数由39个变为48个，见表6-4。2003矛盾矩阵表上不再出现空格，物理矛盾与技术矛盾的求解同时在矛盾矩阵表中显现，不仅为设计者解决技术系统的技术矛盾，同时也为解决技术系统的物理矛盾提供了有序、快速和高效的方法。

表 6 - 4　48 个通用工程参数

1. 运动物体的重量	14. 速度	27. 能量损失	40. 作用于物体的有害因素
2. 静止物体的重量	15. 力	28. 信息损失	41. 可制造性
3. 运动物体的长度	16. 运动物体消耗的能量	29. 噪音	42. 制造精度
4. 静止物体的长度	17. 静止物体消耗的能量	30. 有害的发散	43. 自动化程度
5. 运动物体的面积	18. 功率	31. 有害的副作用	44. 生产率
6. 静止物体的面积	19. 应力或压强	32. 适应性	45. 系统的复杂性
7. 运动物体的体积	20. 强度	33. 兼容性或连通性	46. 控制和测量的复杂性
8. 静止物体的体积	21. 结构的稳定性	34. 操作的方便性	47. 测量的难度
9. 形状	22. 温度	35. 可靠性	48. 测量精度
10. 物质的数量	23. 照度	36. 易维修性	
11. 信息的数量	24. 运行效率	37. 安全性	
12. 运动物体的作用时间	25. 物质损失	38. 易受伤性	
13. 静止物体的作用时间	26. 时间损失	39. 美观	

　　在 2003 矛盾矩阵表上提供的通用工程参数矩阵关系由 1263 个提高到 2304 个，同时，在每一个矩阵关系中所提供的发明原理个数也有所增加，不但为人们提供了更多的解决发明问题的方法，而且更加高速、有效、大幅度提高创新的成功率。

　　4. 阿奇舒勒矛盾矩阵的使用方法

　　TRIZ 的矛盾理论似乎是产品创新的灵丹妙药，实际上在应用该理论之前的前处理与应用之后的后处理仍然是关键的问题。当针对具体问题确认了一个技术矛盾后，要用该问题所处的技术领域中的特定术语描述该矛盾。然后，要将矛盾的描述翻译成一般术语，由这些一般术语选择通用工程参数，由通用工程参数在矛盾矩阵中选择可用的解决原理。一旦某一个或某几个发明创造原理被选定后，必须根据特定的问题将发明创造原理转化并产生一个特定的解。图 6.2 表明了问题求解的全过程。

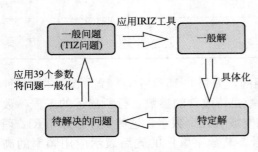

图 6.2　技术矛盾解决原理

　　应用阿奇舒勒矛盾矩阵解决工程矛盾时，建议遵循以下 16 个步骤来进行。

　　(1) 确定技术系统的名称。

　　(2) 确定技术系统的主要功能。

　　(3) 对技术系统进行详细的分解。划分系统的级别，列出超系统、系统、子系统各级别的零部件及各种辅助功能。

　　(4) 对技术系统、关键子系统、零部件之间的相互依赖关系和作用进行描述。

　　(5) 定位问题所在的系统和子系统，对问题进行准确的描述。避免对整个产品或系统笼统的描述，以具体到零部件级为佳，建议使用"主语＋谓语＋宾语"的工程描述方式，定语修饰词尽可能少。

　　(6) 确定技术系统应改善的特性。

　　(7) 确定并筛选待设计系统被恶化的特性。因为，提升欲改善的特性的同时，必然会带来其他一个或多个特性的恶化，对应筛选并确定这些恶化的特性。因为恶化的参数属于尚未发生的，所有确定需要"大胆设想，小心求证"。

（8）将以上两步所确定的参数对应39个通用工程参数进行重新描述。工程参数的定义描述是一项难度颇大的工作，不仅需要对39个工程参数充分理解，更需要丰富的专业技术知识。

（9）对工程参数的矛盾进行描述。欲改善的工程参数与随之被恶化的工程参数之间存在的就是矛盾。如果所确定的矛盾的工程参数是同一参数，则属于物理矛盾。

（10）对矛盾进行反向描述。假如降低一个被恶化的参数的程度，欲改善的参数将被削弱，或另一个恶化的参数被改善。

（11）查找阿奇舒勒矛盾矩阵表，得到阿奇舒勒矛盾矩阵所推荐的发明原理序号。

（12）按照序号查找发明原理汇总表，得到发明原理的名称。

（13）按照发明原理的名称，对应查找40个发明原理的详解。

（14）将所推荐的发明原理逐个应用到具体的问题上，探讨每个原理在具体问题上如何应用和实现。

（15）如果所查找到的发明原理都不适用于具体的问题，需要重新定义工程参数和矛盾，再次应用和查找矛盾矩阵。

（16）筛选出最理想的解决方案，进入产品的方案设计阶段。

例6-1　薄板玻璃的加工

问题描述：某企业需要生产大量的各种形状的玻璃板。首先，工人们将玻璃板切成长方形，然后根据客户要求，加工成一定的形状。然而，在加工过程中，容易出现玻璃破碎现象，因为薄板玻璃受力时很容易断裂，而且玻璃的厚度是客户订单上要求的，不能更改。如何来解决这个难题呢？

第1步：确定技术参数。

现在存在的问题是薄板玻璃在加工过程中受力的作用，由于薄板玻璃无法承受该力的作用而发生破碎，这是欲改善的特性。对应到通用技术参数，选择"32可制造性"，以此作为改善的参数。

为了避免发生玻璃破碎的现象，工人们在加工过程中必须要非常小心。因此，在薄板玻璃加工过程中，对薄板玻璃的加工操作就要进行严格的控制，保证玻璃受力不超过极限，这就是被恶化的特性。对应到通用技术参数中选择"33可操作性"，以此作为被恶化的参数。

第2步：查找TRIZ矛盾矩阵。

欲改善的参数：32可制造性。被恶化的参数：33可操作性。查找TRIZ矛盾矩阵，见表6-5。

表6-5　查找阿奇舒勒矛盾矩阵

改善的参数 ＼ 恶化的参数		31 物体产生的有害因素	32 可制造性	33 可操作性	34 可维修性
31	物体产生的有害因素	＋	—	—	—
32	可制造性	—	＋	2，5，13，16	35，1，11，9
33	可操作性	—	—2，5，12	＋	12，26，1，32
34	可维修性	—	1，35，11，10	1，12，26，15	＋

从矩阵表中查找 32 和 33 对应的方格，得到方格中推荐的发明原理序号共四个，分别是 2，5，13，16。与前面发明原理序号对应，得到这四个发明原理依次是 2——抽取；5——组合；13——反向作用；16——部分超越。

第 3 步：发明原理的分析。

2——抽取。此原理体现在 2 个方面：①将物体中"负面"的部分或特性抽取出来；②只从物体中抽取必要的部分或特性。此原理对问题的彻底解决贡献有限。

5——组合。此原理体现在 2 个方面：①合并空间上的同类或相邻的物体或操作；②合并时间上的同类或相邻的物体或操作。此原理对问题的彻底解决贡献最大。

13——反向作用。此原理体现在 3 个方面：①颠倒过去解决问题的方法；②使物体的活动部分改变为固定的，让固定的部分变为活动的；③翻转物体（或过程）。此原理对问题的彻底解决贡献有限。

16——部分超越。主要体现在现有的方法难以完成对象的 100%，可用同样的方法完成"稍少"或"稍多"一点，使问题简化。此原理对问题的彻底解决贡献有限。

第 4 步：发明原理应用。

综合以上 4 个发明原理的分析，组合是最具有价值的发明原理。

解决方案：将多层薄板玻璃叠放在一起，从而形成一叠玻璃，而且事先在每层玻璃面上洒一层水或涂一层油，以保证堆叠后的玻璃间可以形成相当强的粘附力。一叠玻璃的强度会远大于单层玻璃的强度，在加工中就可以承受较大的力的作用，从而改善了薄板玻璃的可制造性。当加工完成后，再分开每层玻璃，从而获得了客户要求的产品。

6.3　物理矛盾的解决

6.3.1　物理矛盾的描述

由矛盾矩阵表 6-3 可看出，对角线上的方格中都没有对应的发明原理序号，而是"+"号。当遇到这样的矛盾时，就是物理矛盾。当对系统中的同一个参数提出互为相反的要求时，就说存在物理矛盾。物理矛盾是同一系统同一参数内的矛盾，即参数内矛盾。例如，需要温度既要高又要低，尺寸既要长又要短。这一节将重点介绍物理矛盾及解决物理矛盾的方法——分离原理。

对于某一个技术系统的元素，物理矛盾有以下 3 种情况。

第一种情况，这个元素是通用工程参数，不同的设计条件对它提出了完全相反的要求，例如，刮板输送机减速器既要体积大以实现较大的传动比，又要体积小使机器结构紧凑；皮带输送机的皮带既要强度高，又要厚度小，从而弯曲应力小。

第二种情况，这个元素是通用工程参数，不同的情况条件对它有着不同（并非完全相反）的要求，例如，要实现压力达到 50Pa，又要实现压力达到 100Pa；玻璃既要透明，又不能完全透明等。

第三种情况，这个元素是非工程参数，不同的情况条件对它有着不同的要求，例如，门既要经常打开，又要经常保持关闭；矿山机械的配件既要多又要少；比赛的奖项既要设立得多，又要设立得少等。

为了更详细准确地描述物理矛盾，Savransky 于 1982 年提出了如下的描述方法。

（1）子系统 A 必须存在，A 不能存在；

（2）关键子系统 A 具有性能 B，同时应具有性能－B，B 与－B 是相反的性能；

（3）A 必须处于状态 C 及状态－C，C 与－C 是不同的状态；

（4）A 不能随时间变化，A 要随时间变化。

1988 年，Teminko 提出了基于需要的或有害效应的物理矛盾描述方法。

（1）实现关键功能，子系统要具有一定有用功能(Useful Function，UF)，但为了避免出现有害功能(Harmful Function，HF)，子系统又不能具有上述有用功能；

（2）关键子系统的特性必须是一大值以能取得有用功能 UF，但又必须是一小值以避免出现有害功能 HF；

（3）子系统必须出现以取得一有用功能，但又不能出现以避免出现有害功能。

物理矛盾可以根据系统所存在的具体问题选择具体的描述方式来进行表达。总结归纳物理学中的常用参数，主要有 3 大类：几何类、材料及能量类、功能类。每大类中的具体参数和矛盾见表 6－6。

表 6－6 常见的物理矛盾

类别	物 理 矛 盾			
几何类	长与短 圆与非圆	对称与非对称 锋利与钝	平行与交叉 窄与宽	厚与薄 水平与垂直
材料及 能量类	多与少 时间长与短	密度大与小 黏度高与低	热导率高与低 功率大与小	温度高与低 摩擦系数大与小
功能类	喷射与堵塞 运动与静止	推与拉 强与弱	冷与热 软与硬	快与慢 成本高与低

定义物理矛盾的步骤如下。

（1）技术系统的因果轴分析。

（2）从因果轴定义技术矛盾"A＋、B－"或"B＋、A－"。

（3）提取物理矛盾：在这对技术矛盾中找到一个参数及其相反的两个要求"C＋"、"C－"。

（4）定义理想状态：提取技术系统在每个参数状态的优点，提出技术系统的理想状态。

6.3.2 解决物理矛盾的分离原理

相对于技术矛盾，物理矛盾是一种更尖锐的矛盾，其解决方法一直是 TRIZ 理论研究的重要内容，解决物理矛盾的核心思想是实现矛盾双方的分离。阿奇舒勒在 20 世纪 70 年代提出了 11 种分离方法，80 年代 Glazunov 提出了 30 种分离方法，90 年代 Savransky 提出了 14 种分离方法，现代 TRIZ 理论在总结各种方法的基础上，归纳概括为 4 大分离原理。

1. 物理矛盾的 11 种分离方法

在介绍分离原理之前，首先了解一下阿奇舒勒经典 TRIZ 理论解决物理矛盾的 11 种分离方法。

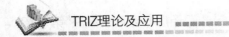

（1）相反需求的空间分离

从空间上进行系统或子系统的分离，以在不同的空间实现相反的需求。例如，矿井中喷洒弥散的小水滴是一种去除空气中的粉尘很有效的常用方式，但是，小水滴会产生水雾，影响可见度。为解决这个问题，建议使用大水滴锥形环绕小水滴的喷洒方式。

（2）相反需求的时间分离

从时间上进行系统或子系统的分离，以在不同的时间段实现相反的需求。例如，根据运煤张力的变化，调整刮板输送机链轮中心距，使刮板链张力随时间变化，从而获得最佳的运行张力。

（3）系统转换1a

将同类或异类系统与超系统结合。例如，在矿井排水中，将中间水平的矿水引入井底水仓，由主泵集中抽排。

（4）系统转换1b

从一个系统转变到相反的系统，或将系统和相反的系统进行组合。例如，为止血在伤口上贴上含有不相容血型血的纱布垫。

（5）系统转换1c

整个系统具有特性"F"，同时，其零件具有相反的特性"-F"。例如，自行车的链轮传动结构中的链条中的每颗链节是刚性的，多颗链节连接组成的整个链条却具有柔性。

（6）系统转换2

将系统转变到继续工作在微观级的系统。例如，液体撒布装置中包含一个隔膜，在电场感应下允许液体穿过这个隔膜（电渗透作用）。

（7）相变1

改变一个系统的部分相态或改变其环境。例如，煤气压缩后以液体形式进行储存、运输、保管，以便节省空间，使用时压力释放下转化为气态。

（8）相变2

改变动态的系统部分相态（依据工作条件来改变相态）。例如，热交换器包含镍钛合金箔片，在温度升高时，交换镍钛合金箔片位置，以增加冷却区域。

（9）相变3

联合利用相变时的现象。例如，为增加模型内部的压力，事先在模型中填充一种物质，这种物质一旦接触到液态金属就会气化。

（10）相变4

以双相态的物质代替单相态的物质。例如，抛光液由含有铁磁研磨颗粒的液态石墨组成。

（11）物理-化学转换

物质的创造-消灭是作为合成-分解、离子化-再结合的一个结果。例如，热导管的工作液体在管中受热区蒸发并产生化学分解，然后，化学成分在受冷区重新结合恢复到工作液体。

2. 物理矛盾分离原理

TRIZ理论按照空间、时间、条件、系统级别将分离原理概括为空间分离、时间分离、条件分离、整体与部分的分离4个分离原理。

1) 空间分离

所谓空间分离，是将矛盾双方在不同的空间上分离开来，以获得问题的解决或降低解决问题的难度。

使用空间分离前，先确定矛盾的需求在整个空间中是否都在沿着某个方向变化；如果在空间中的某一处，矛盾的一方可以不按一个方向变化，则可以使用空间分离原理来解决问题，即当系统矛盾双方在某一空间出现一方时，空间分离是可能的。

📖例6-2　交叉路口的交通1。在交叉路口，不同方向行驶的车辆会因混乱而影响通行效率甚至造成交通事故。这就要求道路必须交叉，以使车辆驶向目的地(A)，道路一定不得交叉，以避免车辆相撞(非A)，形成物理矛盾。

运用空间分离原理解决交通问题。利用桥梁、隧洞把道路分成不同层面，空间分离方案如图6.3所示。

📖例6-3　打桩问题1。在打桩的过程中，希望桩头锋利，以便打桩容易被打入土中；同时在结束打桩后，又不希望桩头继续保持锋利，因为在桩到达位置后，锋利的桩头不利于桩承受较重的负荷。

运用空间分离原理解决打桩问题。在桩的上部加上一个锥形的圆环，并将该圆环与桩固定在一起，从空间上将矛盾进行分离，既保证了钢桩容易打入，同时又可以承受较大的载荷，如图6.4所示。

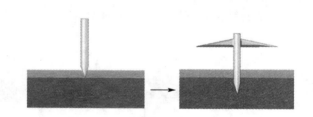

图6.3　交叉路口空间分离方案图　　　　　图6.4　打桩问题的空间分离方案图

📖例6-4　鱼雷引擎必须足够大以充分驱动鱼雷，又必须小，以适配鱼雷的体积。鱼雷引擎既要大又要小形成了物理矛盾。

利用空间分离原理得到解决方案：引擎分离，放置在岸边，通过缆线给鱼雷传递能量。

2) 时间分离

所谓时间分离，是将矛盾双方在不同的时间段分离开来，以获得问题的解决或降低解决问题的难度。

使用时间分离前，先确定矛盾的需求在整个时间段上是否都沿着某个方向变化，如果在时间段的某一段，矛盾的一方可以不按一个方向变化，则可以使用时间分离原理来解决问题，即当系统矛盾双方在某时间段中只出现一方时，时间分离是可能的。

📖例6-5　交叉路口的交通2。

运用时间分离原理解决交通问题。解决交叉路口交通问题最传统的方法是通过交警的指挥在时间上分流车辆。普遍使用的是交通信号灯按设定的程序将通行时间分成交替循环的时间段，使车辆按顺序通过。显然，在这里占主导地位的是时间资源。交叉路口时间分离方案如图 6.5 所示。

📖**例 6-6**　打桩问题 2。

　　运用时间分离原理解决打桩问题。在钢桩的导入阶段，采用锋利的桩头将桩导入，到达制定的位置后，将桩头分成两半或者采用内置的爆炸物破坏桩头，使得桩可以承受较大的载荷，如图 6.6 所示。

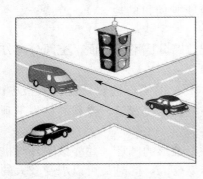
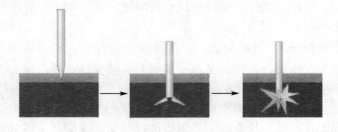

图 6.5　交叉路口时间分离方案图　　　　图 6.6　打桩问题时间分离方案图

📖**例 6-7**　自行车在行走时体积要大，以便载人，在存放时要小，以节省空间。自行车既大又小的矛盾发生在行走与存放两个不同的时间段，因此采用了时间分离原理，得到折叠式自行车的解决方案，如图 6.7 所示。

图 6.7　自行车使用和存放状态

3）条件分离

　　所谓条件分离，是将矛盾双方在不同的条件下分离，以获得问题的解决或降低解决问题的难度。

　　基于条件分离前，先确定矛盾的需求在各种条件下是否都沿着某个方向变化，如果在条件下，矛盾的一方可以不按一个方向变化，则可以使用基于条件分离原理来解决问题，即当系统矛盾双方在某一条件只出现一方时，基于条件分离是可能的。

📖**例 6-8**　交叉路口的交通 3。

　　利用基于条件的分离原理解决交通问题。车辆只能直行，转弯走环路。交叉路口基于条件分离方案如图 6.8 所示。

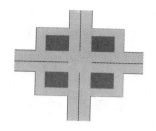

图 6.8　交叉路口基于条件分离方案图

📖**例 6 - 9**　打桩问题 3。

运用基于条件的分离原理解决打桩问题。在钢桩上加入一些螺纹，将冲击式打桩改为将桩螺旋拧入的方式。当将桩旋转时，桩就向下运动；不旋转桩时，桩就静止。从而解决了方便地导入桩与使桩承受较大的载荷之间的矛盾，如图 6.9 所示。

📖**例 6 - 10**　高台跳水运动员的保护。高台跳水训练时，没有经验的运动员不以正确的姿势入水会受伤，有没有一个改善的方法使运动员在训练的时候少受伤呢？

在水与跳水运动员组成的系统中，水既是硬物质，又是软物质，这主要取决于运动员入水的速度，速度大则水就"硬"，反之就"软"。但在本系统中，运动员的入水速度是不能被改变的，需要改变的是水。

矛盾：水要有一定的强度，这是水的特性所决定的；水又要是软的，因为需要保护运动员。那么水在什么条件下会变"软"？人们第一个想到的软的物质就是泡沫或海绵，就希望有个像海绵或泡沫的水存在。分析一下泡沫和海绵的结构，于是在水中注入大量的空气，水就变"软"了，解决方案如图 6.10 所示。

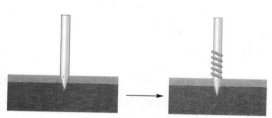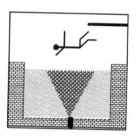

图 6.9　打桩问题基于条件分离方案图　　**图 6.10　跳水训练池改进的前与后**

4）整体与部分分离

所谓整体与部分分离，是将矛盾双方在不同的系统级别分离开来，以获得问题的解决或降低解决问题的难度。

当系统或关键子系统的矛盾双方在子系统、系统、超系统级别内只出现一方时，整体与部分分离是可能的。

📖**例 6 - 11**　交叉路口的交通 4。

利用整体与部分的分离原理解决交通问题。将十字路口设计成两个丁字路口，延缓一个方向的行车速度，加大与另外一个方向的避让距离。交叉路口整体与部分分离方案如图 6.11 所示。

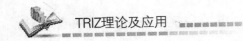

📖**例 6 - 12** 打桩问题 4。

运用整体与部分的分离原理解决打桩问题。将原来的一个较粗的钢桩用一组较细的钢桩来代替，从而解决方便地导入桩与使桩承受较重的载荷之间的矛盾，如图 6.12 所示。

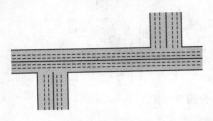

图 6.11 交叉路口整体与部分分离方案图

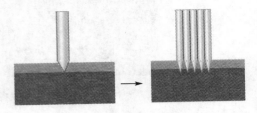

图 6.12 打桩问题整体与部分分离方案图

6.3.3 应用分离原理解决物理矛盾的步骤

前面已经讲述了物理矛盾的定义和物理矛盾的分离原理，如何在理解物理矛盾的基础上应用分离原理解决问题呢？下面结合具体实例讲解应用分离原理解决物理矛盾的步骤。

1. 应用空间分离原理解决物理矛盾的步骤

第一步，定义物理矛盾，首先确定矛盾的参数，在此基础上对矛盾的参数相反的要求进行描述；第二步，对在什么空间上需要满足什么要求进行确定；第三步，对以上两个空间段是否交叉进行判断，如果两个空间段不交叉，可以应用空间分离，否则不可以应用空间分离。下面举例说明。

📖**例 6 - 13** 红蓝铅笔的发明问题。红蓝铅笔是我们日常生活熟悉的用品，使用起来很方便，但方便之中也包含着物理矛盾。下面应用分离原理解决红蓝铅笔的发明问题。

第一步，定义物理矛盾，确定参数为颜色，对于参数的两个基本要求为，要求 1 红色，要求 2 蓝色；第二步，考虑在什么空间需要满足什么要求，对于红蓝铅笔的一端满足红色要求，另一端满足蓝色要求；第三步，确定上述两个空间段是否可以分离，可以分离则物理矛盾可以解决，否则解决不了。其具体步骤如下。

第一步，定义物理矛盾。

参数：颜色。

要求 1：红。

要求 2：蓝。

第二步，什么空间需要满足什么要求？

空间 1：铅笔的一端。

空间 2：铅笔的另一端。

第三步，以上两个空间段是否交叉？

否：应用空间分离。

是：尝试其他分离方法。

2. 应用时间分离原理解决物理矛盾的步骤

第一步，定义物理矛盾，首先确定矛盾的参数，在此基础上对矛盾的参数相反的要求进行描述；第二步，对在什么时间上需要满足什么要求进行确定；第三步，对以上两个时间段是否交叉进行判断，如果两个时间段不交叉，可以应用时间分离，否则不可以应用分离。下面举例说明。

📖**例6-14** 雨伞的发明问题。雨伞，家家必备，人人都用。伞的发明也与解决物理矛盾有关，为了遮阳避雨人们建造了亭子。可是，亭子虽然能遮阳避雨，但是体积太大了，不便于携带。如何让亭子活动起来，用的时候大，不用的时候小呢？经过长时间的摸索和尝试，人们把竹子劈成一根根细条，中间用一根竹棍当柄，将那些细条聚合起来，捆扎在竹棍的一端，再在细条上蒙上牛皮，一个缩小了的可以随身携带的伞就这样被发明了出来。后来，人们在此基础上又不断加以改进，形成了今天的伞。

下面是应用分离原理解决雨伞发明问题的步骤。

第一步，定义物理矛盾。

参数：面积。

要求1：大。

要求2：小。

第二步，什么时间需要满足什么要求？

时间1：下雨、遮阳。

时间2：携带、存放。

第三步，以上两个时间段是否交叉？

否：应用时间分离。

是：尝试其他分离方法。

📖**例6-15** 航空母舰上的舰载飞机停放和飞行问题。航空母舰上的舰载飞机起飞时，机翼应有较大的面积，在航空母舰上停放时飞机的机翼应有较小的面积。应用时间分离原理可以解决上述物理矛盾。

6.3.4 分离原理与40个创新原理的对应关系

最近几年的研究成果表明，4个分离原理与40个创新原理之间是存在一定关系的。如果能正确理解和使用这些关系，就可以把4个分离原理与40个创新原理做一些综合应用，这样可以开阔思路，为解决物理矛盾提供更多的方法与手段。

下面，把4个分离原理与40个创新原理之间的关系做如下对应。

1. 空间分离原理

可以利用以下10个创新原理来解决与空间分离有关的物理矛盾。

创新原理1：分割。

创新原理2：抽取。

创新原理3：局部质量。

创新原理4：非对称性。

创新原理7：嵌套。

创新原理13：反向作用。

创新原理17：维数变化。

创新原理24：中介物。

创新原理26：复制。

创新原理 30：柔性壳体或薄膜。

例如，教师讲课用的教鞭在使用时希望它长，而在讲完课后又希望它短，能放到书包里带走。人们使用了创新原理 7，即嵌套原理，来比较好地解决了这个问题，让教鞭能够呈嵌套形状，自由伸缩。

2. 时间分离原理

可以利用以下 12 个创新原理，来解决与时间分离有关的物理矛盾。

创新原理 9：预先反作用。

创新原理 10：预先作用。

创新原理 11：预先防范。

创新原理 15：动态化。

创新原理 16：部分超越。

创新原理 18：机械振动。

创新原理 19：周期性作用。

创新原理 20：有效作用的连续性。

创新原理 21：快速原理。

创新原理 29：气压和液压结构。

创新原理 34：抛弃与再生。

创新原理 37：热膨胀。

例如，自行车在使用的时候体积要足够大，以便载人骑乘，在存放的时候体积要小，以便不占用空间。于是，人们利用了创新原理 15，即动态特性原理，解决方案就是采用单铰接或者多铰接车身结构，让刚性的车身变得可以折叠，形成了当前比较流行的折叠自行车。

3. 基于条件的分离原理

可以利用以下 13 个创新原理来解决与基于条件分离有关的物理矛盾。

创新原理 1：分割。

创新原理 5：组合。

创新原理 6：多用性。

创新原理 7：嵌套。

创新原理 8：质量补偿。

创新原理 13：反向作用。

创新原理 14：曲面化。

创新原理 22：变害为利。

创新原理 24：中介物。

创新原理 25：自服务。

创新原理 27：廉价替代品。

创新原理 33：同质性。

创新原理 35：物理或化学参数改变。

例如，船在水中高速航行，水的阻力是很大的。作为水运工具的船必须在水中行进；而为了降低水的阻力，提高船的速度，船又不应该在水中行进。利用创新原理 35，即物理或化学参数改变原理，可以在船头和船身两侧预留一些气孔，以一定的压力从气孔往水里打入气泡，这样可以降低水的密度和粘度，因此也就降低了船的阻力。

4. 整体与部分的分离原理

可以利用以下 9 个创新原理来解决与整体和部分的分离有关的物理矛盾。

创新原理 12：等势。

创新原理 28：机械系统的替代。

创新原理 31：多孔材料。

创新原理 32：改变颜色。

创新原理 35：物理或化学参数改变。

创新原理 36：相变。

创新原理 38：加速氧化。

创新原理 39：惰性环境。

创新原理 40：复合材料。

例如，采煤机操作时，为了控制采煤效果，操作控制装置必须处于采煤机上，人随采煤机一起移动，但薄煤层空间小，工人行动不便，于是应用创新原理 28，即机械系统的替代原理，利用无线遥控实现薄煤层开采，改善工人的工作环境。

第7章
物-场模型分析方法

功能(Function)是价值工程研究的核心问题。顾客买的不是产品本身，而是产品的功能。在设计科学的研究过程中，人们也逐渐认识到产品设计往往首先由工作原理确定，而工作原理构思的关键是满足产品的功能要求。产品是功能的载体，功能是产品的核心和本质。

物-场分析方法建立在现有产品的功能分析基础上，通过建立现有产品的功能模型的过程，可以发现有害作用、不足作用及过剩作用等小问题。产品或系统中小问题存在的区域是设计冲突可能存在的区域，根据物-场表示的功能模型的类型就可判定矛盾的存在。该方法适用于发现已有产品中的冲突以便改进设计。物-场模型分析方法是 TRIZ 的一个重要的发明创造问题的分析工具，可以用来分析现存技术系统有关的模型性问题(Modeling Problems)，从而改进技术系统。

7.1 物-场模型的概述

技术系统的建立是为了执行特定的功能，例如矿工常用的"镐"是执行"挖煤"的功能，而镐的工作必须作用在"煤壁"上才能采下煤炭。在采煤过程中，能量来源于矿工手臂肌肉收缩产生的机械力，在这个系统中包含了 3 个主要元素：镐、机械力、煤。其中"镐"和"煤"定义为物质(Substance，简写为 S)"；"机械力"定义为"场"(Field，简写成 F)"，由两个"物质"和作用于其上的"场"就构成了一个完整模型，如图 7.1 所示。

图 7.1　镐的功能模型

阿奇舒勒通过对功能的研究，发现并总结以下 3 条定律。

(1) 所有的功能都可以分解为 3 个基本元素(S_1、S_2 和 F)；

(2) 一个存在的功能必定由 3 个基本元素组成；

(3) 将相互作用的 3 个元素进行有机组合将形成一个功能。

系统的作用就是实现某种功能，阿奇舒勒认为，所有的功能都可以分解为 2 种物质和 1 种场，即三要素(工件、工具和场)。技术系统的功能模型可以用一个完整的物-场(Substance - Field)三角形来表示。这种由两个物和一个场组成的与已存在的系统或技术系统问题相关联的功能模型叫物-场模型。构建物-场模型的目的是为了阐明两物质与场之间的相互关系，为进一步解决问题创造条件。

在物-场模型中，为了规范模型的表示，通常把物质排在一行，一般用 S_1 表示作用工件(产品)，S_2 表示工具，F 表示场，场可以在上方，也可以在下方(图 7.2)。

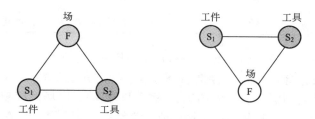

图 7.2　物-场模型

物-场模型是技术系统的最小模型，它包括工件、工具和工具影响产品所需要的能量(场)。技术系统的功能可能是简单的，也可能是复杂的，通常一个复杂系统的功能是其各个子系统功能的总和。子系统功能也可以继续分下去，直到最底层的功能为止。因此复杂系统可以分解为多个物-场模型。

在物-场模型分析中，物质(S_1 和 S_2)的定义取决于实际情况。每一种物质都可以是材料、工具、零件、人或者环境等。一般的物质都应用在 TRIZ 理论中，所有的物质按其本身的复杂程度属于不同的水平。当然，这里所谓的物质可以是一个独立的物体，也可以是一个复杂的系统。物质之间依靠场来连接。

完成某种功能所需的方法或手段就是场，但是物-场模型分析中场的概念也是广义的，区别于物理学中场的概念。物-场分析中使用更加详细的分类方法，物体之间的场(F)可以是机械(压力、冲击、脉冲)、声场(超声、次声)、热场、电场(静电场、电流)、磁场、电磁场、光场(红外线、紫外线、可见光)、辐射(电离辐射、放射性辐射)、化学场(氧化、还原、酸碱介质)、气味场等，作用在物质上的主要的能量或场见表 7-1。

表 7-1　主要的能量或场

符号	名称	举例
G	重力场	重力
Me	机械场	压力、冲击、脉冲、惯性、离心力
P	气动场	空气静力学、空气动力学
H	液压场	流体静力学、流体力学

(续)

符号	名称	举例
A	声学场	声波、超声波、次声波
Th	热学场	热传导、热交换、绝热、热膨胀、双金属片记忆效应
Ch	化学场	燃烧、氧化反应、还原反应、溶解、键合、置换、电解
E	电场	静电、感应电、电容电
M	磁场	静磁、铁磁
O	光学场	光（红外线、可见光、紫外线）、反射、折射、偏振
R	放射场	X射线、不可见电磁波
B	生物场	发酵、腐烂、降解
N	粒子场	α^-、β^-、γ^-粒子束，中子，电子，同位素

G→Me→P→H→A→Th→Ch→E→M→O→R→B→N 与技术系统的进化趋势是一致的，可以根据系统所采用的能量形式，来判断技术系统所处的进化阶段和未来可能的进化方向。

在现代技术中热场（热能场）、磁场（铁磁物质与磁场）、电场发挥着积极的作用。因为在自然界和技术系统中最常见热过程，同时磁场能够在一定距离的情况下就发生作用且容易通过磁性物质进行控制，是最简单而有效的场。如果在技术系统产生矛盾的那个部分存在带磁性的物质，那么一定让它们发挥有用的作用。而电场是最多用途的能量形式，最容易对其进行控制。

下面熟悉一下物-场分析。

📖**例 7-1** 吸尘器清洁地毯（图7.3）。

图7.3 吸尘器物-场模型

📖**例 7-2** 人工刷墙（图7.4）。

图7.4 人工刷墙物-场模型

7.2　物–场模型的类型

物–场模型有助于使问题聚焦于关键子系统上并确定问题所在的特别"模型组"，事实上，任何物–场模型中的异常表现（表7–2）都来自于这些模型组中存在的问题上。

表7–2　常见的物–场异常情况

异 常 情 况	举　　　例
期望的效应没有产生	过热火炉的炉瓦没有进行冷却
有害效应产生	过热火炉的炉瓦变得过热
期望的效应不足或无效	对炉瓦的冷却低效，因此，加强冷却是可能的

为建立直观的图形化模型描述，要用到系列表达效应的几何符号，常见的效应图形表示符号见表7–3。

表7–3　常用的效应图形表示符号

符　号	意　义	符　号	意　义
——————	必要的作用或效应	═══════	最大或过渡的作用或效应
------------	不足或无效的作用或效应	- - - - - - -	最小的作用或效应
∿∿∿∿	有害的作用或效应	∿∿∿∿	过渡有害作用或效应
——————▶	作用方向	∿∿∿∿	有益的和有害的同时存在
══════▷	物–场转换方向		

TRIZ理论中，常见的物–场模型的类型有4类。

1. 有效完整模型

功能的3个元素都存在且都有效，是设计者追求的效应。

📖**例7–3**　盾构掘进机（图7.5）。

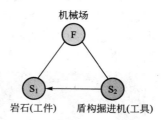

图7.5　盾构掘进机物–场模型

2. 不完整模型

组成功能的元素不全，可能缺少场，也有可能是缺少物质。

例 7 - 4　防电脑辐射。电脑辐射成为当今白领身体健康的主要杀手，人们知道电脑有辐射，如何防辐射，将辐射转化成其他可利用的能量人们确实不知道，如图 7.6 防电脑辐射物-场模型所示，只有物质 S_1，却没有工具 S_2 和场 F。

图 7.6　防电脑辐射物-场模型

3. 效应不足的完整模型

3 个元素齐全，但设计者所追求的效应未能有效实现，或效应实现的不足够。

例 7 - 5　冰面行走。在冰面上行走时，由于摩擦力不足会打滑甚至摔倒（图 7.7）。

图 7.7　鞋和冰面物-场模型

4. 有害效应的完整模型

3 个元素齐全，但产生了与设计者所追求的效应相左的、有害的效应，需要消除这些有害效应。

例 7 - 6　隐形眼镜。隐形眼镜不仅从外观上和方便性方面给患者带来了很大的改善，而且视野宽阔，视物逼真，此外在控制青少年近视、散光发展等方面也发挥了特殊的功效。但是由于它覆盖在角膜表面，会影响角膜的直接呼吸作用，而且佩戴隐形眼镜造成眼睛分泌物增加，也会引起眼睛的不适，甚至磨痛、流泪，有些人会引起暂时性的结膜充血、角膜知觉减退等（图 7.8）。

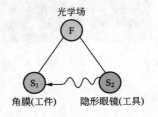

图 7.8　隐形眼镜物-场模型

TRIZ 理论中，重点关注的是 3 种非正常模型：不完整模型、效应不足的完整模型、有害效应的完整模型，并提出了物–场模型的一般解法和 76 种标准解法。本章将介绍物–场模型的一般解法。第 8 章将专门介绍物–场模型的 76 种标准解法。

7.3   物–场分析的表示方法

对于问题系统，初始物–场模型反映了系统的矛盾，为了解决矛盾，需要对初始模型进行改进，增强物质的可控性，保证发生必要的作用，把各个要素相互作用的特性向需要的方面转换。物–场分析的过程就是针对问题系统建立初始物–场模型，然后对其进行诊断分析，转换为有效完整模型的过程。物–场分析的图示包含 3 个部分：初始物–场模型、物–场转换方向、转换后的物–场模型（图 7.9）。

图 7.9   物–场分析示意图

转换时应注意，物–场至少应该拥有连接三要素的两种联系才能保证功能的有效性（图 7.10）。

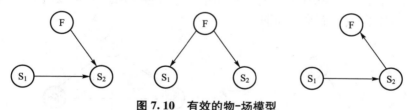

图 7.10   有效的物–场模型

7.4   物–场分析的一般解法

物–场分析方法产生于 1947—1977 年，经历了多次循环改进，每一次的循环改进都增加了可利用的知识。现在，已经有了 76 种标准解，这 76 种标准解是最初解决方案的浓缩精华。因此，物–场分析为人们提供了一种方便快捷的方法。针对物–场模型的类型，TRIZ 提出了对应的一般解法。物–场分析的一般解法共 6 种，下面逐一进行阐述。

1. 不完整模型

一般解法 1：①补齐所缺失的元素，增加场 F 或工具，完整模型如图 7.11 所示；②系统地研究各种能量场，机械能–热能–化学能–电能–磁能。

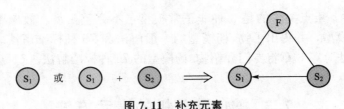

图 7.11　补充元素

例 7-7　浮选法选煤。从井口中采出的煤炭(S_1)中存在着矸石。使用浮选机(增加机械场 F)将矸石从煤中分解出来(图 7.12)。

图 7.12　浮选法选煤物-场模型

2. 有害效应的完整模型

有害效应的完整模型元素齐全，但 S_1 和 S_2 之间的相互作用的结果是有害的或不希望得到的，因此，场 F 是有害的。

一般解法 2：加入第 3 种物质 S_3，S_3 用来阻止有害作用。S_3 可以通过 S_1 或 S_2 改变而来，或者 S_1/S_2 共同改变而来，如图 7.13 所示。

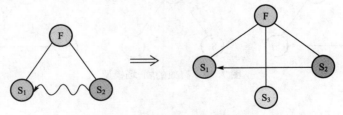

图 7.13　加入 S_3 阻止有害作用

例 7-8　办公室的玻璃。要增加办公室的隐秘性，将窗户玻璃进行磨砂处理，变成半透明的，以保护办公室的隐私，如图 7.14 所示。

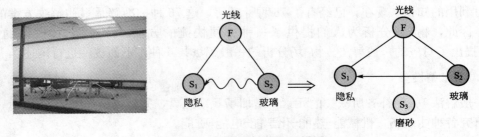

图 7.14　办公室隐私物-场模型

一般解法 3：增加另外一个场 F_2 来抵消原来有害场 F 的效应，如图 7.15 所示。

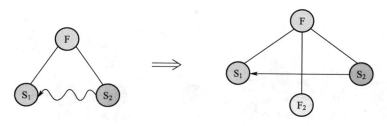

图 7.15 加入 F_2 消除有害效应

📖**例 7 - 9** 精密切削防止细长轴的变形。在切削过程中，为了防止细长轴工件的变形，引入与长轴协同的支架产生的反作用力来防止细长轴的变形，如图 7.16 所示。

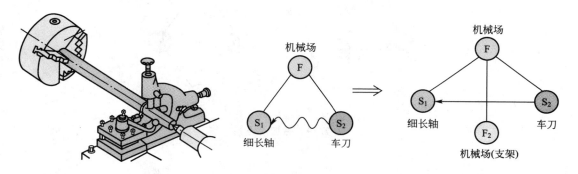

图 7.16 加入支架消除细长轴加工缺陷

3. 效应不足的完整模型

效应不足的模型是指构成物-场模型的元素是完整的，但有用的场 F 效应不足，比如太弱、太慢等。

一般解法 4：用另一个场 F_2（或者 F_2 和 S_3 一起）代替原来的场 F_1（或者 F_1 及 S_2），如图 7.17 所示。

图 7.17 用 $F_2(S_3)$ 替代 $F_1(S_2)$

📖**例 7 - 10** 电牵引采煤机。链牵引采煤机功率小，故障率高，故采用无链电牵引采煤机替代液压牵引采煤机来实现大功率、快速度切割，如图 7.18 所示。

一般解法 5：①增加另外一个场 F_2 来强化有用的效应，如图 7.19 所示；②系统地研究各种能量场，机械能-热能-化学能-电能-磁能。

📖**例 7 - 11** 骨折的处理。当人骨折后，医生通过钢钉等机械将病人的骨骼固定，在骨骼长好前，要打上石膏缠上绷带进行封闭，石膏的束缚力就是外加的场 F_2，如图7.20所示。

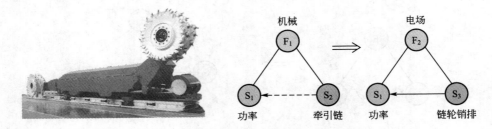

图7.18 电牵引采煤机物-场模型

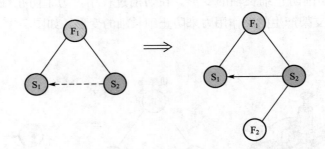

图7.19 另加入场 F_2

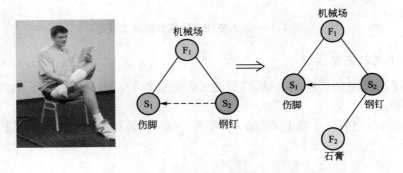

图7.20 骨折后的辅助处理

一般解法6：①插进一个物质 S_3，并加上另一个场 F_2 来提高有用效应，如图7.21所示；②系统地研究各种能量场，机械能-热能-化学能-电能-磁能。

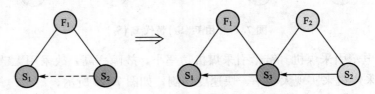

图7.21 加入 S_3 和 F_2

📖例7-12 电过滤网。为了过滤空气，通常使用金属网的过滤器。但过滤网只能隔离大颗粒的物质。通过给过滤器加装集尘板和电场可以有效吸附细小的粒子，提高过滤效果，如图 7.22 所示。

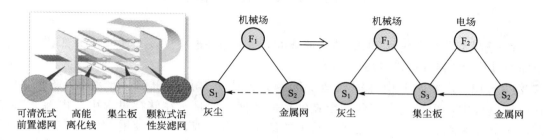

图 7.22　电过滤网

7.5　物−场模型的构建步骤

复杂的系统可以相应用复杂的物−场模型进行描述。通常构造物−场模型有以下 4 步。

第一步，识别元件。

根据问题所在的区域和问题的表现，确定造成问题的相关元素，查找物体 S_1、S_2 和作用其上的场 F。

第二步，构建模型。

根据第一步的结果绘制出问题所在的物−场模型，并对系统的完整性、有效性进行评价。如果缺少组成系统的某元件，那么要尽快确定它。模型反映出的问题与实际问题应该是一致的。

第三步，选择解法。

按照物−场模型所表现出的问题，应用一般解法或从 76 种标准解法中选择一个最恰当的解法。如果有多个解法，则逐个进行对照，寻找最佳解法。

第四步，发展概念。

将找到的解法与实际问题相对照，并考虑各种限制条件下的实现方式，在设计中加以应用，从而获得解决方案。

在第三步和第四步中，就要充分挖掘和利用其他知识性工具。

图 7.23 的流程图明确地指出了研究人员如何运用物−场模型实现创新。可以看出，分析性思维和知识性工具之间有一个固定的转化关系。

这个循环过程不断地在第三步和第四步之间往复进行，直到建立一个完整的模型。第三步使研究人员的思维有了重大的突破。为了构建一个完整的系统，研究人员应该考虑多种选择方案。

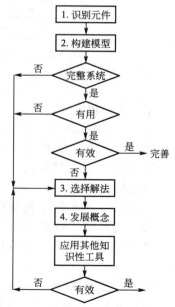

图 7.23　物−场模型解决问题流程

7.6　物–场模型的分析实例

物–场模型分析方法是 TRIZ 的一种分析工具,熟练地应用该工具可以实现创新设计。下面通过几个实例详细讲解物–场分析过程。

例 7–13 电解工业中纯铜板清洗问题。工业上常用电解法生产纯铜(图 7.24)。在电解过程中,少量的电解液残留在纯铜的表面。但是,在储存过程中,电解质蒸发并产生氧化斑点。这些斑点造成了很大的经济损失,因为每片纯铜上都存在不同程度的缺陷。为了减少损失,在对纯铜进行储存前,每片纯铜都要清洗,但是,要彻底清除纯铜表面的电解质仍然很困难,因为纯铜表面的毛孔非常细小。那么,怎样才能改善清洗过程,使纯铜得到彻底的清洗呢?下面应用物–场模型分析方法来解决这个问题。

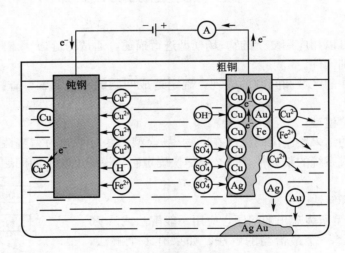

图 7.24　电解铜示意图

第一步,识别元件。

S_1——电解质;S_2——水;F_{Me}——机械清洗过程。

第二步,建立物–场模型。

图 7.25 为该系统的物–场模型,在现有的情况下,系统因为纯铜表面的变色不能满足渴望效应的要求。

第三步,选择物–场模型的一般解法。

第 3 类模型:效应不足的完整模型,它有 3 个一般解法:4、5、6。本问题选择的一般解法是 5 和 6。在模型中插入一种附加场以增加这种效应(清洗)是一种标准解法。

第四步,进一步发展这种概念。

(1) 应用一般解法 5,增加另外一个场 F_2 来强化有用效应,如图 7.26 所示。通过系统地研究各种能量场来选择可用的场形式。

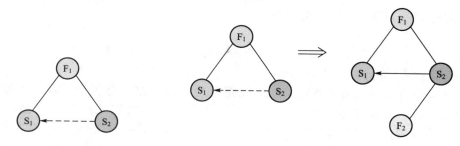

图7.25　铜清洗工序物-场模型　　　　图7.26　增加场 F_2

F_2——机械冲击力，利用超声波清洗。

F_2——热冲击力，利用热水的热能清洗。

F_2——化学冲击力，利用表面活性剂溶解的化学特性，去除残留的电解液。

F_2——磁冲击力，利用磁场磁化水，进而改善清洗过程。

以上各种能量形式对改善清洗效果都是有效的，但是效果似乎没有达到 IFR，TRIZ 要求对问题彻底解决，追求获得最终理想解。

考虑另一种解法，从而再循环进行第三步中的过程。对在第三步中描述的每一种解法，其相关的概念都应该在第四步中得到继续的发展，探求所有的可能性。对每一种情况都要想一想究竟是为什么。

（2）应用一般解法 6。插入物质 S_3 和另一种场 F_2（图 7.27）来提高有用效应。

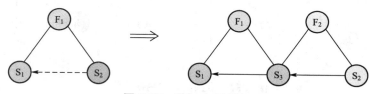

图 7.27　增加 S_3 及场 F_2

（3）发展概念得到最后解决方案。

F_2 是热能，S_3 是水蒸气（图 7.27）。应用过热水蒸气（水在一定的压力下，温度可达 1000℃以上）。水蒸气将被迫进入纯铜表面的非常细小的毛孔中，使电解质离开纯铜表面。

把一个比较复杂的问题分成许多个简单易解的问题，这在技术领域里是一种常规的做法。物-场模型分析方法首先可以用在复杂的大问题上，同时也应用在小问题上。灵活地运用物-场分析，把实际工作中需要解决的问题用物-场模型描述，明确物-场模型中 3 个元件的相互关系，把需要解决的问题格式化，然后应用 76 种标准解法就可以实现发明创造、创新设计，从而解决技术矛盾或技术冲突。

例 7 - 14　输送废酸液管路问题。实验室和工业用废酸排放过程中，由于酸的特性，废酸经常腐蚀和损坏排放管路，出现废酸泄漏事故（图 7.28）。那么，怎样才能改善运输环境，降低废酸对管路的损害，提高管路的使用寿命呢？下面应用物-场模型分析方法来解决这个问题。

第一步，识别元件。

物质：废酸液——S_1；输送管路——S_2。

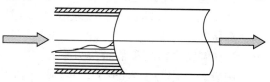

图 7.28　管路运输废酸

场：废酸液流动压力场——F_H；化学场——F_{ch}。

第二步，建立物-场模型。

有用功能——期望功能（图7.29）；有害功能——不期望功能（图7.30）。

第三步，选择物-场模型的一般解法。

本例属于第2类模型：有害效应的完整模型，模型存在有害作用，即废酸液腐蚀、溶解输送管道。可以选择一般解法：2、3。引入第三种物质元件（S_3）来消除有害的、多余的、不需要的物质和场，或者增加另一个场（F_2），用来平衡产生有害效果的场（图7.31）。

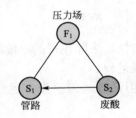
图7.29 期望的物-场模型

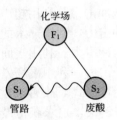
图7.30 不期望的物-场模型

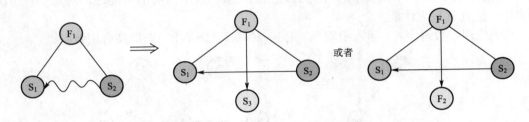
图7.31 引入另外的物质或场

第四步，进一步发展这种概念。

（1）引入第3种物质S_3。有害作用是由废酸液与金属管道内表面发生化学反应引起的，因此，化学场（F_{ch}）是产生有害作用的根源。引入的新物质S_3应能消除废酸液与金属管道的化学场（F_{ch}）。消除此化学场比较简易的方法是S_3事先与废酸液发生化学反应以消耗废酸液的反应能力。

在代表性的解中确定具体的解，根据具体问题的状况，来选择最适合的解作为具体解。代表性的解S_3为金属、水、碱等，即与废酸液可进行化学反应进而消除其对管道内表面产生有害作用的物质。

金属：可先于管道内表面与酸进行反应进而保护管道。例如，管道的内表面涂保护层，效果可行，但成本提高，不采纳。

水：大量的水或污水可稀释废酸液，但给后续处理会增加困难，不采纳。

碱性物质：碱性添加物、废碱液等。其中废碱液是具有负价值的，因此应用废碱液的成本会降低。

（2）发展概念得到最后解决方案。

使用废碱液作为引入的第3种物质，利用废碱液降低成本，并利用废碱综合掉管路中的废酸。保护管路不受腐蚀，如图7.32所示。

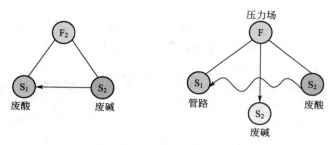

图 7.32　酸碱综合物-场模型

例 7－15　刷毛成形过程分析。制造带刷毛的塑料块，传统工艺是使用定制的模子。模子是一个附有一套针形突起的金属块，针的尺寸和样式随刷毛的尺寸和样式而定。生产时，模子浸入熔化的塑料中再拉起，带动附在针上的塑料从塑料液中拉出，形成刷毛的形状，刷毛长度达到要求后，用气冷法冷却塑料，再从针的末端把塑料切下。这一工艺的缺点是会有部分塑料粘在针上，当刷毛的粗细不同时需要频繁清洗。如何解决上述问题呢？

　　对上述问题进行物-场分析可知，熔化的塑料为 S_1（目标物），而传统工艺的物-场结构中缺少工具 S_2 与场 F，为此引入 S_2 和 F 来控制 S_1。这一变化反映在物-场结构上如图 7.33 所示。

　　刷毛成形的过程是部分熔化的塑料受机械力和重力而拉伸的过程。考虑到该工艺中如将 F 定为机械力和重力则不好控制，故选用了磁场作用，S_2 则是将磁力转化为机械力的铁磁体。对应的物-场结构如图 7.34 所示。

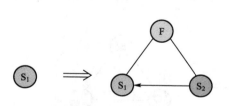

图7.33　刷毛制造的传统工艺及可能的物-场结构

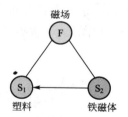

图 7.34　新的物-场结构

　　具体方案：根据对刷毛的要求在熔化的塑料中加入磁粉，将原金属模替换为已磁化的磁体，置于塑料块带刷毛区的上方，磁粉在磁场作用下连同附带的塑料一起向上伸，形成刷毛，这一方法可以适应刷毛尺寸和样式的迅速改变。

　　由此可见，如果对系统的要求难以通过对现有物体的更改来满足，对系统引入新的物质和场也没有限制，则问题可望通过引入物-场结构中缺少的部分合成一个完整的结构而得以解决。

例 7－16　钢丸发送机弯管部分磨损问题。钢丸发送机的弯管部分是强烈磨损区，如图 7.35 所示，而在弯管部分添加保护层的效果很有限，如何解决这个问题？

　　对发送机进行物-场分析可知，钢丸为目标物 S_1，管子为工具 S_2，F 为机械力。分析发现管子和钢丸间既有好的作用（管子为钢丸导向），又有坏的作用（钢丸冲击和磨损弯管部分）。为解决这一问题，根据标准增加一个修正物 S_3，S_3 可以是钢丸、管子或这两者。

解决方案：经过分析，选取 $S_3 = S_1$，即用钢丸本身兼作保护层。实施办法为，在弯管外放置磁体，将飞行中的钢丸吸附在弯管内壁，形成保护层，如图 7.36 所示。

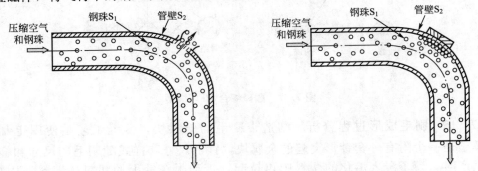

图 7.35　弯管部分是强烈磨损区　　　图 7.36　用钢丸自身保护弯管部分

由此可见，如果物-场结构中两物体间既有好的作用又有坏的作用，而没有必要保持两物质的直接联系，且不希望或不允许引入新的物质，则将两物质加以修正，组合成第三种物质，使问题得以解决。

例 7-17　树皮和木片的分离问题。把弯曲的树干和树枝砍成碎片，树皮和木片混在一起。如果它们的密度及其他特性都差不多的话，怎样才能把树皮和木片分开呢？

解决这一问题，各国很多人申请了专利。发明家们都一味地试图利用树皮与木片在密度上的微小差别把两者分开，成功者少。他们做了几百次的实验，然而谁也没能克服心理障碍，走上原则上新的、正确的解决途径。

分析可知，系统中只有两个物质，即树皮和木片，没有场，所以需要引进场，使物-场系统完整，如图 7.37 所示。

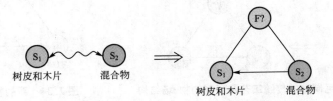

图 7.37　树皮和木片分开系统物-场的构建

这样就使广大的探求问题的范围大大缩小了，只需要研究几个解决方案就足够了。实质上，由于强作用场与弱作用场只能使本问题的解决复杂化，所以只剩下两个场即电磁场与引力场可供选择了。考虑到树皮和木片在密度上差别不大，所以亦可放弃引力场。这样只剩下电磁场了。但是因为磁场不作用于木片和树皮，所以必须进行"木片或树皮在电场中的行为表现"的实验。实验结果表明，在电场中树皮的微粒带负电，木片的微粒带正电。根据这一物理现象制造了分选机，把木片与树皮准确无误地分开，具体的物-场模型如图 7.38 所示。

假如说木片不带电，怎么办呢？在这种情况下，物-场构建规则亦有效。这时可以不考虑木片，可以认为该课题已给出一种可以分选的物质，只需要补物物-场就可以了，即给该系统增添一对"物与场"。比如说，在劈碎树干和树枝之前，往树皮上撒上铁磁性颗粒，在劈碎后利用磁场分选。该物-场模型如图 7.39 所示。

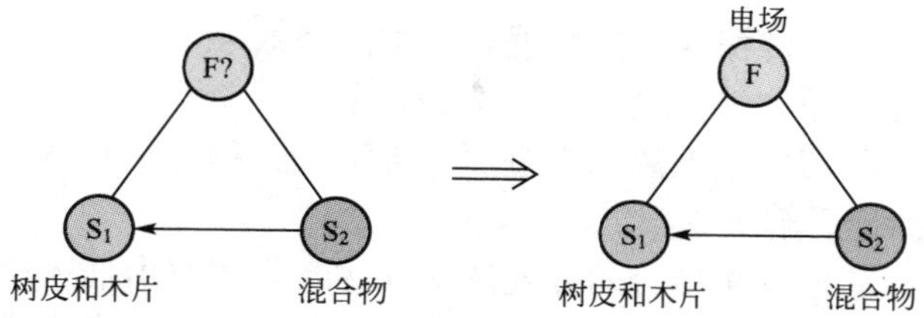

图 7.38 利用电场使树皮与木片分开

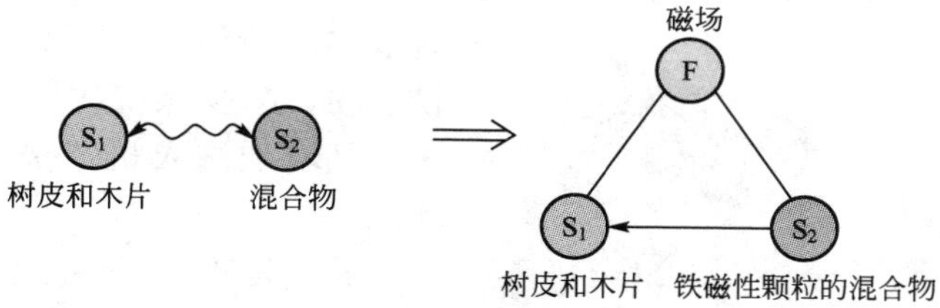

图 7.39 “带磁的”树皮分选系统物-场模型

例 7-18 洗衣机不易洗净问题。洗衣机的发明给人们的生活带来了方便，但是无论是滚筒洗衣机、波轮洗衣机还是搅拌洗衣机，洗衣机洗衣服时，衣服容易打结，也不容易洗干净，如何提高洗衣机的“洗净度”呢？现在用物-场分析的方法进行以下探讨。

第一步，识别元件。

根据洗衣机的工作情况确定相关的元件：S_1——衣服；S_2——洗衣粉或水；F——化学或机械。

第二步，建立物-场模型。

本问题属于第 3 类模型，是效应不足的完整模型。对应的模型如图 7.40 所示。

第三步，选择物-场模型的一般解法。

第 3 类模型：效应不足的完整模型，有 3 个一般解法：4、5、6。本问题选择的一般解法是 5 和 6。在模型中插入一种附加场以增加这种效应(清洗)是一种标准解。

第四步，进一步发展这种概念。

(1) 应用一般解法 5，增加另外一个场 F_2 来强化有用效应，如图 7.41 所示。通过系统地研究各种能量场来选择可用的场形式。

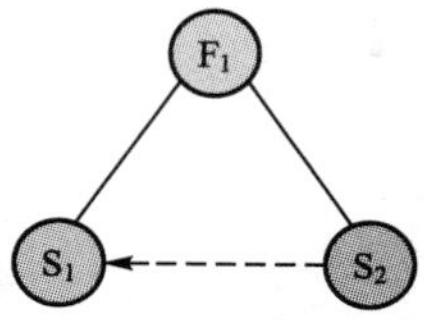

图7.40 洗衣机洗衣物-场模型

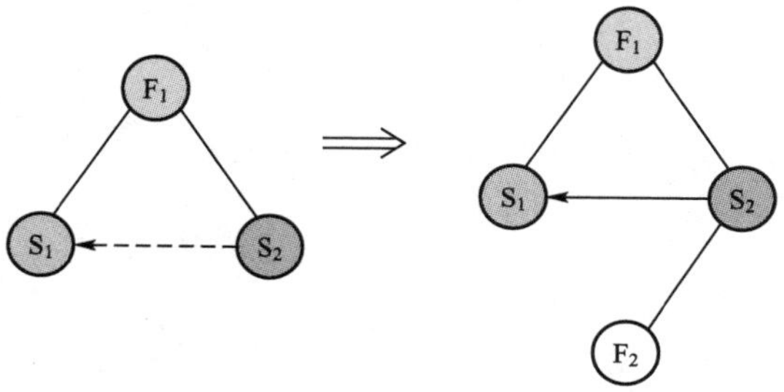

图 7.41 增加场 F_2 提高洗衣机洗涤效果

F_2——机械冲击力，利用超声波在衣物和电极间产生真空气泡，利用气泡破裂力洗涤衣物。

F_2——热冲击力，增加洗涤衣物的水温，增加洗涤效果。

F_2——化学冲击力，添加洗涤剂，增加洗涤效果。

F_2——电场击力，利用电场电离水，进而改善清洗过程。

（2）发展概念得到最后解决方案。

利用水电解或超声波振荡相结合的方式洗涤衣物，超声波由插入电极的两个陶瓷振动元件产生，在振动头前端与衣物之间不断形成真空部分，并在此产生真空气泡，真空气泡破裂时会产生冲击波，将衣物上的污垢去除。同时，通过电极将水或水中的盐电解，产生负氧离子、氢氧根离子，通过离子水的高渗透性以及离子对污渍、灰尘的分解和吸附作用，实现衣物的清洁。从而实现 TRIZ 理论不要洗衣粉，减少漂洗次数，减少对环境的危害，却增加洗衣机"洗净度"，如图 7.42 所示。

图 7.42　水电解洗衣机

研究发现，很多案例是先用矛盾矩阵方法来解决问题的，再用物-场分析是否存在有效、不足、过度、有害与尚未确定等问题；有些案例则是先用物-场来找到有害的效应，然后再用矛盾矩阵方法来解决问题；而达雷尔·曼恩认为有经验的使用者会先使用物-场来解决问题。

第**8**章
发明问题的标准解法

　　根里奇·阿奇舒勒在对大量专利的分析研究时发现，发明问题虽然很多，但是可以分为两大类：一类是标准问题；另一类是非标准问题。标准问题的物-场模型相同，同时解决方案的物-场模型也相同，因此可以根据技术系统进化法则确定系统改进的方向和解决问题的方法，这类问题可以在一、二步中快速获得解决。阿奇舒勒将这些针对标准问题的解决法则称为发明问题的标准解法。标准解法是根里奇·阿奇舒勒于 1985 年创立的，是针对标准问题而提出的解法，适用于解决标准问题并快速获得解决方案，标准解法是根里奇·阿奇舒勒后期进行 TRIZ 理论研究的最重要课题，同时也是 TRIZ 高级理论的精华之一。

　　标准解法也是解决非标准问题的基础，非标准问题主要应用 ARIZ（第 9 章将详细介绍）来进行解决，而 ARIZ 的重要思路是将非标准问题通过各种方法进行变化，转化为标准问题，然后应用标准解法来获得解决方案。

8.1　标准解法分类

　　发明问题标准解法共有 76 种，分成 5 级，各级中解法的先后顺序也反映了技术系统必然的进化过程和进化方向，每级中又分为数量不等的多个子级，共有 18 个子级，每个子级代表着一个可选的问题解决方向。5 级标准解法如下所示。

　　第 1 级：建立和拆解物-场模型。

　　创建需要的物-场模型或消除不希望出现的物-场模型的系列法则，每条法则的选择和应用将取决于具体的约束条件，包含 2 个子级 13 种标准解法。

　　第 2 级：强化完善物-场模型。

　　进行效应不足的物-场模型改善，以及提升系统性能但实际不增加系统复杂性的系列法则，本级包含 4 个子级 23 种标准解法。

　　第 3 级：向超系统和微观级转化。

　　继续沿着（第 2 级中开始的）系统改善的方向前进。第 2 级和第 3 级中的各种标准解法均基于以下技术系统进化路径：增加集成度再进行简化的法则；增加动态性和可控性进化法则；向微观级和增加场应用的进化法则；子系统协调性进化法则等。

第4级：检测和测量的标准解法。

此级专注于解决涉及测量和探测的专项问题，虽然测量系统的进化方向主要服从于共同的一般进化路径，但这里的特定问题有其独特的特性。尽管如此，第4级的标准解法与第1级、第2级、第3级中的标准解法有很多还是相似的，本级包含5个子级17种标准解法。

第5级：简化与改善策略标准解法。

此级包含标准解法的应用和有效获得解决方案的重要法则。一般情况下，应用第1～4级中的标准解法会导致系统复杂性的增加，因为给系统引入另外的物质和效应是极有可能的。第5级中的标准解法将引导大家如何给系统引入新的物质又不会增加任何新的东西。本级解法专注于对系统的简化，包含5个子级17种标准解法。

使用标准解法不仅可帮助问题解决者获得部分困难问题的高水平解决方案，而且还可以用来进行对各种各样的系统进化的有限预测，从而发现某些非标准问题的部分解，并进行改进以获得新的解法方案。

8.2 标准解法的构成

为了便于检索和应用，人们规定了标准的级、子级、解的编号方式："SN.M.X"，其中"S"表示"标准解"；"N"代表所属"级"，"M"表示所属"子级"；"X"表示解的"序号"。例如，"S3.1.5"表示为"标准解之第三级第一子级第五解"。标准解法的构成如下。

第1级 建立和拆解物-场模型

    S1.1 建立物-场模型

        S1.1.1 建立物-场模型

        S1.1.2 内部合成物-场模型

        S1.1.3 外部合成物-场模型

        S1.1.4 与环境一起的外部物-场模型

        S1.1.5 与环境和添加物一起的物-场模型

        S1.1.6 最小模式

        S1.1.7 最大模式

        S1.1.8 选择性最大模式

    S1.2 拆解物-场模型

        S1.2.1 引入 S_3 消除有害效应

        S1.2.2 引入改进的 S_1 或（和）S_2 来消除有害效应

        S1.2.3 排除有害作用

        S1.2.4 用场 F_2 来抵消有害作用

        S1.2.5 切断磁影响

第2级 强化完善物-场模型

    S2.1 向合成物-场模型转化

        S2.1.1 链式物-场模型

8.3 第1级标准解法：建立和拆解物-场模型

第1级主要是建立和拆解物-场模型，共2个子级、13种标准解法，详见表8-1。

表8-1 标准解法第1级

序号	编号	名 称	所属子级	所属级
1	S1.1.1	建立物-场模型	S1.1 建立物-场模型	第1级建立和拆解物-场模型
2	S1.1.2	内部合成物-场模型		
3	S1.1.3	外部合成物-场模型		
4	S1.1.4	与环境一起的外部物-场模型		
5	S1.1.5	与环境和添加物一起的物-场模型		
6	S1.1.6	最小模式		
7	S1.1.7	最大模式		
8	S1.1.8	选择性最大模式		
9	S1.2.1	引入 S_3 消除有害效应	S1.2 拆解物-场模型	
10	S1.2.2	引入改进的 S_1 或（和）S_2 来消除有害效应		
11	S1.2.3	排除有害作用		
12	S1.2.4	用场 F_2 来抵消有害作用		
13	S1.2.5	切断磁影响		

S1.1 建立物-场模型

S1.1.1 建立物-场模型

如果特定的物体对要求的变化没有反应（或几乎没有反应），而且问题描述中没有包含对引入物质或场的约束，则问题可以通过完整物-场模型引入缺失的元素来进行解决。模型如图8.1所示。

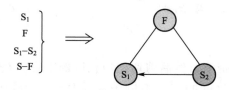

图8.1 建立物-场模型

📖例8-1 钉钉子。

钉钉子时如果只有钉子（S_1）则缺少工具（S_2）和力（F）；如果只有锤子则缺少加工对象（S_1）和缺少力（F）；如果只有钉子和锤子则缺少力（F），如图8.2所示。通过引入相关缺失

的物质和场建立完整的物-场模型(图8.3)

缺少工具和力　　缺少力和加工对象　　　　　　缺少力

图8.2　钉钉子示意图

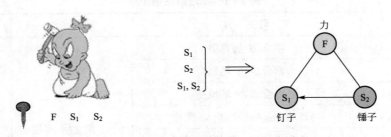

$$S_1$$
$$S_2$$
$$S_1, S_2$$

力
F
$$S_1$$　　$$S_2$$
钉子　　　　锤子

F　$$S_1$$　$$S_2$$

图8.3　钉钉子物-场模型

例8-2　离心法选矿。

由井下产出的矿物是由矿物(S_1)与矸石(S_2)混生的。为了提高选矿效率,利用离心力和重力的复合力场对矿物和矸石进行分选。矿物在复合力场中高速旋转,此时的离心力远大于重力,改变了传统跳汰机处理矿物按重力方向分层的情况,使细粒级轻重矿物横向按密度分层,在矿物分层方向上加入了鼓动水流的装置,使跳汰过程也垂直于重力方向进行,经过离心之后的矿物分层非常均匀,再加上大小冲程大冲次的跳汰水流,使细粒级的矿物得到了有效的回收。模型如图8.4所示。

家用离心式甩干机(图8.5)也是利用离心力(F)将衣物(S_1)和水(S_2)分离。本例中只有物质(S_1)和物质(S_2),没有场,通过引入离心力场实现了"两种"物质的分离。

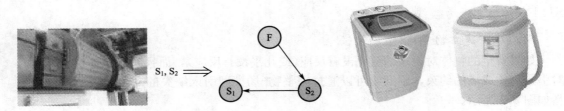

$$S_1, S_2 \Rightarrow$$

F
$$S_2$$
$$S_1$$

图8.4　离心法选矿的物-场模型　　　　　图8.5　家用离心式甩干机

例8-3　溶剂纸带。

通过将溶液分布在纸带上,然后剪切相应长度的纸带以获得需要的剂量,成功解决了生物化学溶液的微剂量分配问题。本例中,只有一个场和一种物质,缺乏第2种物质,建立物-场模型,并引入第2种物质——纸带。纸带化学溶剂的物-场模型如图8.6所示。

建立物-场模型经常有助于解决薄的、易碎的、易变形物体的加工问题。将这些物体暂时与第3种物质结合到一起,以在加工过程中形成所需要的强度和硬度。加工完成后,第3种物质通过挥发、分解等方式消失。

 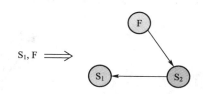

图 8.6 纸带化学溶剂的物-场模型

例 8-4 镍-铬合金薄壁管加工。

镍-铬合金薄壁管的生产过程需要经过系列模具来完成拉延工序，最后在真空中进行退火。为获得 0.002～0.003mm 精度要求的 0.0lmm 壁厚，最后的一道工序是在薄管中穿入一根铝棒来进行拉延加工的，加工完成后，用碱性溶液溶解掉铝棒。

例 8-5 橡胶球加工。

橡胶球通过成型完成制造，然后被放在一个型芯上进行橡胶硫化。这个型芯是由粉状的白垩粉和水的混合物干燥后制成的，在硫化完成后，用针头刺入球体并注射进去一种液体来溶解型芯，随后液体通过针头被抽走。

S1.1.2 内部合成物-场模型

如果特定的物体对要求的变化没有反应(或几乎没有反应)，而且问题描述中没有包含对引入物质或场的约束，则问题可以通过永久或暂时向内部合成物-场模型转化来解决。例如，引入 S_1 或 S_2 的添加物(S_3)来增加可控性，或给予物-场模型要求的特性，如图 8.7 所示。

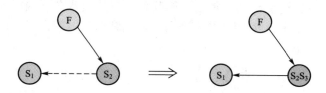

图 8.7 内部合成物-场模型

例 8-6 油轮有时会渗油而污染海洋，需要缴很重的罚款，为了准确查明海上的漏油属于哪艘油轮，在装油过程中在油中添加很少量的磁性物质(不同油轮加的物质有不同的特点)。这样根据油渍的取样分析就可以判断哪艘船漏油。漏油检测物-场模型如图 8.8 所示。

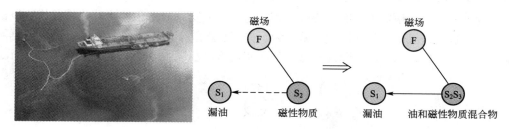

图 8.8 漏油检测物-场模型

例 8-7 火柴的包装。

如何保证火柴包装时，火柴头朝一侧，且很容易的装入火柴盒？在火柴头中添加磁粉，通过磁场进行火柴的装盒操作，如图8.9所示。

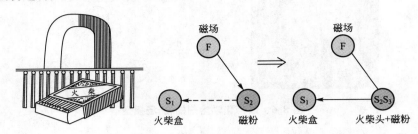

图8.9　火柴包装物-场模型

📖**例8-8**　油漆粘稠度的调节。

在喷漆时，油漆太黏，不好喷均，为了得到更好的喷涂效果，需要稀释油漆，在油漆中加入稀料。

📖**注释8-1**：有时，问题描述包括2种物质微弱地相互作用或压根没有场。从形式上看，因为所有的3个元素都在适当的位置，所以物-场模型是完整的，然而，这些元素不能表现为一个工作着的物-场模型。在这种情况下，最简单的"迂回"方法是引入附加物，给一种物质混合内部附加物或一种物质的外部附加物。

📖**注释8-2**：有时，同一个解法可用于建立物-场模型或创立合成物-场模型。

S1.1.3　外部合成物-场模型

如果特定的物体对要求的变化没有反应（或几乎没有反应），而且问题描述中已经有效应和引入已存在物质的 S_1 或 S_2 的添加物，则问题可以通过永久或暂时向外部合成物-场模型转化来解决。把 S_1 或 S_2 与外部物质 S_3 联系，以达到增加可控性，或给予物-场模型要求的特性，如图8.10所示。

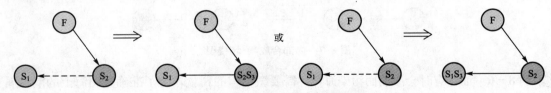

图8.10　外部合成物-场模型

📖**例8-9**　采煤机弧形挡煤板。

滚筒式采煤机的滚筒上焊有螺旋叶片和端盘，其上安有截齿。螺旋叶片将截齿割下的煤直接装到刮板输送机中，但装煤效率差。为了提高装煤效率，在滚筒一侧装有可以根据不同的采煤方向来回翻转180°的弧形挡煤板，从而实现落煤装煤一体化，模型如图8.11所示。

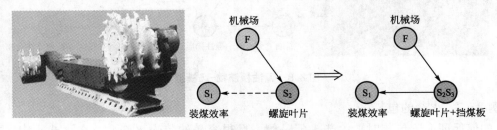

图8.11　采煤机弧形挡煤板

例 8-10 磁粉探伤。

煤矿机械等的铸件、锻件加工出来后，为了保证部件的结构强度，需要检测工件表面及近表面的缺陷。许多细小的缺陷很难检测，在工件表面均匀喷淋磁粉液，然后施加磁场，构建一个外部合成的物-场模型，利用铁受磁石吸引的原理进行检查，如图 8.12 所示。缺陷的部分表面所泄漏出来的泄露磁力会将磁粉吸住，形成指示图案。指示图案比实际缺陷要大数十倍，因此很容易便能找出缺陷，如图 8.12 所示。

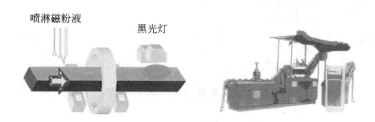

图 8.12　矿用圆环链磁粉探伤

S1.1.4　与环境一起的外部物-场模型

如果特定的物体对要求的变化没有反应（或几乎没有反应），而且问题描述中已经有效应和引入已存在物质和 S_2 的添加物以及外部物质 S_3，则问题可以通过建立以环境为添加物的物-场模型来解决。

例 8-11 潜水艇。

当潜水艇浮在水面上时，同时承受着来自地球自上而下的重力和来自海水对它的自下而上的浮力。倘若将环境中的海水大量地注入潜水艇中，一旦地球对潜水艇的重力克服了海水的浮力时，潜水艇就会开始下沉，如图 8.13 所示。

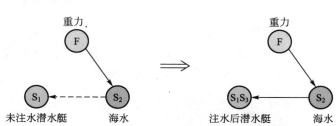

图 8.13　潜水艇物-场模型

例 8-12

转速离心测量仪由连杆和负荷组成，为减少测量仪的尺寸和重量，负荷做成机翼形，在转动中产生附加的升力。

S1.1.5　与环境和添加物一起的物-场模型

如果依据标准解法 S1.1.4，在环境中没有需要的物质来建立物-场模型，这种物质可以通过环境取代、分解、引入添加物等方法来获得。

例 8 - 13 哈勃望远镜。

利用望远镜在正常的环境下拍摄太空物体的图像很不清晰。倘若在太空中设置望远镜，由于完全改变了环境，致使望远镜的功能和清晰度大大提高，如图 8.14 所示。

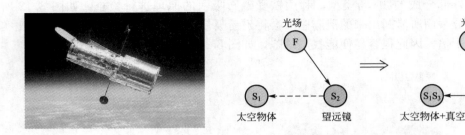

图 8.14 哈勃望远镜物-场模型

例 8 - 14 普通径向轴承阻尼特性的改善。

通过电解分解气化润滑剂，可以改善普通径向轴承的阻尼特性。

S1.1.6 最小模式

如果要求的是作用的最小模式(也就是标准的、最佳的)，但难以或不可能提供，推荐先应用最大模式，随后再消除过剩。过剩的场可以用物质来消除，过剩的物质可以用场来消除，如图 8.15 所示(过剩的作用使用双箭头来表示)。

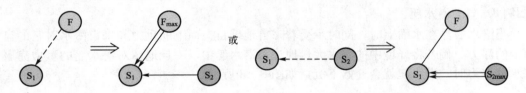

图 8.15 最小模式物-场模型

例 8 - 15 零件淬火。

为了保证内齿圈淬火后的公差，淬火前为零件预留较大的公差，为淬火预留变形量，当淬火后，再通过精磨达到理想公差，如图 8.16 所示。

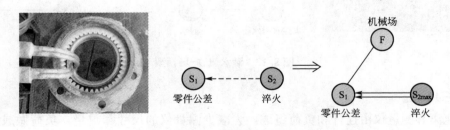

图 8.16 淬火零件公差物-场模型

例 8 - 16 磁发电机导体陶瓷板上涂强磁性导电材料。

首先向整个陶瓷板满喷上一层强磁涂料，随后将喷洒在凸面上的过量部分通过机械作用将其去除掉，最后只让在板槽中留下薄薄的一层强磁性导电材料，如图 8.17 所示。

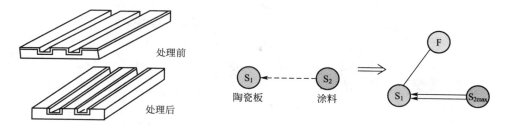

图 8.17 磁发电机导体陶瓷板上涂强磁性导电材料物-场模型

📖例 8 - 17 离心力抛掉多余的油漆。

为涂覆一薄层油漆，将产品浸入油漆来涂覆过厚的油漆层。然后快速旋转产品，借助离心力抛掉多余的油漆。

S1.1.7 最大模式

如果要求对物质（S_1）的最大作用模式，却因各种理由被阻止。最大作用可以被保留，但要直接作用在与原物质相连接的另外一个物质（S_2）上而保留下来，如图 8.18 所示。

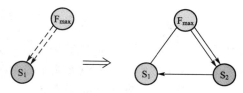

图 8.18 最大模式

📖例 8 - 18 焊接辐射防护。

焊接时产生的弧光辐射对焊接工人的眼睛有极大的伤害。然而为了保证焊接质量，焊接的弧光强度是不可能减弱的，焊接的工作又必须连续进行，为此，焊接工人使用保护面罩（中性滤光镜），过度的弧光（多余的场）被保护面罩（引入的添加物）消除掉了，如图 8.19 所示。

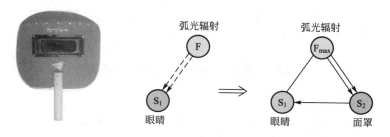

图 8.19 焊接辐射防护物-场模型

📖例 8 - 19 预压力钢筋的制造。

制造预压力钢筋，钢筋混凝土要求对钢筋进行预拉伸。为完成此工艺，先将钢筋加热到 700℃让其热膨胀，随后钢筋就会稳定在合适的位置。但是钢筋成分中的金属丝网格只能承受 400℃，超过这个温度后金属丝就会失去其特性。苏联专利提出用另一种可以承受高温的工具钢筋，与预拉钢筋连接起来，然后加热工具钢筋让其热膨胀，工具钢筋在冷却的时候会冷收缩，从而拉伸了钢筋。

S1.1.8 选择性最大模式。

如果要求一个选择性最大模式（图 8.20）（也就是，在选定区域最大模式，在另一个区域最小模式），则场应该是，最大情况下，将一种保护性物质引入到要求最小影响的所有地方；最小情况下，将一种可以产生局部场的物质引入到要求最大影响的所有地方。

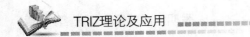

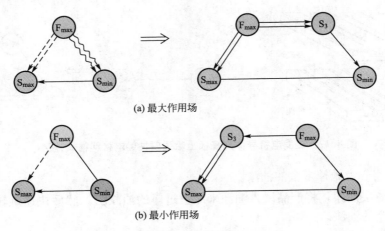

(a) 最大作用场

(b) 最小作用场

图 8.20　选择性最大模式

例 8 - 20　注射液玻璃瓶的尖口封口工艺。

　　制药厂生产中，注射液玻璃瓶的尖口封口工艺使用火焰来加热瓶口。火焰需要调整到最大功率来快速熔化玻璃并完成封口，而瓶身则浸在水中以抵消过剩的热量，以免药剂变热。这样，保证了只有瓶口部位的充分受热，如图 8.21 所示。

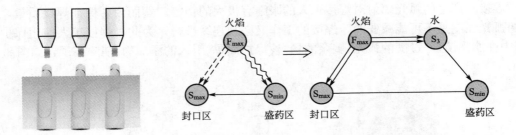

图 8.21　注射液玻璃瓶的尖口封口物-场模型

例 8 - 21　焊接金属零件散热。

　　焊接金属零件将发热混合料放入零件间的缝隙，可在焊接时释放出热量完成焊接。

S1.2　拆解物-场模型

S1.2.1　引入 S_3 消除有害效应

　　如果在物-场模型的 2 个物质间同时存在着有用和有害作用，而且物质间不要求紧密相邻，则可以通过在这 2 个物质间引入无成本的第 3 种物质 S_3 来解决问题，如图 8.22 所示。

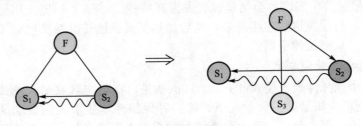

图 8.22　引入 S_3

例8-22 矿用电机车防滑。

轨道运输可以减少矿用电机车的运行阻力，但是也使得矿用电机车的爬坡能力下降，为了提高矿用电机车爬坡能力，在矿用电机车上设置砂箱。电机车运行时，通过砂箱往钢轨上散砂，增加摩擦力，如图8.23所示。

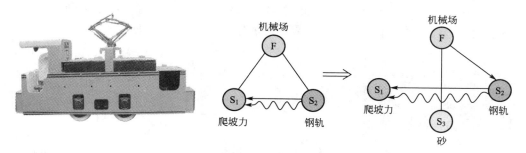

图8.23　齿轨卡轨车物-场模型

例8-23 爆炸气进行地下隧道墙壁加固。

利用爆炸气进行地下隧道墙壁加固时，产生有用功能的同时也产生了有害功能：爆炸气会导致墙面产生裂缝。通过钻孔装料并用泥浆封口，让压力分布均匀，避免裂缝的产生。

例8-24 冷弯管。

冷弯管要求一个特定的弯曲规，用杆来弯曲小于管子3倍直径的弯曲半径，杆上临时用弹性材料覆盖，比如聚亚安脂，如图8.24所示。

例8-25 易拆除包装。

某些产品通过浸入溶化的聚合物来进行包装。为达到容易拆除包装的目的，苏联专利建议，事先在产品表面覆盖一层易挥发的材料。

S1.2.2　引入改进的 S_1 或（和）S_2 来消除有害效应

如果物-场模型中的2个物质间同时存在着有用和有害的作用，而且物质间不要求直接相邻，可是问题的描述中包含了对外部物质引入的限制，则可以通过在这两种物质间引入第3种物质（S_3）来解决问题，第3种物质已存在物质的变异，如图8.25所示。

图8.24　冷弯管

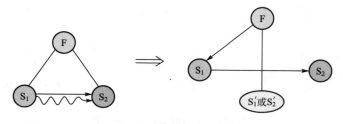

图8.25　引入改进的 $S_1{}'$ 或 $S_2{}'$

📖注释 8 - 3：S_3 可以从外部现成的物质引入系统，或者通过场 F_1 或 F_2 对已存在物质的作用获得。特定的空间、气泡、泡沫等都可看做 S_3。

📖例 8 - 26　高温焦炭的输送。

用带式输送机运输炙热的焦炭，效率高成本低，但是在运输过程中，由于焦炭温度高，胶带寿命很低，皮带频繁的坏损影响企业的连续生产。为了提高胶带的使用寿命，在传送带上铺设一层碎的焦炭，可以起到隔绝热的作用，如图 8.26 所示。

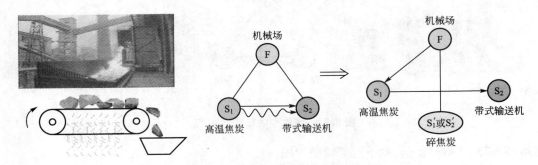

图 8.26　高温焦炭运输物-场模型

📖例 8 - 27　管道传送纸浆。

当纸浆通过管道传送时，会对管道壁产生磨损。减少磨损的方法是冷冻管道，在管道内壁产生一层冷冻的纸浆保护层。

S1.2.3　排除有害作用

如果消除一个场对物质的有害作用是可能的，则引入第 2 种物质来排除有害作用以解决问题，如图 8.27 所示。

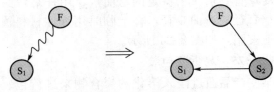

图 8.27　排除有害作用

📖例 8 - 28　漏电接地保护。

为了防止电器设备漏电造成对人的伤害，采取接地保护措施。

📖例 8 - 29　X 射线体检。

医疗上的 X 射线只需要照射在形成图片的某个特定的区域，但是产生 X 射线的射线管产生的是一束很宽的光束。为了防止 X 射线对病人身体的伤害，在病人身体前方放置一个铅屏，从而保护病人的其他部位不受到 X 射线的照射，如图 8.28 所示。

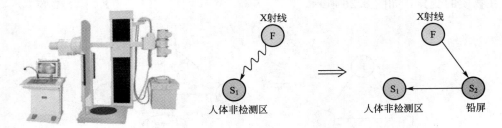

图 8.28　X 射线体检物-场模型

S1.2.4　用场 F_2 来抵消有害作用

如果物-场模型中的 2 种物质间同时存在着有用和有害作用，而且物质间不同于标准解法 S1.2.1 和 S1.2.3 那样，而是要求直接相邻，则可以通过建立双物-场模型来解决问题。有用作用通过场 F_1 实现，而第 2 个场 F_2 用来中和有害作用或将有害作用转化为另一个有用功能，在这 2 种物质间引入对已存在的物质改变后的第 3 种物质（S_3）来解决问题，如图 8.29 所示。

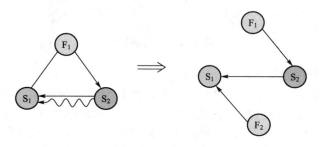

图 8.29　用场 F_2 来抵消有害作用

例 8-30　静电离子的气流辅助花人工授精。

使用强气流来实现花的人工授精，但是，强风会使花瓣闭合而影响授精。使用静电离子的气流，让花瓣相互排斥以保持开放状态，如图 8.30 所示。

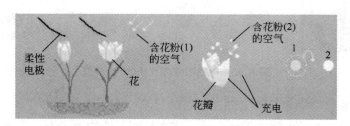

图 8.30　静电让花开放

例 8-31　高压线除冰。

冬季随着气温降低会在高压线上凝结很多冰，冰加重电线负担甚至会压断电线，形成断电事故，可以通过施加热场融冰，如图 8.31 所示。

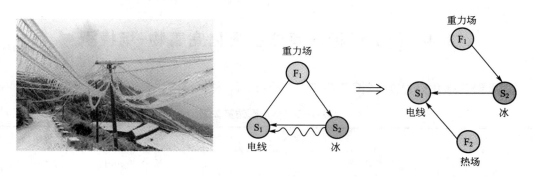

图 8.31　热场除冰物-场模型

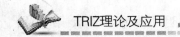
S1.2.5 切断磁影响

如果以磁场来拆解物-场模型是可能的，则可以应用切断物体铁磁特性的现象来解决问题。例如，应用冲击或加热到居里点以上的退磁现象，如图8.32所示。

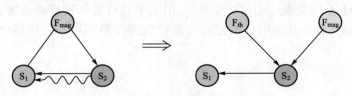

图8.32 切断磁影响

例8-32 电磁吸盘起重机。

用电磁吸盘的起重机运输铁质材料时，所需的能量直接与运输的距离和时间有关。为了减少所需的能量，可以通过永久磁铁来抓举货物。在释放货物时，只要通过激活一相反电场，产生所需要的负相位磁场，以抵消永久磁铁产生的磁场，从而使货物被释放。在突然停电的情况下，货物也不会掉下，非常安全，如图8.33所示。

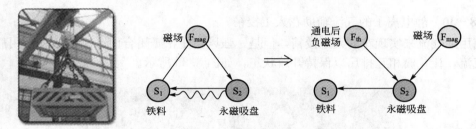

图8.33 电磁吸盘起重机物-场模型

例8-33 铁磁介质磨粒打磨工件。

含有磨粒的铁磁介质由旋转磁场驱动，用来打磨工件的内表面。为加强工件以铁磁材料制造的工艺，工件先加热到居里点以上。

例8-34 铁磁粉末焊接。

焊接铁磁粉末很困难，因为焊接电流产生的磁场会将粉末从工作区域"推开"。为克服这个缺点，预先将粉末加热到居里点以上再焊接。

8.4 第2级标准解法：强化完善物-场模型

第2级为强化完善物-场模型，共4个子级、23种标准解法，详见表8-2。

表8-2 标准解法第2级

序号	编号	名　称	所属子级	所属级
1	S2.1.1	链式物-场模型	S2.1向合成物-场模型转化	第2级强化完善物-场模型
2	S2.1.2	双物-场模型		

(续)

序号	编号	名　称	所属子级	所属级
3	S2.2.1	使用更易控制的场	S2.2 加强物-场模型	第 2 级强化完善物-场模型
4	S2.2.2	物质 S_2 的分裂		
5	S2.2.3	利用毛细管和多孔的物质		
6	S2.2.4	动态性		
7	S2.2.5	构造场		
8	S2.2.6	构造物质		
9	S2.3.1	匹配 F、S_1、S_2 的节奏	S2.3 通过匹配节奏加强物-场模型	
10	S2.3.2	匹配场 F_1 和 F_2 的节奏		
11	S2.3.3	匹配矛盾或预先独立的动作		
12	S2.4.1	预-铁-场模型	S2.4 铁-场模型（合成加强物-场模型）	
13	S2.4.2	铁-场模型		
14	S2.4.3	磁性液体		
15	S2.4.4	在铁-场模型中应用毛细管结构		
16	S2.4.5	合成铁-场模型		
17	S2.4.6	与环境一起的铁-场模型		
18	S2.4.7	应用自然现象和效应		
19	S2.4.8	动态性		
20	S2.4.9	构造场		
21	S2.4.10	在铁-场模型中匹配节奏		
22	S2.4.11	电-场模型		
23	S2.4.12	流变学的液体		

S2.1　向合成物-场模型转化

S2.1.1　链式物-场模型

如果必须强化物-场模型，可以通过将物-场模型中的一个元素转化成一个独立控制的完整模型，形成链式物-场模型来解决问题，如图 8.34 所示。

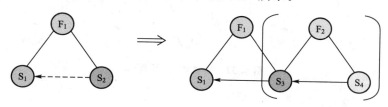

图 8.34　链式物-场模型 1

例 8 - 35 自动张紧刮板输送机。

刮板输送机的改向链轮起着刮板链改向的作用。由于链条由金属制成，刮板输送机运行过程中会出现链条松弛现象。由于链轮的多边形效应，会出现跳齿等事故。将机尾链轮转化成独立控制的完整模型，由可控液压缸根据刮板链所受到的动张力动态调整两链轮中心距，从而动态调整刮板链的张紧力，如图 8.35 所示。

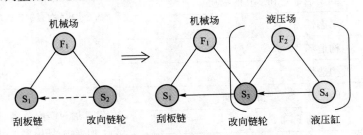

图 8.35　自动张紧刮板输送机物-场模型

例 8 - 36 炼钢工高温防护服。

为保护炼钢工免受高温的伤害，穿着用低导热材料制成的防护服，这在短时间内效果还是很好的，但经过一段时间后，衣服内外的温度达到平衡，其隔热效果就会明显下降。在防护服的外表面附设一个袋子，使普通的防护服转换为降温防护服。在袋子中插入充有可融化材料 14 烷和 16 烷的混合物，融点在 10～16℃之间。使用前，将其冷却到摄氏零度以下，以便混合物变成固相。待穿上身时，室外的高温透过相变材料后再作用到人体上，利用相变材料产生的吸热效应使防护服具有良好的降温效果，如图 8.36 所示。

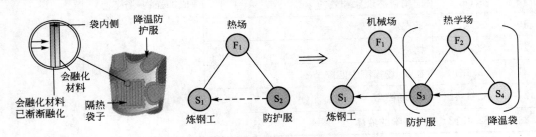

图 8.36　炼钢工高温防护服物-场模型

链式物-场模型可以通过将链接转化为完整物-场模型来建立。在这种情况下，将元素 $F_2 - S_3$ 引入 $S_1 - S_2$ 的链接中，如图 8.37 所示。

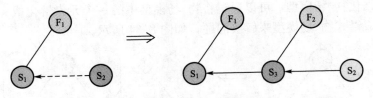

图 8.37　链式物-场模型 2

例 8 - 37 磁性液力联轴器。

联轴器由电磁铁环绕的内外转子组成。2 个转子的缝隙中装有在磁场下会变硬的磁性液体。如果关上电磁场，转子独立转动；如果开通电磁场，液体变硬后连接转子一起转动以传递转矩。

S2.1.2 双物-场模型

如果需要强化一个难以控制的物-场模型，而且禁止替换元素，可以通过加入第2个易控制的场来建立一个双物-场模型来解决问题，如图8.38所示。

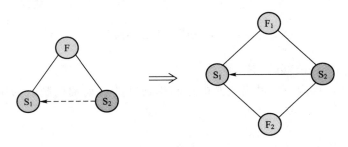

图8.38 双物-场模型

📖 **例 8-38** 太空中的孵卵器。

在太空中有着孵化小鸡的正常大气环境和温度，可以使孵卵器保持正常地工作，但唯一不足的是缺乏重力，致使小鸡无法发力。让孵卵器绕着轴心旋转，利用形成的重力附加场，小鸡就可以顺利地出生在太空上了，如图8.39所示。

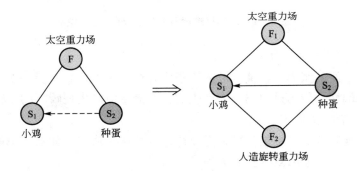

图8.39 太空孵化器物-场模型

📖 **例 8-39** 浇包中钢水静压的控制。

因为流体静压随着浇包中钢水多少而变化，所以从浇包向外浇注钢水的过程比较难以进行控制。通过控制浇嘴上的金属高度，并使用电磁场转动浇包中的钢水，从而获得对流体静压的控制。

📖 **例 8-40** 轮胎与地面的附着度。

为了提高轮胎与地面的附着度，不仅利用了汽车的自重，还获得了特殊胎面的花纹的帮助：气体从胎面花纹的凹面处挤出，借助已经形成的真空，外胎就像粘在了地面上一样。

S2.2 加强物-场模型

S2.2.1 使用更易控制的场

物-场模型可以通过使用更易控制的场来替换不能控制或难以控制的场而得到加强，

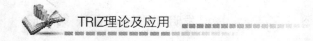

比如用机械场替换重力作用，用电场替换机械作用，如图 8.40 所示。

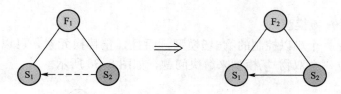

图 8.40　使用更易控制的场

📖例 8－41　内燃机进出气阀的控制。

为提高可控性，将内燃机进出气阀的运转由通常的转动轴控制改为用电磁铁来控制，如图 8.41 所示。

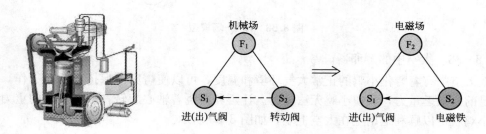

图 8.41　内燃机进出气阀的控制物-场模型

📖例 8－42　液体表面的张力测量。

为测量液体表面的张力，将液体放入管子中并给一头加压直至另一头液滴出现。为增加这种方法的准确性，压力是由离心力产生的，并测量液滴出现瞬间的旋转速度。

📖例 8－43　电解液的清洁。

电解液在阳极溶解生产中被污染，需要通过过滤法来清洁。如果让电解液在进入工作间隙前先经过静电场，清洁效果将大大提升。

S2.2.2　物质 S_2 的分裂

通过加大物质 S_2（工具）的分裂程度，可以加强物-场模型，如图 8.42 所示。

图 8.42　物质 S_2 的分裂

📖例 8－44　"针式"混凝土。

用钢丝代替标准的钢筋混凝土中常用的较粗钢筋，可以制造出"针式"混凝土，使其结构能力获得了增强，如图 8.43 所示。

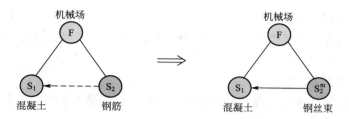

图 8.43 "针式"混凝土物-场模型

📖**例 8 - 45** 活塞或球分离器。

活塞或球分离器用来分离流过单一管道的不同液体，分离器会产生一些问题，如管道的快速磨损、阻塞等。在 2 种液体接触区引入具有 2 种液体平均密度的小子弹（直径 0.3～0.5mm）颗粒。

S2.2.3 使用毛细管和多孔的物质

一种特别的物质分裂形式是从固体物转化到毛细管和多孔物质。将根据图 8.44 所列的路径进行转化。

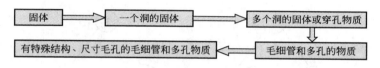

图 8.44 转化路径

随着物质根据这些路径的发展，将液体放入孔或毛孔中的可能性也在增长，也可以应用自然现象，如图 8.45 所示。

图 8.45 使用毛细管和多孔的物质

📖**例 8 - 46** 海绵头胶水。

胶水瓶头一旦改用多孔的毛细管束（海绵）瓶头后，可以明显地提高胶水涂布的质量和效率，如图 8.46 所示。

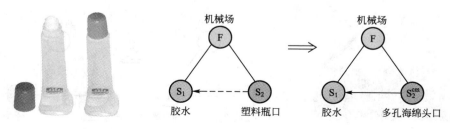

图 8.46 海绵头胶水

例 8 - 47　重型机器基座。

为给基座上的重型机器提供平稳的压力,将基座建在一个平坦的、充满液体的密闭容器上。

例 8 - 48　防火护罩设计。

一种防火护罩设计成充满颗粒的格栅状。为增加防护的有效性,这种颗粒用易熔化的材料制成,而且颗粒芯中填满了灭火材料。

例 8 - 49　可以吸焊锡的电烙铁。

烙铁尖不是实体而是毛细管状,在修理时可以吸出焊锡。

例 8 - 50　低压下挤压头润滑剂的传送。

挤压头由具有工作槽的机体组成,槽上具有多孔渗水的内层来传送润滑剂到槽中。为传送低压下的润滑剂,内层由 2 层材料组成,外层的毛孔大于内层的毛孔。

S2.2.4　动态性

对于效率低下的系统,其物质是具有刚性的、永久的和非弹性的,可通过提高动态化的程度(向更加灵活和更加快速可变的系统结构进化)来改善其效率,如图 8.47 所示。

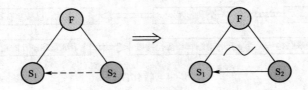

图 8.47　增加物-场模型的动态性

动态性进化的路径如图 8.48 所示。

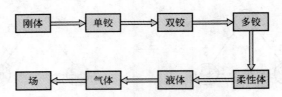

图 8.48　动态性进化的路径

例 8 - 51　舰载机。

舰载机机翼安装铰链结构后,可以动态改变机翼大小,在飞机从航母甲板上起飞时机翼全部展开,增加升力,当返回着陆后,机翼折叠可以减少飞机的占地面积,增加航母的飞机容量,如图 8.49 所示。

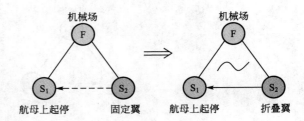

图 8.49　舰载机物-场模型

📖**例 8 - 52** 可移动座椅。

为了便于椅子的移动，在椅子下面安装滚轮，增加椅子的动态性能，移动更灵活，如图 8.50 所示。

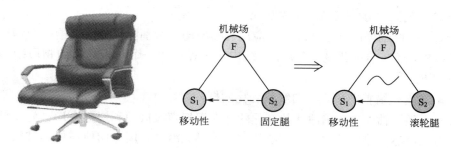

图 8.50 可移动座椅物-场模型

📖**例 8 - 53** 汽车无级变速。

汽车的变速从有级变速向无级变速演变，使汽车的变速更为平稳和连续，动态性能更好。

📖**注释 8 - 4**：物质 S_2 的动态性最常见的是分裂到两个铰链部分。随后动态性沿着以下路径变化：单铰链→多铰链→柔性的 S_2。

📖**注释 8 - 5**：场 F 动态化最容易的途径是将场或与 S_2 一起的持续作用用脉冲作用模式来替代。特别的，系统动态化可通过应用一级相变或二级相变来达到有效提升。

S2.2.5 构造场

通过使用异质场或持久场或可调节立体结构替代同质场或无组织的场，来加强物-场模型，如图 8.51 所示。

图 8.51 构造场

📖**例 8 - 54** 超声波焊接。

超声波焊接时，为了确定焊接的位置，在焊接区域内安装一个调谐装置，利用调节元件将振动定向集中到一个很小的面积上，产生区域振动，根据位置不同确定振动频率，如图 8.52 所示。

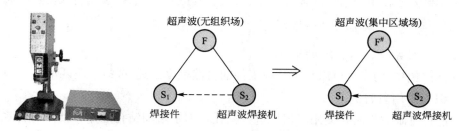

图 8.52 超声波焊接物-场模型

📖**例 8 - 55**　多种粉末的混合。

给各种粉末颗粒分别带上相反的电荷并放置在非均匀电场轮换层中，从而增加多种粉末的混合均匀效果。

📖**例 8 - 56**　气流中分解细微磁性粉状粒子。

从气流中分解细微磁性粉状粒子，应用异类磁场。特别的，如果需给一个物质授予特殊的立体结构，不能合并进物-场模型，结构化过程可在一个对应需求的物质结构的有结构的场中予以实现。

📖**例 8 - 57**　直径沿轴向呈正弦曲线状变化的杆。

为形成直径沿轴向呈正弦曲线状变化的杆应用超声波振动和塑性变形：先将杆加热到材料呈现塑性，然后迫使杆随着超声波频率振动形成沿杆长度方向所需的驻波。如果需要重新分配能量以达到聚焦能量或创建不能应用场的区域，建议选用驻波。

📖**例 8 - 58**　微小吸液管的磨尖方法。

微小吸液管的磨尖方法中要求将吸液管相对于基面放置所要求的角度，在基面上加研磨粉，对吸液管尖进行研磨加工。使用驻波将研磨剂排列在滚筒内，将微小吸液管的末端伸进滚筒完成加工。本标准解法 S2.2.5 经常与标准解法 S1.2.5（切断磁影响）一起使用。

📖**例 8 - 59**　铁素体制造产品。

用铁素体制造产品的方法中使用的复合磁路需要压塑成板，然后烧结并处理非工作区域。为增加产品的机械强度，非工作区域由经过过热而丧生磁性的铁素体组成。

S2.2.6　构造物质

通过使用异质物质、固定物质或可调节立体结构替代同质物质或无组织物质，以加强物-场模型，如图 8.53 所示。

图 8.53　构造物质

📖**例 8 - 60**　制作有定向多孔的耐火材料。

为制作有定向多孔的耐火材料，将耐火材料沿着丝绸线径成型，随后将丝绸线烧掉。特别的，如果需要在系统指定的地方、点、线上获得强热，推荐事先引入发热物质。

S2.3　通过匹配节奏加强物-场模型

S2.3.1　匹配 F、S_1、S_2 的节奏。

物-场模型中的场作用可以与工具或工件的自然频率匹配（或故意不匹配）。

📖**例 8 - 61**　矿用凿岩机。

煤矿进行打眼放炮时，使用凿岩机进行钻孔，为了增加钻孔效率，使用脉冲频率与岩层的固有频率相同，如图 8.54 所示。

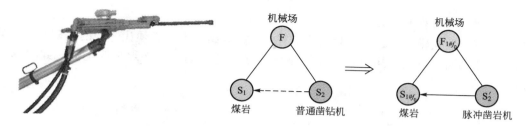

图 8.54　矿用凿岩机物-场模型

📖**例 8 – 62**　超声波破碎人体结石。

将超声波的频率调整到结石的固有频率，使得结石在超声波作用下产生共振，结石就能被振碎，如图 8.55 所示。

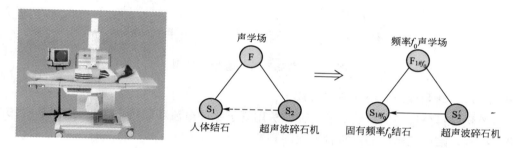

图 8.55　超声波人体碎石物-场模型

📖**例 8 – 63**　与心跳同步的按摩机。

人在浴盆中，连在浴盆壁内的振动膜依据入浴者身上传感器传来的心跳信号来产生浴盆内液体或浴液的压推力。

📖**例 8 – 64**　大幅振动下的密封。

为使大幅振动下的一个平面与几个密封套的密封可靠，可使用具有不同的且不可分离的固有频率的各密封套。

S2.3.2　匹配场 F_1 和 F_2 的节奏

合成物-场模型中所使用的场的频率可进行匹配或故意不匹配。在使用了 2 个场的复合物-场模型中，利用协调场与场的固有频率来完成所需的功能或要求的特性来达到增强系统的功能效率或可控性，或可以用相同振幅，相位相差 180° 的频率信号消除振动和噪音，如图 8.56 所示。

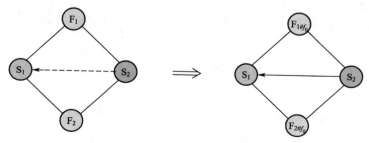

图 8.56　匹配场 F_1 和 F_2 的节奏

📖**例 8 - 65** 强磁矿石分选。

在进行分选强磁成分的矿石时，为了有效提高分离效果，必须让坚硬的磁矿石同时置于磁场和振动两个场的作用下，且连续磁场的强度与振动频率必须是匹配的，如图 8.57 所示。

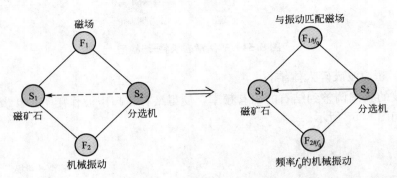

图 8.57 强磁矿石分选物-场模型

📖**例 8 - 66** 将粉状材料分布到电荷层上。

将粉状材料分布到电荷层上的一种方法用到了脉冲电流和磁场。为保证材料强度并获得窄层结构，磁场是脉动的以符合电流的频率。

S2.3.3 匹配矛盾或预先独立的动作

如果 2 个动作是矛盾的，比如生产和测量，一个动作必须在另一个动作停止时进行。一般而言，这个停止间隙可以用另一个有用动作来填补。

📖**例 8 - 67** 人工冲压。

冲压零件时，需要冲压工人手工移动冲压零件和板材，过去常发生压到工人手臂，发生伤害事故，为了防止工人受伤，匹配矛盾，工人手必须放到工作台边侧，冲头才可以冲压。

📖**例 8 - 68** 接触式点焊的自动热循环控制。

接触式点焊的自动热循环控制是基于测量热电动势来完成的。为改进高频脉冲焊接中的控制精度，热电动势的测量是在焊接电流的两个脉冲之间完成的。

📖**例 8 - 69** 在固定面轧制金属板。

当金属板在固定面上轧制时，在纵轧间隙进行横向的部分轧制(以增加宽度)。

📖**例 8 - 70** 零件的电化学工艺。

零件的电化学工艺必须连同电流感应热一起使用脉冲电流。为提高生产率，在脉冲电流的间隙形成热。

S2.4 铁-场模型(合成加强物-场模型)

S2.4.1 预-铁-场模型。

同时利用铁磁物质和磁场加强物-场模型，如图 8.58 所示。

📖**例 8 - 71** 用磁铁代替图钉张贴海报。

通常用图钉或胶带将海报贴到墙面上，无论对墙面或海报都会造成伤害，可采用小磁铁来代替图钉或胶带，问题就能迎刃而解，也方便多了。但是张贴海报的墙面必须是铁磁表面，如图8.59所示。

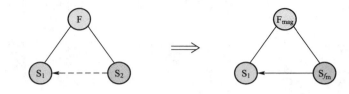

图8.58 预-铁-场模型

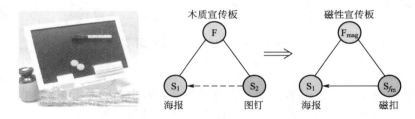

图8.59 磁铁代替图钉张贴海报物-场模型

📖**例8-72** 排水管防错位。

安装排水系统的一种方法中同时包括挖沟，安装水管，用填充料密封接口，回填土等工程。为避免水管间产生错位，事先用磁化的铁磁物质覆盖排水管的端面和填充料。

📖**例8-73** 进料器。

生产空气-粉末混合物的进料器由带有降压喷嘴的密封容器、空气和排气管、混合室、喂料装置所组成。工作头是柔性的铁磁零件，喷嘴用顺磁性的物质制作并放置在容器和混合室之间。柔性零件由放置在喷嘴周围的、连续加强的电磁石来进行驱动。

📖**注释8-6**：本标准解涉及铁磁物质，所以只好以预-铁-场模型作为铁-场模型的中间步骤。

📖**注释8-7**：解法也可用于合成物-场模型，也可用于与环境一起的物-场模型。

S2.4.2 铁-场模型

为加强系统的可控性，建议用铁-场模型取代物-场模型或预-铁-场模型。这么做，铁磁颗粒可以替换（或加入）模型中的一种物质，且可以应用磁场或电磁场。碎片、颗粒、细粒等都可以视为铁磁颗粒。控制效率将随着铁磁颗粒的分裂程度的加剧而增加。因此，铁-场模型的进化遵循下列路径：颗粒→粉末→铁磁微粒。控制效率也沿着与铁磁粒子包含的物质相关的路径增加：固体物质→颗粒粉末→液体。铁-场模型如图8.60所示。

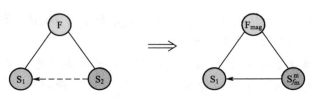

图8.60 铁-场模型

例 8-74 磁性飞镖。

针式飞镖使用时间长会把箭靶扎烂，使用无针磁性飞镖替代针式飞镖，箭靶使用磁性材料填充制作，可以达到多次使用而不会损毁箭靶的目的，如图 8.61 所示。

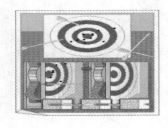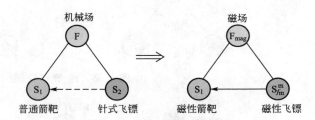

图 8.61　磁性飞镖物-场模型

例 8-75 吸油晶体。

正在行驶的油船一旦出现事故，大量的油会流入海中。为了及时将油去除，通常是将疏松的晶体抛洒在受污染的油面上，以此来有效地吸除油污。但这些晶体颗粒彼此不能相互吸附，很容易被风或波浪吹散，极大地影响晶体的吸附效果。在晶体中添加磁化颗粒，使晶体之间由无效作用转换为相互吸附的有效作用，用来抑制油污面积的向外扩散。

例 8-76 增加喷雾器气雾剂的分散度。

喷雾器由存放待雾化液体的容器、供料器、排气管、一个与高压电源连接的电极所组成。为增加气雾剂的分散程度并简化喷雾器的使用，用线圈环绕容器并将磁化的铁磁物质颗粒放在容器中。

例 8-77 防止鱼塘结冰。

为防止鱼塘结冰，鱼塘表面覆盖一层用防水颗粒、热隔离的、比水轻的材料制成的抗热层。为增加可靠性，即防止水流冲走抗热层——颗粒用金属隔离铁磁材料制作，抗热层放在反向的磁场之间。

例 8-78 气体过滤器阀。

电磁控制的气体过滤器由与输入输出连接器相连的环状气槽、电磁石、阀组成，为增加可靠性和简化设计，阀用铁磁粉末制成并放置在气槽内相连的 2 个网状过滤器之间。

例 8-79 电磁场密封。

一种临时关闭管道的方法是经过加入一种凝固混合物来产生气体密封。为改善这种方法的效力，事先将具有铁磁特性的分散吸附剂加入混合物，在管道的特定区域应用电磁场并形成密封。

注释 8-8：铁-场模型的转化可当作以下 2 个标准解法的接合点。标准解法 S2.4.1 预-铁-场模型、标准解法 S2.2.2 物质 S_2 的分裂。

注释 8-9：物-场模型转换到铁-场模型，重复了进化的完整周期。但处在一个新的水平上，因为铁-场模型更可控和有效。子组 S2.4 中的所有标准解法可看做是子组 S2.1～S2.3 标准解法的正常顺序的修改。将铁场模型放在一个单独组，至少可以由这些解决问题模型的关键重要性，来证明标准解法系列在进化的这个阶段是恰当的。此外，铁-场模型的进化次序是一个分析物-场模型进化正常顺序和预测其未来发展的方便的研究工具。

S2.4.3　磁性液体

磁性液体也称磁流体，是铁磁颗粒悬浮在煤油、硅树脂或者水中等而形成的一种胶质溶液。标准解法 S2.4.3 可认为是标准解法 S2.4.2 进化的终极状态。

物质包含铁磁材料的进化路径：固体物质→颗粒→粉末→液体。系统的控制效率将随着铁磁材料的进化路径而增加。

例 8-80　磁流体密封。

对于水泵等旋转类机械，存在密封问题。如果减小密封间隙，则摩擦阻力增大；如果增大密封间隙，则密封效果不好，零件磨损加大。为了增加密封效果，同时减少运行阻力，采用磁流体密封，在旋转轴与极靴间填充磁流体，并加磁场，实现小阻力密封，如图 8.62 所示。

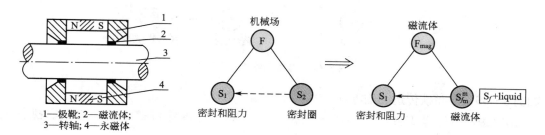

图 8.62　磁流体密封物-场模型

例 8-81　管道低黏度减压层。

为减小管道中的压强，在贴近管壁处形成一层低黏度液体。为降低黏度液体的消耗，应用磁性液体，并沿管道放置磁铁。

S2.4.4　在铁-场模型中应用毛细管结构

如果已经存在着铁-场，但其效率不足，可将固体结构的物质改为用毛细管或多孔结构或毛细管与多孔一体结构的物质。

例 8-82　毛细管多孔一体过滤器。

在两个磁体之间建造一个铁磁材料的过滤器，由磁场控制铁磁材料的阵列。用包含磁性粒子的毛细管（散纤维）和多孔一体制造的可逆过滤器替代用磁性粒子制作，具有散纤维过滤器的渗透能力，并优化了系统的可控性。

例 8-83　波动焊接。

波动焊接装置由覆盖了一层铁磁颗粒的磁性圆柱体制成，主要目的是消除过度焊接。圆柱体是有孔的以实现从内孔来供应助焊剂。

S2.4.5　合成铁-场模型

如果系统可控性可以通过转化到铁-场模型得到加强，而且禁止使用铁磁粒子代替物质，转换可通过给一个物质引入附加物，创建内部或外部的合成铁-场模型来实现，如图 8.63 所示。

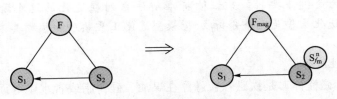

图 8.63　合成铁-场模型

例 8-84　使药物送入人体需要的部位。

为了使药物分子精确地到达需要它的身体部位，把磁性分子附着在药物分子上，在患者周围用外部的磁体排列引导药物到达需要的部位，如图 8.64 所示。

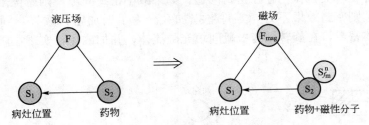

图 8.64　磁性药物物-场模型

例 8-85　电磁铁传送无磁零件。

用电磁铁可传送零件。为传送无磁性零件，事先将零件覆盖上易流动的、磁性的物质。

S2.4.6　与环境一起的铁-场模型

如果系统可控性可以通过转化到铁-场模型得到加强，而且禁止使用铁磁粒子代替物质，又禁止引入附加物，可将铁磁粒子引入环境。系统控制通过应用磁场改变环境参数得以实现(参照标准解法 S2.4.3)，如图 8.65 所示。

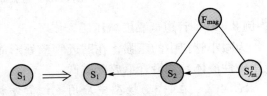

图 8.65　与环境一起的铁-场模型

例 8-86　减少机械振荡的衰减时间。

机械振荡可通过在磁极间移动一个金属的、无铁磁性的元件来进行衰减。为减少衰减时间，在磁极和金属元件的间隙中充满磁性液体。磁场的牵引力可根据振荡幅度进行调整。特别的，如果一个系统利用了漂浮物(或者系统零件是漂浮物)，可以在液体中引入铁磁粒子，通过改变磁场来控制其"虚拟密度"。另一个控制办法是让电流通过液体并且使用电磁场。

例 8-87　焊接装置工作台移动速度的增加。

焊接装置包括一个旋转工作台和一个放在盛放液体的与工作台连接的浮动装置。为增加工作台的移动速度，液体中混合了铁磁混合物并且容器上环绕着电磁线圈。

S2.4.7　应用自然现象和效应

铁-场模型的可控性可以通过利用某些自然现象和效应来加强。

例 8 - 88　磁放大器。

为提高磁放大器的测量灵敏性，放大器的磁心是加热的。为降低磁干扰，磁心的绝对温度保持在其居里点的 $0.92 \sim 0.99$，以利用霍普金斯效应。

S2.4.8　**动态性**

铁-场模型可以通过动态性来加强，即通过转向柔性的、可更改的系统结构，如图 8.66 所示。

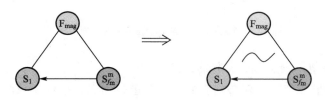

图 8.66　动态性

例 8 - 89　提高无磁性产品窟窿壁厚测量的准确性。

测量无磁性产品窟窿壁厚的设备，包括作为测量仪器的感应换能器和放在洞壁两侧的铁磁零件。为增加测量的准确性，铁磁零件做成覆盖铁磁薄膜的可膨胀弹性壳状。

S2.4.9　**构造场**

通过使用异质的或结构化的场代替同质的松散的场，以加强铁-场模型，如图 8.67 所示。

图 8.67　构造铁-场模型

例 8 - 90　塑料零件的磁成型方法。

一个塑料零件的磁成型方法使用加热到居里点以上、处于最小伸张的适当状态的铁磁粉制成的模具，如图 8.68 所示。

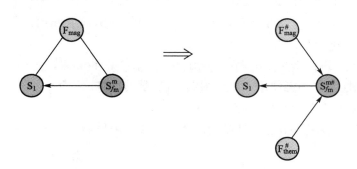

图 8.68　塑料零件的磁成型方法物-场模型

特别的，如果一种物质可以在空间上构造成（或可变成）铁-场模型的一部分，构造可在相应结构的场中得以实现，如图 8.69 所示。

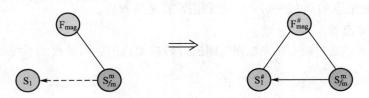

图 8.69　空间上构造铁-场模型

例 8 - 91　改善塑料表面形成突起的工艺。

为在塑料表面形成突起，对塑料表面层需要进行加热、拉伸、冷却。为改善此工艺的生产率和可控性，将铁磁粒子引入塑料表层，此层随后熔化，通过使用电磁场吸取铁磁颗粒来获得延伸的突起。

S2.4.10　在铁-场模型中匹配节奏

通过匹配系统元素的节奏来强化预-铁-场或铁-场模型。

例 8 - 92　降低粒子间的粘附和改善混合物分离效率。

磁场中的振动被用来分离混合物。为降低粒子间的粘附和改善分离效率，磁场的使用是与振动反向的。

S2.4.11　电-场模型

如果引入铁磁粒子或磁化一个物体是困难的，则利用外部电磁场与电流的效应或者 2 个电流之间的效应。电流可以由与电源的电接触产生或者由电磁感应产生。

例 8 - 93　改善从金属中提取无磁性部分的可靠性。

为改善从金属中提取无磁性部分的可靠性，将其放置在一个磁场中，并且使一个电场从垂直于磁场的方向穿过。

注释 8 - 10：铁-场模型是一个有铁磁粒子的系统模型，电场模型是其中有电流作用或互相作用的模型。

注释 8 - 11：电-场模型及铁-场模型的进化遵循的一般路径是：简单的→合成的→与环境共同的→动态的→构成的→匹配的电-场模型。在关于电场模型的信息积累后，需要进行分析，如果有理由可分解出描述铁-场模型应用的一组特殊标准解。

注释 8 - 12：应用铁-场模型的标准解是由 Igor VikenSyev 提出的。

S2.4.12　流变学的液体

一种特别的电-场模型是用电场控制粘度的电-流变学的液体，比如甲苯与细石英粉的混合物。如果磁性液体不能使用，可应用电-流变学的液体。

例 8 - 94　电-流变学液体阻尼器。

一种用电场控制粘度的电-流变学的液体，被用做阻尼器。

8.5 第3级标准解法：向超系统或微观级转化

第3级共2个子级、6个标准解，主要是向超系统或微观级转化，详见表8-3。

表8-3 标准解法第3级

序号	编号	名　　称	所属子级	所属级
1	S3.1.1	系统转化1a：创建双、多系统	S3.1 向双系统和多系统转化	第3向超系统或微观级转化
2	S3.1.2	加强双、多级系统间的链接		
3	S3.1.3	系统转化1b：加大元素间的差异		
4	S3.1.4	双、多系统的简化		
5	S3.1.5	系统转化1c：系统整体或部分的相反特征		
6	S3.2.1	系统转化2：向微观级转化	S3.2 向微观级转化	

S3.1 向双系统和多系统转化

S3.1.1 系统转化1a：创建双、多系统

处于任意进化阶段的系统性能可通过系统转化1a，系统与另外一个系统组合，从而建立一个更复杂的双、多系统来得到加强。

注释8-13：建立双、多系统最简单的途径是组合2个或多个物质 S_1 或 S_2 建立一个双物质或多物质的物-场模型。

注释8-14：标准解法S2.2.1也可以当作向多系统的转化，虽然它更适合当作增加多系统的级别，这是"矛盾统一规律"的一个很好例证，既分解又合成通向双、多系统的建立。

例8-95 双滚筒采煤机。

单滚筒采煤机采煤效率低，为了增加采煤效率，设置左右双滚筒，增加产量，如图8.70所示。

例8-96 减小单层玻璃破损量。

加工薄玻璃板零件前，先将玻璃堆叠成块再加工，比单层加工的破损量要小。多系统的主要特征是，当创建多系统的时候，也创建一个具有性能特征的特别内部介质。本例通过引入胶水为内部介质不仅加强玻璃板的"和"，而且提供联合的"块"。用胶水

图8.70 双滚筒采煤机

涂在单块玻璃板上不能得到任何东西。一块玻璃板的强度可以根据标准解法S1.1.3将其放入一大块硬胶水中来得到加强，但增加加工的成本，也降低了生产率，如图8.71所示。

双、多系统的另一个特征是多级处理。

例8-97 多级矿用水泵。

为了提高水泵的扬程，串入多级叶轮，经过多级加速，泵出口水的扬程加大，如图8.72所示。

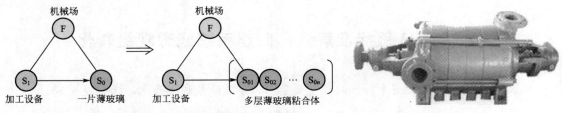

图 8.71　薄玻璃加工物-场模型　　　　　图 8.72　多级矿用水泵

📖注释 8-15：创立双、多系统，创立具有多重的场和物质的系统也是可能的。有时物-场模型对是增加的；有时整个物-场模型是增加的。

📖注释 8-16：以前，向超系统的转化被认为是系统的最终进化阶段。设想系统潜能首先在自己的水平上消耗殆尽，然后转换到超系统去。可是，据掌握到的很多信息表明这个转化可在进化的任意阶段发生。此外，未来的进化遵循 2 条路径：建立的超系统在进化，原系统也在进化中。化学中的某些事物可看做是相似的：一个更复杂的化学元素通过新的电子轨道的产生而形成，也可通过不完整内部轨道的填充而获得。

S3.1.2　加强双、多系统内的链接

双、多系统可以通过进一步强化元素间的链接来加强。

📖注释 8-17：最新的创建双、多系统经常有一个所谓的"零的链接"（由 A. Timoshchuk 提出），也就是说，它们呈现一堆没有链接的元素。强化元素间的链接是一个进化趋势；另一方面，最新创建系统中的元素有时通过刚性链接进行连接，在这种情况下，进化的趋势遵循链接的动态性。

强化链接的例子如下所示。

📖例 8-98　多路电气线路板的安装。

多路电气线路板的安装用多系统替代单一系统，将单一系统的一组导线改编成线束，导线的线束占据了最小的空间，大大提高系统的可操作性，并可为各个电气线路的维修提供了方便，如图 8.73 所示。

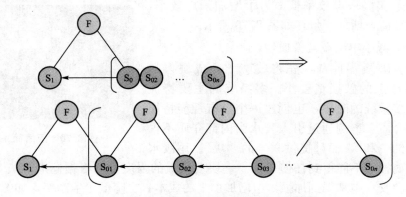

图 8.73　多路电气线路板的安装物-场模型

📖例 8-99　一起来移动重物。

多个安装工一起来移动沉重的东西，但难以同步他们的工作。将他们的手用刚性装置连接起来。

📖**例 8 – 100**　刮板输送机中部槽连接。

采煤工作中，需要经常移动采煤机和刮板输送机。为了移动方便，刮板输送机的中部槽之间通过哑铃环相连接，通过液压支架可以实现一节一节的推移，如图 8.74 所示。

图 8.74　刮板输送机中部槽连接

📖**例 8 – 101**　柔性连接双体船。

双体船一般具有 2 个刚性连接的船体。苏联科学家提出应用柔性连接，这样就允许调整 2 个船体间的距离。

S3.1.3　系统转化 1b：加大元素间的差异

双、多系统可通过加大元素间的差异来加强，基于"向较高级系统跃迁的法则"，通过加大元素功能特性差异，然后再进行组合，以此来获得双级系统和多级系统效率的增强。系统转化 1b 的路径：相同元素的组合→改变了特性的不同元素的组合→相反元素的组合。

例如，从同样的元素（一组铅笔）到变动特性（一组多色铅笔），到一组不同元素（一盒绘图仪器），到反向特性组合或"元素和反元素"（有橡皮头的铅笔）。

相反元素的组合是系统转换的终极状态，它意味着系统的变化由技术矛盾向物理矛盾的转换，因此，一旦能完成相反元素的组合，正预示着新一轮的创新产品的诞生。

📖**例 8 – 102**　常开和常闭触点并存的继电器。

由相同的常开触点 S_{01} 元件（相同的元素）组合的多系统向具有常开触点 S_{01} 元件和常闭触点 S_{02} 元件（元素和反元素）组合的多系统转换，用以提高系统的可操作性和灵活性，如图 8.75 所示。

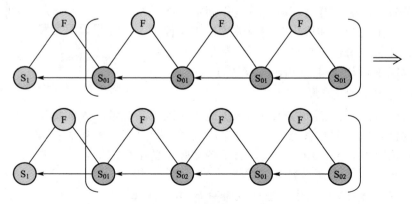

图 8.75　常开和常闭触点并存的继电器物-场模型

例 8 - 103　扩大热处理炉的使用功能。

车间内设置了数台形式完全相同的热处理炉，给各台炉子以相同方法预设加热，可获得经热处理后的同一种产品；如果给每台炉子首先与预设不同的加热方法，则组合后可以获得热处理后的多种不同产品；如果将其中的炉改变为冷却炉，则组合后可以实现完全不同的新处理工艺，如图 8.76 所示。

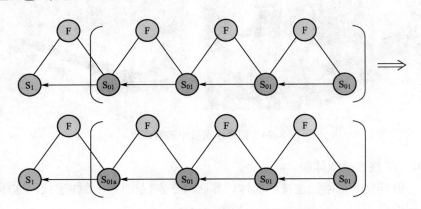

图 8.76　扩大热处理炉的使用功能物-场模型

例 8 - 104　电声传感器的有源元件制造。

电声传感器的有源元件使用组合设计来制造，为提高电、声参数的耐热性，多对相邻的部件是用与变化的压电系数相关的、具有正负相反特性的导热系数的材料制造的。

S3.1.4　双、多系统的简化

双、多系统可通过简化系统得到加强。第一首要的是通过牺牲辅助零件来获得。例如，双管猎枪只有一杆枪柄。完全地简化双、多系统又成为一个单一系统，而且在一个新的水平上再重复整个循环。

例 8 - 105　平面转弯刮板输送机。

平面转弯输送机是机身中部槽转 90°，直接把工作面输送机的机头延长至运输顺槽，用工作面输送机代替顺槽转载机直接向顺槽输送机装转载。从而可以省掉顺槽转载机，节省一套驱动装置；取消了工作面端头的转载站，能减少煤尘的产生和块煤的转载破碎；工作面输送机的机头放在了顺槽，采煤机可以更顺利地到达工作面端头，可以实现自开缺口，如图 8.77 所示。

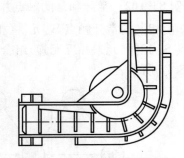

图 8.77　平面转弯刮板输送机

例 8 - 106　消防员防护服。

冷冻装（比如像消防员穿的衣服）的保护能力受制于其重量。人们提出将冷冻和呼吸系统进行组合的保护衣。在此系统中，一种单冷物质(氧)完成 2 种功能：(液态)氧先形成冷冻，一旦蒸发成氧气，又可用来呼吸。沉重的呼吸设备不再需要，冷冻物质可以携带得更多些。

S3.1.5　系统转化 1c：系统整体或部分的相反特征

双、多系统可通过在系统整体或部分间分解矛盾特性来加强。结果，系统在 2 个水平上获得应用，与整个系统一起具有特性"F"，其部分或粒子具有相反的特性"－F"。

例 8－107 刮板输送机链条。

刮板输送机链条具有柔性。刮板输送机由链轮通过柔性链条牵引做功，但是组成刮板链的链环、接链环却是刚性的，如图 8.78 所示。

例 8－108 老虎钳。

用于夹紧零件的老虎钳的工作零件具有由系列相连的钢衬套组成的复杂形状。每个零件(衬套)是刚性的同时，工作零件又是柔性的。

S3.2 向微观级转化

S3.2.1 *系统转化 2：向微观级转化*

系统可在任何进化阶段通过系统转化 2 得到加强：从宏观级向微观级。系统或零件用能在场的影响下完成要求作用的物质替代。

例 8－109 γ 刀手术。

普通手术对人体伤害很大，γ 刀利用聚焦的射线替代普通手术刀，可以不用开颅即可穿过头盖骨。每条 γ 射线的能量非常小，单束射线几乎不起任何作用，但 201 束射线的交点，可局部产生巨大的能量，而对周围组织只有很小的损伤或无任何损伤，如图 8.79 所示。

图 8.78 刮板输送机链条　　　　　　　　图 8.79 γ 刀手术

例 8－110 更准确控制可控泵。

可控泵由多重的、反向绕线的鼓形转子和定子组成。为获得经由温度变化的更准确控制，定子和转子使用不同热膨胀系数的材料制造。

注释 8－18： 在上面的例子中，泵的本身没有什么改变，然而，到底什么是新的呢？专利法的不足导致"可控泵"能够注册专利，尽管泵本身没有改变，而且真正的创新只在泵的控制方式中。专利提出了一种新的热控制方式，从而代替了笨重低效的机械装置。

例 8－111 提高切断圆木的效率。

为提高切断圆木的效率、生产率和质量，锯条的前沿两边是锋利的并使用磁性高密度材料制成，然后应用一个可调节的电磁场来振动锯条。

注释 8－19： 以前认为向微系统的转化只适合于在系统耗尽资源的时候。现在的观点

是，向微系统的转化在系统进化的任何阶段都是可能发生的。

注释 8-20：从宏观级向微观级的转化是个通用概念，有很多微观水平如群、分子、原子等都会有很多向微观级转化的可能性，也有从一种微观级转化到另一个基本的级。关于这些转化的信息正在积累中，并期待标准解法 S3.2 的下一级子级的出现。

8.6　第4级标准解法：检测和测量的标准解法

第4级是一类完全独立的解法，专门用来解决探测和测量问题，这类解法中的"物-场"模型和通常的不一样，一般会有两种场和一种物质，第4级标准解共5个子级、17个标准解，详见表8-4。

表8-4　标准解法第4级

序号	编号	名　　称	所属子级	所属级
1	S4.1.1	以系统的变化代替检测或测量	S4.1 间接方法	第4级检测和测量的标准解法
2	S4.1.2	应用拷贝		
3	S4.1.3	测量当作二次连续检测		
4	S4.2.1	测量的物-场模型	S4.2 建立测量的物-场模型	
5	S4.2.2	合成测量的物-场模型		
6	S4.2.3	与环境一起的测量的物-场模型		
7	S4.2.4	从环境中获得添加物		
8	S4.3.1	应用物理效应和现象	S4.3 加强测量物-场模型	
9	S4.3.2	应用样本的谐振		
10	S4.3.3	应用加入物体的谐振		
11	S4.4.1	测量的预-铁-场模型	S4.4 向铁-场模型转化	
12	S4.4.2	测量的铁-场模型		
13	S4.4.3	合成测量的铁-场模型		
14	S4.4.4	与环境一起测量的铁-场模型		
15	S4.4.5	应用物理效应和现象		
16	S4.5.1	向双系统和多系统转化	S4.5 测量系统的进化方向	
17	S4.5.2	进化方向		

S4.1　间接方法

S4.1.1　以系统的变化代替检测或测量

当遇到检测和测量问题时，稍稍改变一下系统来进行补偿，从而不再需要测量，达到解决历史问题的目的，如图 8.80 所示。

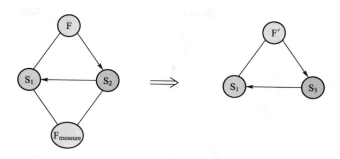

图 8.80 以系统的变化代替检测或测量

例 8－112 做米饭。

用铁锅做米饭，为了防止米饭糊锅，需要经常手动翻动，很麻烦，为了省力可以先把米放入铁质容器中，然后放入水中煮或放到蒸屉中蒸；同理，电饭锅做米饭时为了控制温度，使用双金属片制造开关，实现温度的自动控制，如图 8.81 所示。

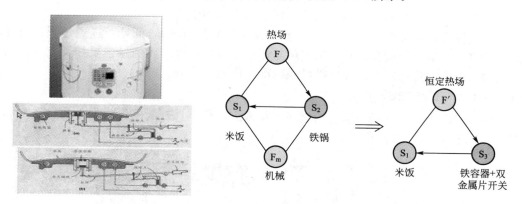

图 8.81 做米饭物-场模型

例 8－113 恒定的热处理温度。

用电磁感应对金属零件进行热处理，为其提供要求的温度且不必进行测量，在感应器和零件间的空间填充满化学盐，盐的熔化温度就等于需要的温度。

S4.1.2 应用拷贝

如果遇到检测和测量问题，不可能使用标准解法 S4.1.1，使用物体的复制品或图片来代替物体本身是合适的，如图 8.82 所示。

图 8.82 应用拷贝

例 8－114 曹冲称象。

吴国给曹操送了只大象，可是没有能称出大象的重量。曹冲想出办法，先让大象上船，记下吃水深度，然后把大象牵到岸上，将大大小小的石头装船，直到吃水线相同，最后通过称石头的重量得到大象的重量，如图 8.83 所示。

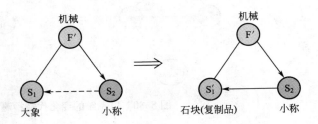

图 8.83　曹冲称象

例 8-115　壳体的变形测量。

因为壳体属于很难缠的结构零件，所以直接测量壳体的变形是比较困难的。在壳体变形前后分别制作模型，测量模型间的差异来获得壳体的变形量。

如果物体必须与标准件进行比较（为获得检测区别的目的），问题可以通过图像与标准件的重叠来获得解决，而且，物体的图像与标准件或标准件的图像颜色要相反。这样的方案可应用来解决测量问题，只要标准件或标准图像是存在的。

例 8-116　卫星云图预报天气。

不用到云层中进行现场测量，通过对卫星云图的研究，判断空气中水分含量，从而进行天气的预报，如图 8.84 所示。

图 8.84　卫星云图预报天气

例 8-117　金属板上钻孔。

为检查金属板上的钻孔，其黄色的图像与标准样品的蓝色图像相结合。在屏幕上出现黄色的地方所要求的孔是缺少了的；蓝色出现的地方金属板有多余的孔。

S4.1.3　测量当作二次连续检测

如果遇到检测和测量问题，不可能使用标准解法 S4.1.1 和 S4.1.2，将问题转化成两次连续的、变化的检测是合适的。

例 8-118　量规。

为测量公差为 ±0.1mm 的轴套，通常预先做成间距为 0.1mm 两塞量规，然后，轴套的测量问题就变为在量规上检测能否通过的问题（图 8.85）。现在，问题变为一个从一个塞规变化到下一个塞规的检测问题。通过检测这个变化量并计数，人们就可以判断轴套是否满足公差要求。经过模糊的"测量"到清晰的"二次连续检测",这个问题得到了一定程度的简化。

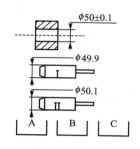

操作说明
(1) 用塞规1检验轴,如不能通过,放放入A箱;
(2) 如通过塞规1,则用塞规2检验轴,如通过,则为废品,放入B箱,不能通过者为成品,放入C箱。

图8.85 塞规测量轴套

📖**注释8-21:** 所有的测量都受限于精确性,所以,如果必须测量某件东西,经常将其分解为由2个连续的检测所组成的一些"基本测量动作"。

📖**例8-119** 地洞天花板检查。

铜矿石的提炼是在巨大的地洞中进行的。由于各种原因,地洞天花板时常会倒塌。因此,有必要定时检查天花板状况,测量所有新出现的孔,但是这项工作是困难的,因为洞顶可达15m高。可以事先在天花板上钻洞,并填入不同色谱的发光体。如果某部分天花板倾斜,很容易通过发光体探测到,这样颜色就显示出孔的深度。

S4.2 建立测量的物-场模型

S4.2.1 测量的物-场模型

如果一个完整的物-场模型难以进行测量和检测,则问题可以通过完成一个合格的或输出具有场的双物-场模型来得到解决,如图8.86所示。

📖**例8-120** 自行车胎漏气查找。

自行车胎漏气后,如果漏气口很小,其位置很难查找和确定,可以给车胎充气,然后将车胎放入水中,并挤压车胎,漏气位置会出现气泡,指示破损位置,如图8.87所示。

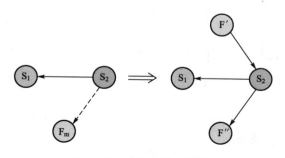

图8.86 测量的物-场模型

图8.87 检测自行车胎漏点

📖**例8-121** 检测液体开始沸腾的瞬间。

如果利用温度场来进行测量显然是无效的,因为液体在开始沸腾的瞬间,温度并不会

发生变化，不发生变化的参数输出场，进行测量也就成为不可能。引入电流，让电流通过液体，在液体开始沸腾的瞬间，液体中开始出现气泡 S_2，由于气泡的出现，电阻相应地增加。通过测量输出电阻而检测液体开始沸腾的瞬间，如图 8.88 所示。

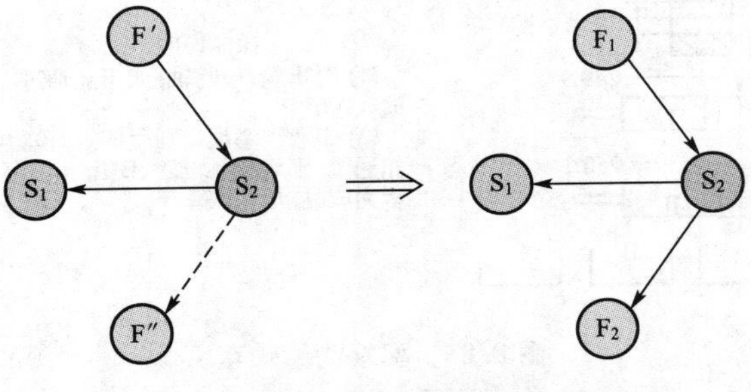

图 8.88　解决测量和检测问题的典型模型

例 8-122　超声波探伤。

锅炉焊接完成后，焊缝内部的焊接质量很难通过肉眼看出，使用超声波检测仪，施加超声波进行焊缝探伤，如图 8.89 所示。

S4.2.2　合成测量的物-场模型

如果一个系统或零件难以进行测量和检测，则问题可以通过与易检测附加物合成转化到内部或外部的合成物-场模型来解决，如图 8.90 所示。

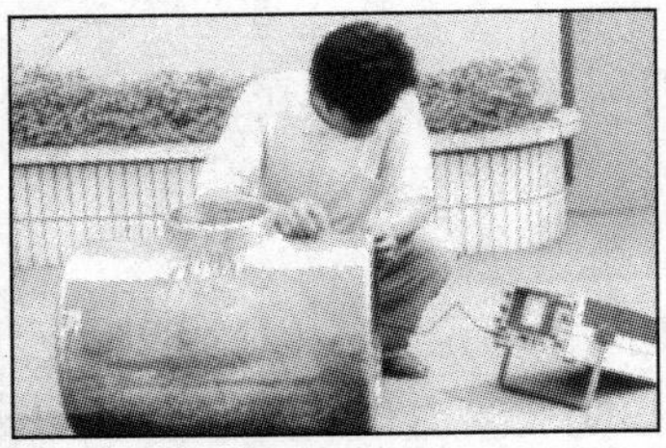

图 8.89　超声波探伤

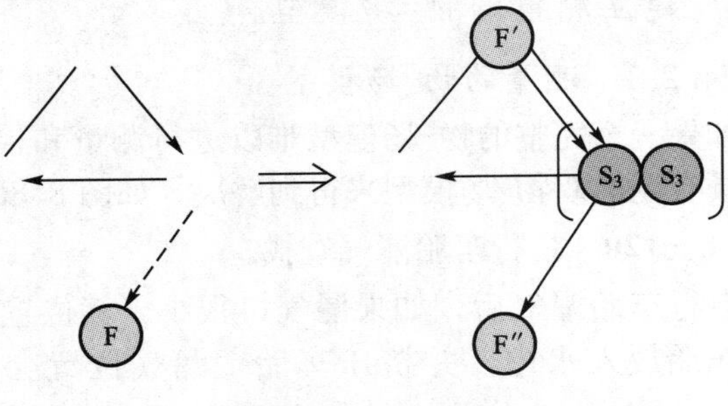

图 8.90　合成测量的物-场模型

例 8-123　生物样品显微观察。

生物样品很难通过显微镜观察，可以通过加入化学染色剂观察其结构，如图 8.91 所示。

例 8-124　两物体间接触面积检测。

为测量 2 个零件的接触面贴合面积，一个面上事先涂上发光染料，然后将 2 个面进行贴合再分开，另外的那个面上被染上染料的面积就显示了 2 个面的贴合面积。

S4.2.3　与环境一起测量的物-场模型

如果一个系统难以在时间上的某些时刻进行测量和检测，而且不可能引入附加物和产生易检测场的附加物，则可以引入环境，环境状态的改变可提供系统中改变的信息，如图 8.92 所示。

图 8.91　生物样品显微观察

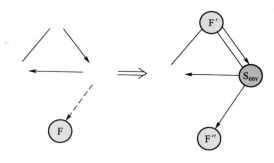

图 8.92　与环境一起测量的物-场模型

例 8-125　内燃机内部磨损情况检测。

为检查内燃机的磨损，需要测量磨损掉的金属数量。磨损下来的金属颗粒是混在发动机的润滑油中的。油可以看做是一个环境。在油中加入发光粉，金属颗粒会扑灭这些发光，从而获得磨损的颗粒量。

S4.2.4　从环境中获得添加物

如果根据标准解法 S4.2.3 不可能在环境中引入附加物，则附加物可以在环境之中产生，比如通过破坏或改变相态。特别地，经常使用电解、气穴现象或其他方法来获得气体或水蒸气泡沫。

例 8-126　粒子运动的研究。

在气泡室中，利用相变产生低于沸点及压力的液态氢，当能量粒子穿过时，使局部沸腾，形成气泡路径，该路径可以被拍照，用于研究流体粒子的动特性。

例 8-127　管中流速的测量。

通过从管道外引入附加物来测量管中的流速是不可能的。使用气穴现象来产生"标记"，标记是一群小的、稳定的、可视的气泡。

S4.3　加强测量物-场模型

S4.3.1　应用物理效应和现象

测量和检测物-场模型的有效性可以通过利用物理现象来加强。

例 8-128　液体的温度测量。

液体的热传导率会随液体温度的改变而改变，因而液体的温度可以通过测量液体热传导率的变化来确定。

例 8-129　增加水汽检测的灵敏度。

为增加水汽检测的灵敏度，通过应用在少量水汽前熄灭发光体发光的现象来测量。特别地，从已存在的物质中生成热电偶，从而不花成本获得所需求的系统信息。通过感应也可获得信号。

例 8-130　逆摩擦轴承套(绝缘套)轴承。

具有逆摩擦轴承套(绝缘套)的轴承用一个热电偶与保护装置相连接。轴承套放在与电传导外壳相连接的电传导铁环里。为使得保护装置能够快速动作，热电偶是由铁环和外壳

组成的。

S4.3.2　应用样本的谐振

如果不能直接探测和测量一个系统的变化，而且也不可能用场来穿过系统，则通过产生系统整体或者部分的谐振来解决问题。谐振频率上的变差就提供了系统的变化信息，如图 8.93 所示。

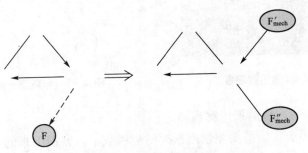

图 8.93　应用样本的谐振

共振频率的测量在应用上非常广泛。通过测量物体共振频率的变化，就可以获得该物体在状态上的变化，包括尺寸及重量等的变化情况。

例 8－131　地下煤层的埋层深度确定。

通过测量空气的共振频率得知空气量的多少，从而可以确定地下煤层的埋层深度。

例 8－132　母牛乳房内剩余奶量。

通过测量母牛乳房的共振频率，确定母牛乳房内剩余奶量。

例 8－133　正在线轴上缠绕的线的重量。

通过测量两个线轴之间一段线的共振频率，确定正在线轴上缠绕的线的重量。

例 8－134　测量容器中物质质量。

为增加容器中物质质量测量的准确性和可靠性，产生系统"容器物质"的谐振，测量这个振动的频率来计算物质的质量。

例 8－135　共振调琴弦。

应用音叉来调谐钢琴，调节琴弦，使其频率和音叉共振。

S4.3.3　应用加入物体的谐振

如果不能应用标准解法 S4.3.2，系统状态的信息可以通过加入或与系统相连的环境中物体的自由振荡来获得。

例 8－136　未知物体电容的测量。

不直接测量该物体的电容，而是将该未知电容的物体插入已知感应系数的电路中，然后，改变电压的频率，通过测定该组合电路的共振频率后，换算出物体的电容。

例 8－137　无线电发射机频率的测量。

通过改变接收天线的电容从而改变了接收电路的固有频率，实现与发射机的频率相一致（谐振）。谐振信号定向发送到接收装置。

例 8－138　沸腾层的物质数量测量。

为提高测量处于沸腾层的物质数量的准确性，通过测量沸腾层上面的气体自由振荡的振幅变化来计算其数量。

S4.4 向铁-场模型转化

S4.4.1 测量的预-铁-场模型

为便于测量,在非磁性系统内引入固体磁铁,致使将非磁性的测量的物-场模型转换为包含磁性物质和磁场的预-铁-场模型。

📖**例 8-139** 统计十字路口等待的车辆数。

如果想知道车辆需要等候多久或者想知道车辆已经排了多长的队伍,可在十字路口内设置含有铁磁部件的传感器,可以方便地用来统计通过红绿灯控制下等待的车辆数。

📖**例 8-140** 船体中空洞的探测。

为加快探测船体中空洞的速度,将一个场方向与船体外表面呈垂直的永久磁铁放入其中一个孔中。使用磁力计显示磁场的局部最大值来探测到船体中的空洞。

S4.4.2 测量的铁-场模型

物-场模型或预-铁-场模型的测量或探测有效性可以通过应用铁磁粒子代替其中的一个物质或加入铁磁粒子从而转化到铁-场模型得到加强。通过磁场的探测或测量可得到需求的信息,如图 8.94 所示。

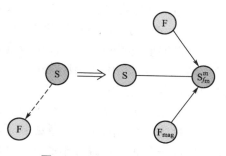

图 8.94 测量的铁-场模型

📖**例 8-141** 鉴别货币的真假。

引入固体磁性物质混合到特定的颜料中,并将颜料印在货币上,在判别货币真假时,将磁场作用在货币上,通过铁磁粒子就能确定货币的真假。

📖**例 8-142** 磁图表法检查钢工件中的焊缝。

引入铁磁粒子涂放在有结构缺陷的焊缝上方形成磁带,结构缺陷使部分磁带获得磁化,以残留磁化的形式被记录在磁带上并输出信号。

📖**例 8-143** 探测塑料的硬化或软化程度。

为探测塑料的硬化或软化程度,在塑料中混合铁磁粉,测量磁导系数的结果就可以提供所需要的信息。

S4.4.3 合成测量的铁-场模型

如果测量或探测的有效性可以通过转化到铁-场模型得到加强,但不允许用铁磁粒子代替物质,则可以通过给一个物质引入附加物,形成合成铁-场模型来完成转换,如图 8.95 所示。

📖**例 8-144** 磁悬浮粒子防隐身飞机。

隐身飞机由于自身隐身外形和机体上涂覆吸波隐身材料,使得普通雷达通过磁场很难检测到,可以在空气中释放大量磁性悬浮粒子,当飞机进入悬浮粒子空域时,悬浮磁性粒子会吸附在隐形飞机上,形成合成铁-场,增大雷达检测性,实现反隐身,模型如图 8.96 所示。

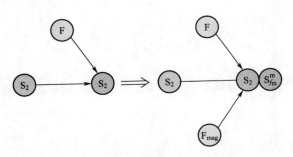

图 8.95　合成测量的铁-场模型　　　　图 8.96　磁悬浮粒子防隐形飞机

📖**例 8－145**　非磁性物体裂纹检测。

通过在非磁性物体表面涂覆含有磁性材料和表面活化剂颗粒的流体，检测该物体的表面裂纹。

📖**例 8－146**　铁磁粉对液体压力的控制。

用加压液体可以破坏地层。在液体中加入铁磁粉以实现对这种液体的控制。

S4.4.4　与环境一起测量的铁-场模型

如果测量或探测的有效性可以通过转化到铁-场模型得到加强，但不允许引入铁磁粒子，则粒子可以被引入到环境中。

📖**例 8－147**　波浪的特性的研究。

当船体从水中驶过时，会形成波浪，研究船在水中行驶时波的形成过程，不采用指示器，通过向环境（水）中引入铁磁粒子，用铁磁粒子代替了指示器，在光学场作用下对水中的铁磁粒子分布进行跟踪拍照（或者曝光在屏幕上），通过研究铁磁粒子的运动来研究波浪的特性，如图 8.97 所示。

图 8.97　波浪的特性的研究

S4.4.5　应用物理效应和现象

物-场模型或预-铁-场模型的测量或探测有效性可以通过应用物理现象和效应得到加强。例如，居里效应、霍普金森效应、巴克豪森效应、霍尔效应、磁滞现象、超导性等。

📖**例 8－148**　核磁共振成像。

因为在磁场中的原子核会沿磁场方向呈正向或反向有序平行排列，而施加无线电波之后，原子核的自旋方向发生翻转。医学家发现水分子中的氢原子可以产生核磁共振现象，

184

利用这一现象可以获取人体内水分子分布的信息，从而精确绘制人体内部结构，实现人体的检测，如图 8.98 所示。

例 8-149 居里效应的应用。

液位探测仪放置在一个无磁室内，由室内的磁铁和室外的磁敏接点组成。为增加探测仪的可靠性，将磁铁拧紧在磁敏接点的平面上，并用居里点低于液体温度的磁性材料覆盖。

图 8.98 核磁共振成像

例 8-150 静电排斥力效应的应用。

为了让床单上的棉絮自动脱离或是要让羽毛与羽毛杆分离，用电离气流吹，使两者带上同一类型的静电电荷，运用"同性相斥"的原理，小块的棉絮会被排斥，并容易被吸尘器吸入。

S4.5 测量系统的进化方向

S4.5.1 向双系统和多系统转化

物-场模型、预-铁-场模型的测量或探测有效性在某些进化阶段可以通过建立双系统和多系统得到加强。

例 8-151 配镜验光。

验光师在给人们进行配镜时，使用多传感器融合技术的仪器测量远处聚焦、近处聚焦、视网膜整体的一致性等多项指标，以全面反映整体视力水平，如图 8.99 所示。

图 8.99 配镜验光

例 8-152 测量滑水者跳跃距离。

测量滑水者跳跃距离的装置包含 2 只麦克风，水面和水下各放置一只麦克风。两只麦克风接收的信号的时间间隔与滑水者的跳跃距离成比例，如图 8.100 所示。

图 8.100 测量滑水者跳跃距离

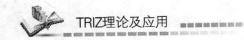

S4.5.2　进化方向

测量和检测系统沿着以下方向进化：测量一个功能→测量功能的一阶导数→测量功能的二阶导数。

通过测量一阶或二阶导数，代替直接的参数测量。例如，测量速度和加速度来代替位置的测量。

📖**例 8 – 153**　测量一阶或二阶导数。

用测量速度或加速度来替代位移的测量，速度和加速度就是位移派生的二阶派生物。

📖**例 8 – 154**　测量飞行器位置与速度。

地面雷达系统直接运用雷达反射频率的改变来计算出飞行器的准确位置和速度。

📖**例 8 – 155**　山脉的地震的张力测量。

山脉的地震的张力以前是通过测量岩石的电导率来得到的。为提高测量精度，现在是通过测量电导率的变化速度得到的。

8.7　第 5 级标准解法：简化与改善策略

第 5 级中的标准解法专注于对系统的简化与改善，引导人们如何使得系统不会增加任何新的东西，不会使系统复杂化，即使在引入新的物质或新的场的情况下。第 5 级共有 5 个子级、17 种标准解法，详见表 8 – 5。

表 8 – 5　标准解法第 5 级

序号	编号	名　　称	所属子级	所属级
1	S5.1.1	间接方法		
2	S5.1.2	分裂物质		
3	S5.1.3	物质的"自消失"	S5.1 引入物质	
4	S5.1.4	大量引入物质		
5	S5.2.1	可用场的综合使用		
6	S5.2.2	从环境中引入场	S5.2 引入场	第 5 级简化与改善策略
7	S5.2.3	利用物质可能创造的场		
8	S5.3.1	相变 1：变换状态		
9	S5.3.2	相变 2：动态化相态		
10	S5.3.3	相变 3：利用伴随的现象	S5.3 相变	
11	S5.3.4	相变 4：向双相态转化		
12	S5.3.5	状态间作用		

续表

序号	编号	名 称	所属子级	所属级
13	S5.4.1	自我控制的转化	S5.4 应用物理效应和现象的特性	第5级简化与改善策略
14	S5.4.2	放大输出场		
15	S5.5.1	通过分解获得物质粒子	S5.5 根据实验的标准解法	
16	S5.5.2	通过结合获得物质粒子		
17	S5.5.3	应用标准解法5.5.1及标准解法5.5.2		

S5.1 引入物质

S5.1.1 间接方法

如果工作状况不允许给系统引入物质，可以利用下面的间接方式。

（1）用"虚无物质"（如空洞、空间、空气、真空、气泡等）代替实物。

例8-156 提高潜水服保温性能。

为提高潜水服保温性能，过度增加表层橡胶的厚度会使潜水员感到累赘，操作不方便。采用添加泡沫的办法，既可以解决保温问题，其重量又几乎没有增加。

例8-157 防止跳水运动员受伤。

当跳水运动员在发生误跳动作时，为了防止运动员在坠入水中时会造成伤害，教练踩下脚踏板，让压缩气瓶中的空气通过安装在水池底部多孔的管道涌出，使水池内的水变成充满气泡的"软水"，如图8.101所示。

图8.101 能产生气泡的水池

例8-158 透明模板内的张力公制格栅。

透明模板内的张力公制格栅是通过成型时放置进线格栅来形成的。可是，这些线格栅在模板内会因为扭曲而形成实际张力。为避免这种变形，线格栅在成型后需要从模板中去掉，形成空"管"。如果线格栅是用纯铜制成的，则可以用酸将其溶解掉。

（2）引入一个场来代替物质。

例8-159 检查黄酱包装袋的密封性。

将包装袋在低压下浸入水中，通过视觉观察水中是否产生气泡就可确定袋子是否有泄漏。但更为简单而迅速的办法是利用压力差来鉴别包装袋的密封性。将盛有黄酱的包

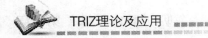

装袋放入真空房中，好的包装会发生膨胀，而密封性不好的包装袋内的黄酱就会泄漏出来。

例8-160 测量移动细丝的伸展。

为测量移动细丝的伸展，通过给其加上电荷测量线性电荷密度而获得。

（3）应用外加物代替内部物。

如果有必要在系统中引入一种物质，然而引入物质内部是不允许的或不可能的，那么就在其外部引入附加物。

例8-161 降落伞。

飞机上备有降落伞，以便在飞机出事时让飞行员脱险。

例8-162 维修高压设备有效防护触电。

当维修高压输电线路时，有时会出现这样的意外：一个工人没看见正在作业的人就合闸，造成了严重伤人事故。有效的防触电的方法是，不能让现有的交变电场对人直接产生作用。引入含磁性粒子的物质，做成手镯佩戴，把它佩戴在正在从事高压设备维修的人员手上，利用获得的电流来控制人的肌肉，一旦出现电流，肌肉就会收缩，手臂会自动远离有危险的高压源。

例8-163 确保消防车通行无阻。

时间对于接到报警后赶往事发地点的消防车是很宝贵的，为了保证消防车沿路能畅通无阻，在消防车顶上额外安装一个发射红外线的顶灯，红绿信号灯的探测器（接收器）接收到汽车发出的信号后，打开绿灯或延长绿灯的时间，直至汽车通过十字路口（作用范围可达500m）。

例8-164 测量陶罐的壁厚。

为测量陶罐的壁厚，通过给罐里装上导电性液体测量液体和放置在罐外的电极之间的电阻来获得壁厚。

（4）引入少量极活性添加物。

例8-165 防止飞机爆炸。

飞机的爆炸只有在汽油的蒸气与空气经混合后才有可能发生。如何防止这种混合气体的形成是防止飞机爆炸的关键。为了使这种易于引起爆炸的汽油蒸气不存在，在燃料中加入极少量的聚合物，使燃料从液态转化为凝胶状态，大大降低了燃料的汽化点。

例8-166 降低用于拉伸管道润滑剂的液动压。

为降低一种用于拉伸管道润滑剂的液动压，在润滑剂中加入了0.2%～0.8%的聚甲基丙烯酸酯。

（5）只在特别位置引入少量浓缩的添加物。

例8-167 使塑料材料导电。

为使塑料材料导电，在塑料混合物中加入导电粒子，混合物可在磁场中变硬。这样导致粒子沿着磁力线排列并呈现纤维状，以提供所需要的方向的传导性。

例8-168 靶向疗法。

为了避免药物对身体的健康造成严重负面影响，将药物集中在疾病的准确部位上。

（6）临时引入添加物。

📖**例 8 - 169** 无磁空心零件的遥控磁性取向的获得。

为了获得无磁空心零件的遥控磁性取向，应事先在零件里边放入铁磁粒子。

📖**例 8 - 170** 多孔的空心金属小球的生产。

为生产多孔的空心金属小球，预先用聚苯乙烯做成小球，再把金属电镀到聚苯乙烯小球上，最后将小球放到有机溶液中，将小球内部的聚苯乙烯溶解掉。

📖**例 8 - 171** 检测人体内脏紊乱手段。

为了检测人体的内脏紊乱情况，而又不对人体造成过多的伤害，临时地(一段最短时间)引入添加物——放射性同位素，检测完毕立即除去。

（7）利用模型或复制品代替实物，允许引入添加物。

📖**例 8 - 172** 增加立体研究的准确性。

为增加立体研究的准确性，通过使用放在物体透明模型内部的一个液体水平面来获得三维体的平面复制品。模型的空间形状可以很容易进行修改。

📖**例 8 - 173** 视频会议(或称为网络视频会议)。

通过网络召开视频会议，允许与会者可以在各自不同地点召开会议。

📖**例 8 - 174** 快速修复铁轨枕木。

快速修复被松动了螺栓的铁轨枕木，传统的方法是将枕木撤下，经修复后再重新装上。这需要大量维修资金，由此导致变更火车运行时刻表，也会造成很大的损失。澳大利亚发明了无需更换枕木，直接在现场扩孔的方法：将原孔经清洗后涂上环氧树脂，并钉入木栓，待胶凝固后，在上面重新钻螺栓孔。整个过程需要半个小时。

（8）通过引入化学品的分解得到所需要的添加物。

📖**例 8 - 175** 木头塑化。

木头可以用氨水来进行塑化。为塑化处理平面，用加工中摩擦热所分解出的盐类来浸透木材。

📖**例 8 - 176** 食盐补钠。

人体需要钠，但直接向人体添入金属钠是有害的，可以用化合物食盐来替代，食盐中的钠则可被人体吸收。

📖**例 8 - 177** 赛车用的助燃气。

为了获得更高的能量，赛车使用的是化合物 N_2O，而不是空气中的 O_2 作为助燃气，因为 N_2O 燃烧时比空气中 O_2 燃烧时放出的热量要大得多。

（9）通过电解或相变，从环境或物体本身分解得到所需要的添加物。

📖**例 8 - 178** 掩埋垃圾替代使用化肥。

在花园中，掩埋垃圾替代使用化肥。这既充分利用了资源再生，又避免了因使用化肥而产生的负面影响。

📖**例 8 - 179** 加强水的消毒。

臭氧对微生物有较强的杀伤力。利用对环境物质(空气)进行分解而获得的臭氧引入水中，用以加强对水的消毒作用。

📖**例 8 - 180** 电解液中的空气泡。

为加强精确电-化学加工工序中电解生成物的移动，使用了电解液中的空气泡。这些

气泡是通过在工作区域的电解液电解来获得的。

S5.1.2 分裂物质

如果系统不可被改变，又不允许改变工具，也禁止引入附加物，则利用工件间的相互作用部分来代替工具。

例 8－181 扑灭能流。

为扑灭能流，将其分成几个流，再旋转每个流，然后将这些流结合起来。为改善扑灭的有效性，将一个流放到另一个流中，让它们沿相反的方向旋转。

特别地，如果系统包含微粒流而且可以改善其控制性，微粒流可分成同样的和不同样的 2 部分电荷，如果整流只需要一种电荷，相反的电荷可应用到系统的零件上去。

例 8－182 凝结灰尘粘质。

为凝结灰尘粘质（浮质），气流分成 2 个。每个气流带上相反电荷，然后彼此对准。

S5.1.3 物质的"自消失"

在完成工作后，引入的物质在系统或环境中消失或变得与已存在物质相同了。

例 8－183 冰靶子。

飞碟射击时，打碎的飞碟碎片很难收集，危害靶场环境。使用冰做飞碟，被击碎的冰碟会自然变成水，不会对环境造成危害。

例 8－184 高纯度氧化铝的感应熔化。

为了使高纯度氧化铝感应熔化，必须引入导体（只在熔融时让氧化物有传导性）。提出的解决方案是引入纯铝。这就给电磁场提供了灵敏度来熔化氧化物。当获得高温时，纯铝将燃烧并变成了氧化铝。

S5.1.4 大量引入物质

如果工作状况不允许大量物质的引入，应用膨胀结构或泡沫的"虚无"来代替物质。

例 8－185 用充气结构抬起空难飞机。

空难后要移走飞机，将充气结构放在机翼下面。当充气以后，就将飞机抬了起来，运输车可以放到充气结构的下面去。

注释 8－22：使用充气结构是一个宏观级的标准解法；应用泡沫是一个微观级的标准解法。

注释 8－23：标准解法 S5.1.4 常与其他标准解法一同使用。

S5.2 引入场

S5.2.1 可用场的综合使用

如果可以给物-场模型引入场，首先应用物质所含有的载体中已存在的场。

例 8－186 从液态氧流中分离气体。

如果要从液态氧流中分离出气体。现系统中所包含的 2 种物质都可用机械场。通过流体的旋转来改变物质的运动，可足以获得分离作用，离心力将液体抛向管壁，而气体则积聚在管轴附近。

S5.2.2 从环境中引入场

如果可以给物-场模型引入场，但是又不能依据标准解法 S5.2.1 那样去做，则尝试应用环境中所存在的场。

📖**例 8－187** 高空的风力发电站。

随着风力发电站的高度提升，发电站的功率不断提高。在 6～8km 高空，由于获得稳定的风流，风力发电站的功率可以增加多倍，但随之而来的问题是，高空运动物体（包括电缆等）的支撑以及高空的低温会导致运动机件的摩擦增大，导致严重影响机件使用寿命的问题。在俄罗斯最有效的方法是借助充气的气囊把风力电站和电缆分别升起，气囊的形状像风筝，以抵偿电站、电缆和绳索的重量，保持整个构件不会移动和坠落，如图 8.102 所示。

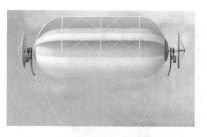

图 8.102 高空的风力发电站

📖**例 8－188** 汽车尾气供暖。

在汽车中采用引擎散热剂作为一种热能（场）资源使乘客取暖，而不是直接应用燃料。

📖**例 8－189** 电子装置散热。

电子装置是利用每个元件发出的热量而产生的温差引起空气流动来进行冷却，而无需额外附加风扇。

📖**例 8－190** 利用"排出效应"抽吸桥面上的水。

用抽吸系统从桥上排水。在桥横跨河流的时候，通过将一个大管子的一端放入河流，另一端放到桥面来形成吸水。河流形成"排出效应"，以提供从桥上持续吸水的场。

S5.2.3 利用物质可能创造的场

📖**例 8－191** 植入放射性物质治疗肿瘤。

将放射性的物质植入到肿瘤位置（不久后再进行清除）。

📖**例 8－192** 切削刀具做热电偶。

一个系统零件（切削工具）用来创建一个用于测量切削温度的热电偶。

特别地，如果系统包含铁磁物质而且只被机械地使用，它们的磁性也可被用来获得附加效应，例如，改善元件间的交互作用，获得系统的相关信息等。

📖**例 8－193** 间歇工作轮。

间歇工作轮（一种间歇运动机构的形式，将连续转动转化为间隙性转动）包含一个主动轮和从动轮（马耳他十字形齿轮）。为增加机构的可靠性，主动轮包含的零件用钢制造，从动轮包含的零件用永久磁铁制造。

图 8.103 潜水员的水下呼吸器

S5.3 相变

S5.3.1 相变 1：变换状态

物质的应用有效性（不引入其他物质）可以通过相变 1 来改进，也就是通过一个已存在物质的状态转换。

📖**例 8－194** 潜水员的水下呼吸器。

为解决潜水员能较长时间停留在水中，氧气瓶中的氧为液态氧。利用氧气由液态转换为气态的相变来满足对氧气的大量供应，如图 8.103 所示。

例 8 – 195 舞台烟雾。

利用干冰相变来做舞台烟雾，如图 8.104 所示。

图 8.104　舞台烟雾

S5.3.2　相变 2：动态化相态

物质的双特性可以通过相变 2 来实现，也就是利用物质依赖工作环境来改变相态。

例 8 – 196　热交换器温度调节。

热交换器上装有紧贴于其表面的由钛镍合金制成的"瓣形物"，这是具有形状记忆功能的物质。当温度升高时，"瓣形物"会伸展开来，增大了冷却面积；当温度降低时，"瓣形物"会收缩，则减小冷却面积。

例 8 – 197　可控电容器。

可控电容器由 2 块金属片、中间夹一层绝缘材料和绝缘温度控制装置所组成。为加大电容变化范围，绝缘体由 2 层组成：一层具有与温度无关的绝缘渗透性；另一层由具有"金属绝缘"相变的材料制成。

S5.3.3　相变 3：利用伴随的现象

系统可用相变 3 来加强，也就是利用相变时伴随的现象

例 8 – 198　液体热宝。

液体热宝里面有一个盛有液体的塑料袋，袋内同时还有一个薄金属片，金属片在液体中弯曲时可以产生一定的振动信号，信号触发液体使其转变为固体并释放热量，全转变为固体后，将暖手器放在热水中或微波炉中加热即可还原，如图 8.105 所示。

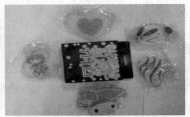

图 8.105　液体热宝

例 8 – 199　超导体热绝缘开关。

当超导体达到零电阻时，它就变成了一种非常好的热绝缘体，利用这个特性，可将超

导体用来做热绝缘开关，作为隔绝低温设备的热转换装置。

📖**例 8 - 200**　运输冰冻重物装置的支撑件。

用来运输冰冻重物的装置，使用冰来制作支撑件。融化的冰可起到润滑作用，从而有效地减少摩擦阻力。

S5.3.4　相变 4：向双相态转化

系统的双特性可以通过相变 4 来实现，也就是用双相态来代替单一相态。

📖**例 8 - 201**　降低切削噪声。

为减少噪音，捕获切削过程中产生的气泡和碎片，用泡沫盖住加工区，工具可以穿过泡沫，但噪音和气泡却不可以穿过去。

S5.3.5　状态间作用

系统的有效性可以应用相变 4 来加强，也就是通过在零件或系统的相态间建立交互作用。

📖**例 8 - 202**　空调制冷。

空调机中的制冷剂液体经压缩时吸收热量，冷凝时放出热量，周而复始，不断循环。

📖**例 8 - 203**　液体输送管系统电源线路工作介质。

在液体输送管系统中，电源线路中使用的工作介质是由这样的一种化学相互反应的物质制成的。当受热时分解，导致热吸收，分子量减小，冷却时再结合恢复到原始状态。

S5.4　应用物理效应和现象的特性

S5.4.1　自我控制的转化

如果物体必须周期性地在不同的物理状态中存在，这种转化可以通过利用物体本身可逆的物理转化来实现，如电离-再结合、分解-组合等。

📖**例 8 - 204**　太阳镜。

太阳镜在阳光下颜色变深，在阴暗处又恢复透明，如图 8.106 所示。

📖**例 8 - 205**　避雷针保护天线。

在常态下避雷针担当电介质而不妨碍天线机能；雷击时，空气被离子化，避雷针作为电传导并形成一闪电通道以保护天线。通过离子和电子的再结合而形成中性分子，使自然状态得以恢复。

图 8.106　太阳镜

📖**例 8 - 206**　自动关闭阀。

自动关闭阀由阀体和一个热敏性元件组成。为改进可靠性和简化设计，防水壁与阀相连，阀是由 2 片形状记忆合金制成的弯曲金属片组成的。

S5.4.2　放大输出场

如果要求弱感应下的强作用，物质转换器需接近临界状态。能量聚集在物质中，感应就像"扣扳机"一样来工作。

📖**例 8 - 207**　真空管电流放大。

真空管、继电器和晶体管可以通过很小的电流控制大电流。

例 8－208 测试密封物体密封性。

测试密封物体密封性的一个方法是，将物体浸在液体中，同时保持液体上的压力小于物体中的压力，气泡会显现在密封破裂的地方。为增加测试的可见性，可将液体加热。

S5.5 根据实验的标准解法

S5.5.1 通过分解获得物质粒子

如果需要一种物质粒子（比如离子）以实现解决方案，但又不能直接得到，则可以通过分解更高结构级的物质（比如分子）来得到。

例 8－209 电解生产氢。

高压下制造氢气，将含有氢气的混合物放在密闭的容器中并进行电解来产生氢气，如图 8.107所示。

S5.5.2 通过结合获得物质粒子

如果需要一种物质粒子（比如分子）以实现解决方案，但不能直接得到，又不能使用标准解法 S5.5.1，则可以通过完善或组合更低结构级的物质（比如离子）来得到。

图 8.107 水电解制氢设备

例 8－210 水分子联合体减少船的动阻力。

为减少轮船的动阻力，利用高分子混合物来应用 Shoms 作用，然而，这将伴随着大量聚合体的浪费。可以在电磁场下生成水分子的联合体。

S5.5.3 应用标准解法 S5.5.1 及标准解法 S5.5.2

应用标准解法 S5.5.1 的最简单方式是破坏最高"完整的"或"过分的"水平。应用标准解法 S5.5.2 的最简单方式是完成最低"不完整的"水平。

例 8－211 避雷针保护天线。

使用避雷针保护天线，无论如何将妨碍天线预期功能的实现能力。为解决这个问题，避雷针以低压下内在的空气作为电介质的方式制成。当避雷针静止时担当电介质因而不妨碍天线机能。当雷击时，空气变成离子，避雷针变成电导体以保护天线。通过气体分子分解生成解决方案所要求的离子，通过离子和电子的再结合而形成中性的分子。

8.8 标准解法的应用

在应用标准解法前，需要对问题进行详细的分析，建立问题所在系统或子系统的物-场模型，然后根据物-场模型所表述的问题，按照先选择级再选择子级，使用子级下的几个标准解法来获得问题的解，物-场模型建立过程如图 8.108 所示。

发明问题 76 种标准解法给问题提供了丰富的问题解决方法，在物-场模型分析的基础上，可以快速有效地使用标准解法来解决那些在过去看来似乎不能解决的难题。

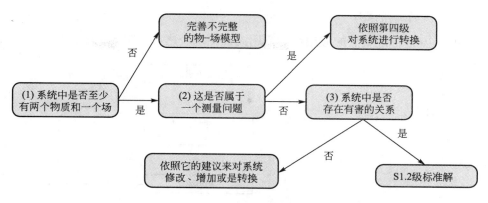

图 8.108　分析问题的过程

标准解法数量较大，为了要快速找到合适的标准解法，要理清 76 种标准解法间的逻辑关系，掌握问题解决过程中标准解法的选择程序。

1. 应用标准解法的 4 个步骤

应用标准解法来解决问题，可遵照下列 4 个步骤来进行。

（1）确定所面临的问题类型。

首先要确定所面临的问题是属于哪类问题，是要求对系统进行改进，还是要求对某件物体有测量或探测的需求。问题的确定过程是一个复杂的过程，建议按照下列顺序进行。

① 问题工作状况描述，最好有图片或示意图配合问题状况的陈述；

② 将产品或系统的工作过程进行分析，尤其是物流过程需要表述清楚；

③ 零件模型分析包括系统、子系统、超系统 3 个层面的零件，以确定可用资源；

④ 功能结构模型分析是将各个元素间的相互作用表述清楚，用物-场模型的作用符号进行标记；

⑤ 确定问题所在的区域和零件，划分出相关的元素，作为下一步工作的核心。

（2）系统改进。如果面临的问题是要求对系统进行改进，则有以下几点。

① 建立现有系统或情况的物-场模型；

② 如果是不完整物-场模型，应用标准解法 S1.1 中的 8 种标准解法；

③ 如果是有害效应的完整模型，应用标准解法 S1.2 中的 5 种标准解法；

④ 如果是效应不足的完整模型，应用标准解法第 2 级中的 23 种标准解法和标准解法第 3 级中的 6 种标准解法。

（3）测量或探测。如果问题是对某件东西有测量或探测的需求，应用标准解法第 4 级中的 17 个标准解法。

（4）简化与改善。当你获得了对应的标准解法和解决方案，检查模型（实际是系统）是否可以应用标准解法第 5 级中的 17 种标准解法来进行简化。标准解法第 5 级也可以被考虑为是否有强大的约束限制着新物质的引入和交互作用。

在应用标准解法的过程中，必须紧紧围绕系统所存在问题的最终理想解，并考虑系统的实际限制条件，灵活进行应用，并追求最优化的解决方案。很多情况下，综合应用多种标准解法，对问题的解决彻底程度具有积极意义，尤其是第 5 级的 17 种标准解法。

2. 标准解法的应用流程

根据以上 76 种标准解法的应用步骤，用流程图来表达，如图 8.109 所示。

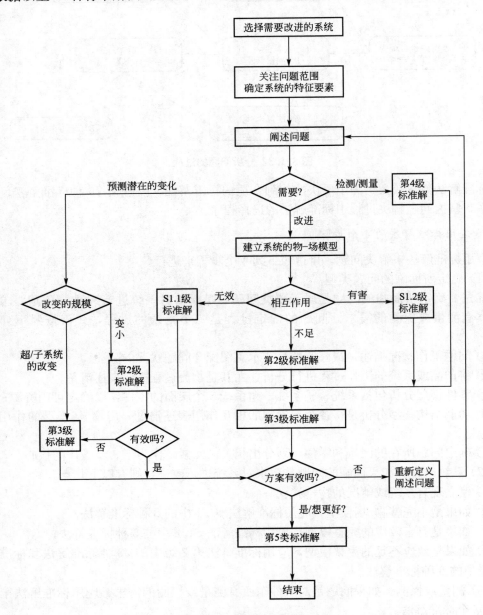

图 8.109　标准解法流程

第9章

发明问题解决算法——ARIZ

　　TRIZ 理论中的各种方法和工具在国内已开始应用于产品设计领域，ARIZ 是 TRIZ 中最强有力的解决发明问题工具，专门用于解决复杂的、困难的发明问题，但 ARIZ 本身过于复杂，不宜掌握，对使用者要求较高。ARIZ 的应用远不及 TRIZ 其他方法工具那样广泛，且国内外的 TRIZ 辅助创新软件都没有包括 ARIZ。随着国家创新战略的深入，企业对创新级别和深度的要求不断提高，有必要开展针对复杂问题创新方法工具的理论及应用研究。ARIZ 最初由阿奇舒勒提出，于 1977 年形成比较成熟的版本（ARIZ - 77），随后经过多次修改才形成比较完整的理论体系。阿奇舒勒提出的最后版本是 ARIZ - 85。本章主要介绍这个版本。

9.1　ARIZ　概　述

　　ARIZ 是"发明问题解决算法"俄语的英文标音缩写，其英文缩写为 AIPS（Algorithm for Inventive - Problem Solving）。ARIZ 是基于技术系统进化法则的一套完整的分析问题、解决问题的方法，该算法主要针对问题情境复杂、矛盾及其相关部件不明确的技术系统。它是一个对初始问题进行一系列变形及再定义等非计算性的逻辑过程，实现对问题的逐步深入分析和转化，最终解决问题。

　　ARIZ 最初由阿奇舒勒于 1956 年提出，经过多次完善才形成比较完整的体系，ARIZ 是解决发明问题的完整算法，是 TRIZ 中最强有力的工具，集成了 TRIZ 理论中大多数观点和工具。ARIZ 的主导思想和观点如下。

　　1）矛盾理论

　　发明问题的特征是存在矛盾，ARIZ 强调发现并解决问题中的矛盾，阿奇舒勒将矛盾分为管理矛盾、技术矛盾和物理矛盾。管理矛盾是指希望取得某些结果或避免某些现象，需要做一些事情，但不知如何去做；技术矛盾总是涉及系统的两个基本参数 A 与 B，当 A 得到改善时，B 变得更差；物理矛盾仅涉及系统中的一个子系统或部件，并对该子系统或部件提出了相反的要求。技术矛盾可转化为物理矛盾，物理矛盾更接近问题

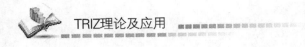

本质。

ARIZ 采用一套逻辑过程，逐步将一个模糊的初始问题转化为用矛盾清楚表示的问题模型。首先将初始问题用管理矛盾来表述，根据 TRIZ 实例库中的类似问题类比求解，无解则转化为技术矛盾采用 40 个发明原理解决，如问题仍得不到解决则进一步深入分析发现物理矛盾。特别强调由理想解确定物理矛盾的方法，一方面技术系统向着理想解的方向进化；另一方面物理矛盾阻碍达到理想状态。创新是克服矛盾趋近于理想解的过程。

2）克服思维惯性

思维惯性是创新设计的最大障碍，ARIZ 强调在解决问题过程中必须开阔思路克服思维惯性，主要通过利用 TRIZ 已有工具和一系列心理算法克服思维惯性。

① 将初始问题转化为"缩小问题"（Mini - Problem）和"扩大问题"（Maxi - Problem）两种形式。"缩小问题"是尽量使系统保持不变，达到消除系统缺陷与完成改进的目的。"缩小问题"通过引入约束激化矛盾，目的是发现隐含矛盾。"扩大问题"是对可选择的改变不加约束，目的是激发解决问题的新思路。

② 强调应用系统内、系统外和超系统的所有种类可用资源，主要包括 7 种潜在的资源类型：物质、能量/场效果、可用空间、可用时间、物体结构、系统功能和系统参数，并且可用资源的种类和形式是随着技术的进步不断扩展的。

③ 系统算子：考虑将系统问题扩展，系统往往不是孤立存在的，系统包含子系统，并隶属于超系统，在过程上处于前系统和后系统之间，系统也包括过去状态和将来状态。系统算子方法考虑系统内问题是否可以转移到所在超系统、前系统、后系统及系统的不同时间段。有时系统内难解决的问题在系统以外很容易解决。

④ 参数算子：考虑系统长度参数、时间参数，以及成本增大或减小可能出现的情况，目的是加强矛盾或发现隐含问题。

⑤ 尽量采用非专业术语表述问题，因为专业术语往往禁锢人的思维。例如，在"破冰船破冰"的惯性思维引导下，人们不会想到可以不用破冰而将冰移走。

3）集成应用 TRIZ 中的大多数工具

ARIZ 集成应用了 TRIZ 理论中的绝大多数工具，包括理想解、技术矛盾理论、物理矛盾理论、物-场分析与标准解、效应知识库。对使用者有很高要求，必须可以熟练使用 TRIZ 理论其他工具。

4）充分利用 TRIZ 效应库和实例库，并不断扩充实例库。

ARIZ 应用效应库解决物理矛盾，并已有相应软件支持。搜索实例库，借鉴类似问题解决方案，并且每解决一个问题都要分析解决方案，具有典型意义及通用性的加入实例库。但不同问题的相似性判别、原理解特征分析、实例库分类检索方法还有待研究。

可以将 ARIZ - 85 细化为 3 个阶段 9 个关键步骤，每个步骤中含有数量不等的多个子步骤（表 9 - 1）。在一个具体的问题解决过程中，并没有强制要求按顺序走完所有的 9 个步骤，而是一旦在某个步骤中获得了问题的解决方案，就可跳过中间的其他几个无关步骤，直接进入后续的相关步骤来完成问题的解决。

表 9 - 1   ARIZ - 85 步骤表

阶段	步骤	子步骤
第一阶段　建构与分析原有问题	步骤一　分析问题	① 问题"最小化" ② 确定冲突元素 ③ 建立技术矛盾模型 ④ 选择技术矛盾 ⑤ 强化技术矛盾 ⑥ 陈述问题模型 ⑦ 应用标准解系统
	步骤二　分析问题模型	① 定义操作区域(OZ) ② 定义操作时间(OT) ③ 查明资源
	步骤三　陈述 IFR 和物理矛盾	① 表述最终理想解 1(IFR - 1) ② 强化 IFR - 1 ③ 从宏观级表述物理矛盾 ④ 从微观级表述物理矛盾 ⑤ 表述 IFR - 2 ⑥ 使用物-场分析
第二阶段　移除实体限制	步骤四　利用资源	① 使用小人法 ② 返回 IFR 以前的步骤 ③ 使用混合物质资源 ④ 使用真空区 ⑤ 使用派生资源 ⑥ 使用电场 ⑦ 使用场和场敏物质
	步骤五　应用知识库	① 考虑应用标准解来解决物理矛盾 ② 考虑应用已有解决方案 ③ 考虑应用分离原理来解决物理矛盾 ④ 考虑应用自然知识和现象来解决物理矛盾
	步骤六　转换或替代问题	
第三阶段　分析问题答案	步骤七　分析解决物理矛盾的方法	① 检查解决方案 ② 解决方案的初步评估 ③ 通过专利搜索检查解决方案的新颖性 ④ 子问题预测
	步骤八　利用解决方案	① 定义改变 ② 检查应用 ③ 应用解决方案解决其他问题
	步骤九　分析问题解决的过程	

ARIZ 基本工作流程如图 9.1 所示。

ARIZ 的分解步骤中给出了一些相关的注释和使用规则。一定要重视这些注释和规则，尤其是刚刚开始接触 ARIZ 的使用者，它能帮助人们更好地理解和使用 ARIZ。

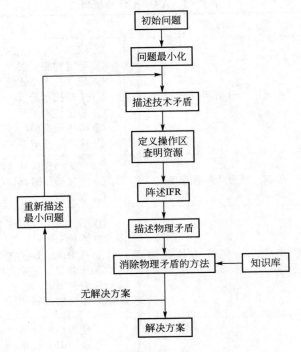

图 9.1   ARIZ 流程

需要强调的是以下几点。

(1) ARIZ 是 TRIZ 理论最强大的工具之一，只有经过 80h 以上的预先理论的研究，熟悉前面各章所讲的 TRIZ 工具，熟练掌握 76 种标准解法的应用，才能有效利用这个工具。

(2) ARIZ 是解决非标准问题的工具，在应用 ARIZ 之前，需要先检查一下你的问题是否可用标准解法来解决，如果是标准问题，则没有必要用 ARIZ 来解决，而直接查找 76 种标准解法，进行问题的解决。

(3) ARIZ 虽然步骤繁多，但路线是清晰的，在学习时应有足够的耐心和毅力，要保持随时记录想法和解题思路的习惯。

9.2   详解 ARIZ - 85

9.2.1   第一阶段：建构与分析原有问题

1. 步骤一：分析问题

应用 ARIZ 解决的问题一般本身比较复杂，状态比较含糊。所以在着手解决问题时，需要对其进行分析和简化，建立一个可以准确描述的极其单一化的模型：问题模型。本步骤有 7 个子步骤(表 9 - 2)。

表 9 - 2　步骤一的子步骤

序号	子步骤名称	简要说明
①	问题"最小化"	陈述系统的目的 列出系统的主要零件 技术矛盾 TC-1 技术矛盾 TC-2
②	确定冲突元素	产品 工具
③	建立技术矛盾模型	图解模型 TC-1 图解模型 TC-2
④	选择技术矛盾	"TC-1"或"TC-2"
⑤	强化技术矛盾	矛盾尖锐化
⑥	陈述问题模型	引入 X 元素
⑦	应用标准解系统	对照 76 种标准解法，看是否能获得解决方案

（1）问题"最小化"。

问题"最小化"就是要将问题约束在"最小范围"。在 ARIZ 中问题"最小化"要按照严格的示意图建立。还应该确定技术矛盾，在此步骤中技术矛盾是"成对出现"的。

使用非专业术语，按下列模式陈述"最小"问题：技术系统为（陈述系统的目的）包括（列出系统的主要部件）；技术矛盾 TC-1；技术矛盾 TC-2。

必要时，可以对系统做最小的改动，以陈述要求的结果。

注释 9-1："最小"问题是通过引入约束从问题情境中获得的：当系统中的各个元素保持不变或变得稍微复杂的时候，期望的作用（或特性）会呈现，同时有害作用（或特性）会消失。将问题情境转化为"最小"问题并不意味只想解决小的问题，而是通过引入旨在不改变系统的前提下能获得期望结果的附加要求，引导人们来突出矛盾，从一开始就紧紧锁定交替换位的路径。

注释 9-2：在制定本步骤时，不但要指明系统的技术元件，还应该指出与系统相互作用的"自然"组件。

注释 9-3：技术矛盾表示系统内的相互作用，由此产生有益作用也会产生有害作用。换句话说，通过引入或改善有益作用，或者消除或减小有害作用，有时会造成全部或部分系统的降级（有时降幅非常大）。

技术矛盾先通过确定系统元件好的、坏的两种结果中的一种情形来进行解释陈述，然后，随同相关的解释来一起确定系统元件的另一种相反情形。

有时，问题情境只包含工件（产品），技术系统（缺少工具）是不完整的，所以无法呈现明显的技术矛盾。在这种情况下，技术矛盾可通过考虑工件的好的、坏的两种情形来获得，即使其中的一种情形无法直接获得。例如，考虑以下问题情境。

如何用肉眼来观察悬浮在洁净液体中的细微颗粒？如果说颗粒细小到足以让光线从其周围悄然溜过。

TC-1：因为颗粒细小所以液体始终保持洁净，但是肉眼无法观察到这些颗粒。

TC-2：大颗粒容易观测，但其结果是液体不再洁净了，这又是不可接受的结果。

看来问题情境好像在故意避免考虑到 TC-2，毕竟，人们不能改变工件。所以，在这里将只会考虑 TC-1，但是，TC-2 却提供给人们利用工件的附加要求：小颗粒可保持到细小，而且也可以变大。

📖注释9-4：为减少惯性思维，要用通俗易懂的词语来代替与工具和环境相关联的专业术语。原因是专业术语：①会在人们的脑海里打下那些习惯使用的工具和工作方法的烙印。例如，在"破冰船破冰"惯性思维导向下，人们不会想到可以不用破冰而将冰移走。②在问题情境描述中，可能会隐藏掉元件的某些特性。③缩小了物质可能存在状态的范围。例如，使用术语"油漆"将导致人们只想到液体或固态油漆，然而，油漆也可以是气态的。

（2）确定冲突元素。

冲突的元素包括一个工件和一个工具。

📖规则9-1：如果工具有2种情形，按照问题情境的描述，需指明这2种情形。

📖规则9-2：如果问题情境描述涉及几对类似的相互关联的元件，则只考虑其中的一对就足够了。

📖注释9-5：工件是问题情境中要求"加工"的元件（"加工"意味着制造、移动、调整、改进、保护、探测、测量等）。有些元件常因为其用途而被看作是工具，但在与测量或/和探测的问题中，可视为工件。

📖注释9-6：工具是直接作用在工件上的元件，比如火焰（而非火炉）。环境的一些特别部分也可看作是工具，工件装配中的标准零部件也可被认为是工具。

📖注释9-7：矛盾对中的一个元件也可以是双重的。比如，可以有两个不同的工具同时作用在一个工件上，一个工具干扰另外一个工具。也可以有两个工件由同一个工具作用，一个工件干扰另外一个工件。

（3）建立技术矛盾模型。

根据上述（1）和（2）的结果，建立技术矛盾的图解模型需要十分用心。

📖注释9-8：典型冲突（矛盾）模型图见表9-3所列。如果非标准的图解模型更贴近反映矛盾的本质，则允许使用那些非标准的图解模型。

表9-3 典型冲突（矛盾）模型图

序号	名称	图解	说明
1	反向作用	A ←→ B	A 有用作用在 B 上，B 对 A 反向产生有害作用。必须消除有害作用，保留有用作用
2	成对作用1	A →→ B	A 有用作用在 B 上，同时对 B 产生有害作用。必须消除有害作用，保留有用作用
3	成对作用2	A → B₁ ⇝ B₂	A 有用作用在 B 上，同时也对另外一个 B 产生有害作用。必须消除对 B_2 有害作用，保留对 B_1 有用作用

（续）

序号	名称	图解	说明
4	成对作用3	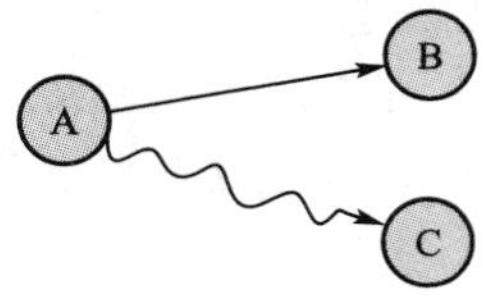	A 有用作用在 B 上，有害作用在同系统的 C 上。必须在不破坏系统的条件下消除有害作用，保留有用作用
5	成对作用4	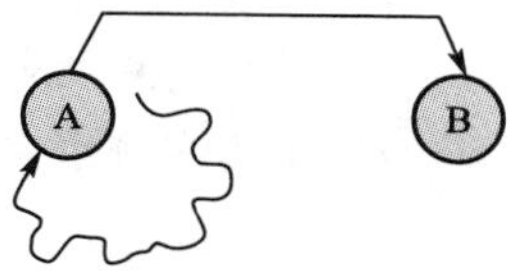	A 有用作用在 B 上，同时也对 A 自身产生有害作用。必须消除有害作用，保留有用作用
6	互斥作用	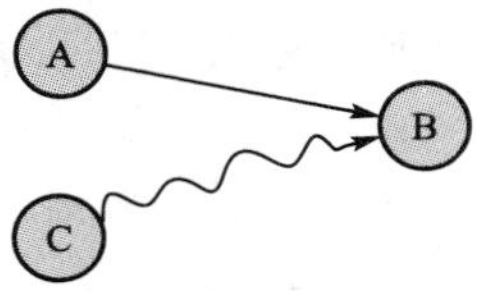	A 有用作用在 B 上，C 的互斥作用也在 B 上。必须在不改变有用作用的同时，完成 C 对 B 的作用
7	不完整作用	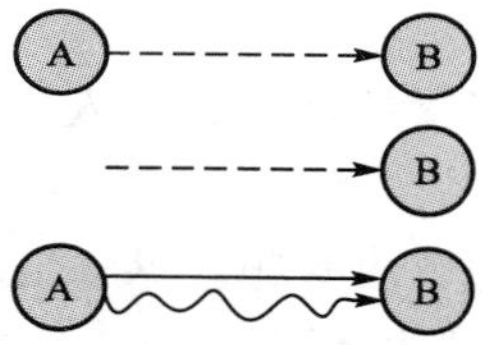	A 提供有用作用给 B 的同时，要求 2 个不同的作用，或 A 不能有效作用于 B。有时要求 A 对 B 作用，但 A 缺失，又不清楚如何获得，必须提供与"最简单"A 兼容的对 B 的作用
8	缺少作用		关于 A/B 相互作用的信息是缺失的。有时，只给出 B，必须获得需求的信息。
9	失控作用	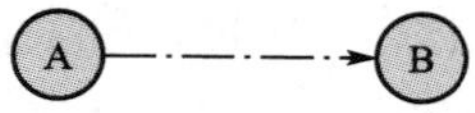	A 对 B 的作用是失控的，同时要求可控作用。必须实现 A 对 B 作用的可控性。

📖注释9-9：有些问题具有多重矛盾，如模型图 9.2(a)所示。如果认为元件 B 是一个改进的工件，或者扩充元件 A 的主要特性或状态到元件 B，以上这种模型可以转化为 2 个单层模型图如图 9.2(b)所示。

(a)　　　　　　　　　　　　(b)

图 9.2　多重矛盾的冲突模型

📖注释9-10：冲突（矛盾）不仅指存在于空间上的，也指时间上的。

📖注释9-11：步骤一中的②和③改进和提炼了问题情境的总体描述。因此，在完成③后，有必要返回①并检查在①→②→③路径中是否存在不一致的地方。如果存在不一致，则必须消除不一致并修正路径。

（4）选择技术矛盾。

从两个技术矛盾模型图中，选择一个能表达关键制造流程最好性能的模型（即问题描述中指出的技术系统的主要功能），陈述关键制造流程是什么。

注释9-12：当从两个冲突模型图中选择一个时，人们从工具的两个相反的状态中就选择了一个状态。人们随后的问题解决努力将与此状态相连。ARIZ禁止将"极少数装置"转化为一些"最佳数量装置"，其目的是为了突出而不是掩饰矛盾。如果保持工具的一种状态，稍后可获得这种状态下要求工具的相反特性，即使这种特性是工具在另一个状态下的固有特性。

注释9-13：在解决与测量或/和检测有关的问题时，有时难以确定主要生产过程。最终，测量大多数都履行更改的目的，也就是加工工件、生成某物等。所以，在测量问题中，关键制造流程是整个系统的关键制造流程，不仅仅是需要测量零件，但科学目的的测量问题可以除外。

（5）强化技术矛盾。

通过指出元件的限制状态（作用）来强化技术矛盾。强化的目的是使矛盾尖锐化，这样更接近于解决问题步骤。

规则9-3：大多数的问题包括下列类型的矛盾："多数元件"对"少数元件"，"强元件"对"弱元件"，等等。"少数元件"的冲突只可以转化成"没有元件"或"缺少元件"。

（6）陈述问题模型。

此步骤是得出前5个步骤分析的结论。本步骤的重点是引入了一个神秘的未知资源：X元素。

假设存在一个X元素，它能帮助人们很好地解决问题。也就是说，X元素能够彻底消除矛盾，且完全不影响有用功能的实现，也不会产生有害效应或使系统复杂化。这样，问题就聚焦在X元素的寻找上。

阐述以下各点来陈述问题模型：①矛盾的元件；②矛盾的强化（比如强调、夸大）规则；③通过引入X元素来解决问题（也就是说，X拥有什么，保持、消除、改进、供给等）。

注释9-14：这个问题模型是一个典型的提取问题，人工选择技术系统的一些元件的同时将其他元件临时放到界限外。

注释9-15：步骤一中的⑥后，需要返回①检查建立的问题模型的逻辑性。有时，选择的冲突模型图通过指出X元素的作用而提炼。

注释9-16：X元素不一定是代表系统的某个实质性的组件，但可以是一些改变、修改或系统的变异，或全然未知的东西。例如系统元素或环境的温度变化或相变。

（7）应用标准解系统。

考虑应用标准解法的系列解法来解决问题模型，如果问题不能获得解决，则进入步骤二；如果问题解决了，可以直接跳到步骤七，当然，ARIZ建议仍然进入步骤二来继续分析问题。

注释9-17：步骤一中所进行的分析和建立的问题模型能有效地阐明发明问题，并在很多情况下在非标准问题中辨别出标准元件。所以，在问题解决过程的这个阶段应用标准解法比在初始问题阶段要有效得多。

例9-1　等离子弧切割机（图9.3）电极的保护。等离子切割机的工作原理是以压缩气体为工作气体（工作气体是等离子弧的导电介质，又是携热体，同时还要排除切口中的熔融金属），以高温高速的等离子弧为热源，将被切割的金属局部熔化并同时用高速气流将已熔化的金属吹走，形成狭窄切缝。

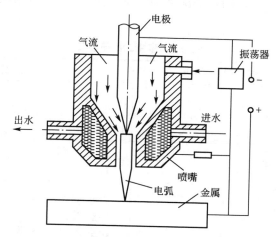

图9.3 等离子弧切割机工作示意图

切割金属时，电弧的强度是非常大的，而在强电弧作用下，切割机的电极很容易损坏。如何才能有效地保护电极呢？下面按照 ARIZ－85 给出的步骤来分析解决这个问题。等离子弧切割机电极的保护见表 9－4。

表9－4 等离子弧切割机电极的保护

步骤一 分析问题	① 问题"最小化"	切割金属的电极技术系统包括气体、电极、电弧、金属 TC－1：如果电弧是非常强的，它可以迅速切割金属，但是会毁坏电极 TC－2：如果电弧是微弱的，它不毁坏电极，但是不能有效地切割金属 必须对系统进行最小改动，保证快速切割并且不损坏电极
	② 确定矛盾元素	产品：金属(M)、电极(E) 工具：电弧(Ea)(强的或弱的)
	③ 建立技术矛盾模型	TC－1：可以迅速切割金属 会毁坏电极　　　　TC－2：不毁坏电极 不能有效切割金属
	④ 选择技术矛盾	TC－1有利于切割金属，依据不影响生产力原则，选择 TC－1
	⑤ 强化技术矛盾	电弧加到最强，这样最有效完成金属切割，但电极很快损坏
	⑥ 陈述问题模型	矛盾元件：强的电弧、电极和金属 矛盾的强化：电弧加到最强，这样最有效完成金属切割，但电极很快损坏 必须找到 X 元素，它能有效保护电极，但不影响切割功能
	⑦ 应用标准解	没有找到

2. 步骤二：分析问题模型

步骤二的主要目的是创建用来解决问题的有效资源的清单（空间、时间、物质和场），其子步骤见表9-5。

表9-5　步骤二的子步骤

序号	子步骤名称	简要说明
①	定义操作区域(OZ)	作用体 执行体 接受体
②	定义操作时间(OT)	T_1 T_2
③	查明资源	内部 SFR 外部 SFR 超系统(环境)SFR

(1) 定义操作区域(OZ)。

定义 OZ 的作用体、执行体、接受体，绘出模型图。

注释9-18：在最简单的情况下，操作区就是矛盾在问题模型中所表明并呈现出来的范围。

(2) 定义操作时间(OT)。

定义 T_1（发生矛盾的时间段）和 T_2（矛盾发生前的时间），并根据问题情境做出选择。

注释9-19：操作时间是有效的"时间资源"，由矛盾发生中的时间(T_1)和矛盾发生前的时间(T_2)组成。矛盾尤其是如飞逝的、瞬间的或短期的经常可在 T_2 中进行有效预防。

(3) 查明资源。

定义并分析系统的物质和场资源(SFR)，创建资源清单。

注释9-20：SFR 是已经存在的那些物质和场（现有资源），或者根据问题描述可容易获得的。共存在 3 种类型的 SFR，即①内部的 SFR：工具的 SFR、产品的 SFR。②外部的 SFR：特定问题所属环境下的 SFR，例如，在观察洁净液体中小粒子的问题中水就是 SFR；共存于环境中的 SFR，包括背景中的场，如重力或地球磁力场。③超系统(环境)的 SFR：根据问题描述，如果有可用的其他系统的废料、廉价物质，也就是无成本的"外界"元素。

在解决"最小化"问题时，以最小的资源付出来获得需求的结果才是值得的。所以，内部 SFR 的利用首先要被考虑。但在制定解决方案或预测（即最大问题）时，应考虑尽可能广泛的范围内的可能资源。

注释9-21：工件（产品）被认为是不可改变的元素，那么，这种不变的元素会有些什么类型的可用资源呢？确实，产品不能被改变，在解决"最小化"问题的时候更不适合进行改变。但是，工件有时可以①改变自身；②允许部分的改造，在这些部分大量存在的地方

（比如河中的水、风等）；③允许向超系统转换（例如，砖块不能做改变，但房子可以进行变化）；④考虑包含微观级的结构；⑤容许与"无物"（真空）结合；⑥可进行暂时性的改变。

因此，工件（产品）可被当作是一个SFR，但仅适用于无须修改就能轻易获得更改的情况下，这种情况比较少见。

注释9-22：SFR是现有的可用资源，所以，首先要进行利用。如果没有现有资源，其他物质和场可以被考虑。也就是说SFR的分析初步构建了一个分析结果。

等离子弧切割机电极的保护即表9-4的续表见表9-6，其操作区如图9.4所示。

表9-6 等离子弧切割机电极的保护（续表9-4）

步骤二 分析问题模型	① 定义操作区域（OZ）	电极与电弧接触的地方（图9.4）
	② 定义操作时间（OT）	产生电弧时
	③ 查明资源	物质资源：气体、电极、金属板、空气、电离的气体（等离子体） 空间资源：电极周围的空隙 时间资源：电弧工作脉冲 能源资源：电场、热场、机械场、化学场、声场、地球重力场、地磁场 功能资源：电弧产生的光（照明） 信息资源：可观测到的金属切割状态

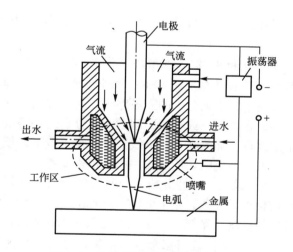

图9.4 电极保护问题的操作区（OZ）

3. 步骤三：陈述IFR和物理矛盾

经过本步骤，可获得最终理想解IFR的未来图像，也确定了阻碍获得IFR的物理矛盾。虽然理想解不会轻易获得，但却可以指引出如何获得理想解的方向。步骤三的子步骤见表9-7。

表 9-7　步骤三的子步骤

序号	子步骤名称	简要说明
①	表述最终理想解1(IFR-1)	X元素消除了有害作用，保持了有益作用
②	强化 IFR-1	X元素是资源中有的，不用加以改变，不用引入新的物质和场
③	从宏观级表述物理矛盾	元件(或其部分)必须在操作区内形成"指明作用"，又不应该在操作区内避免"指明另一种作用"
④	从微观级表述物理矛盾	为了保证"指出宏观状态"，物质的粒子(指出物理状态或作用)必须在操作区域内；而为了"指出相反的宏观状态"，物质的粒子又不能在那里(或必须有相反的状态或作用)
⑤	表述 IFR-2	在(指定的)操作时间和操作区内，需要依靠它自己来提供"相反的宏观或微观状态"
⑥	使用物-场分析	使用物-场分析和标准解法

(1) 表述最终理想解1(IFR-1)。

按下列模式来确定并记录 IFR 的第一种表达式：引入 X 元素，在操作区和操作时间内，不会以任何方式使系统变复杂，也不产生任何有害效应，而且消除了原来的有害作用(指出有害作用)，并保持了工具有用行动的执行能力(指出有益作用)。

注释 9-23：除了"有害作用常与有益作用联系在一起"的矛盾冲突外，也可能发生其他类型的冲突，比如"引入一个新的有益作用导致系统变复杂了"或"一个有益作用与另一个作用相矛盾了"。所以确定 IFR-1 只是一个图像(更确切地说，也可以应用到其他的 IFR 表达式)。

(2) 强化 IFR-1。

通过引入附加要求来强化 IFR-1；X 元素是资源中有的，不用加以改变，不用引入新的物质和场。

注释 9-24：按注释 9-20 和 9-21，在解决"最小化"问题时，应按下列顺序来考虑物质和场资源：①工具的 SFR；②环境的 SFR；③外部的 SFR；④工件的 SFR。

以上各种资源类型就决定了未来分析的 4 条路线，另一方面，问题情境描述也会切断这些路径中的某些有效性。在解决"最小化"问题时，分析这些路线只可能让人们一直下去，直到获得解法方案的终点。如果在"工具线"上获得了点子，就不必再考虑其他的路线。但是，在解决比较庞大的问题时，所有可用路线都需要考虑。

当掌握了 ARIZ，一条连续的、线性分析将被平行的分析所代替，因为问题解决者培养出了一种将一条思路转化到另一条思路上的能力，也就是说，形成了一种"多元化"的思维方式，具备同时考虑超系统、系统、子系统多层面变化的能力。

注意：问题的解决伴随着一个打破旧概念且诞生新概念，一个无法用一般言语进行充分表达的过程。例如，涂料不用溶解就成为液体，或未经涂色就有了色彩的情况下，如何描述涂料的特性呢？

如果与 ARIZ 共事，必须用简单的、没有专业化的、儿童般的词语来写出注释，避免可能强化惯性思维的专业术语。

(3) 从宏观级表述物理矛盾。

按下列模式从宏观级表述物理矛盾：在操作区的操作时间内，为了完成"指出其中一个矛盾的作用"，应该指出物理的宏观状态，比如"热的"和为了完成"指出另一个矛盾作用或需求"，应该指出相反的物理的宏观状态，比如"冷的"。

📖注释9-25：物理矛盾表示与操作区的物理状态相对立的要求。

📖注释9-26：如果要创建一个完整的物理矛盾表达式是困难的，试着按以下模式来阐述一个简要的物理矛盾：元件（或其部分）必须在操作区内形成"指明作用"，又不应该在操作区内避免"指明另一种作用"。

📖**注意**：在使用 ARIZ 解决问题时，解决方案是缓慢形成的。从灵感第一次闪现开始，就永远不要停止问题的解决过程，否则随后可能会发现获得的只是一个不完整的方案。要将 ARIZ 解决问题的过程进行到底。

（4）从微观级表述物理矛盾。

根据下列模式，从微观级来表述物理矛盾：为了保证指出依据③所要求的宏观状态，物质的粒子（指出他们的物理状态或作用）必须在操作区域内；而为了指出依据③所要求的相反的宏观状态，物质的粒子又不能在那里（或必须有相反的状态或作用）。

📖注释9-27：在这里，不一定要准确地定义出粒子的概念，领域、分子、原子、离子等均可被认为是粒子。

📖注释9-28：粒子可以是以下3种元素的部分：①物质；②物质和场；③场（虽然很少见）。

📖注释9-29：如果问题只能在宏观级上进行解决，可能无法进行步骤三中④的表述。此外，尝试在微观级表述物理矛盾被证明是有益的，只要它可给人们提供问题在宏观级必须加以解决的附加信息。

📖**注意**：ARIZ 的前3个步骤基本上是改变原来的"最小"问题；步骤三中⑤将总结这些改变。通过表述 IFR 的第二个表达式（IFR-2），获得一个全新的问题、一个物理问题。从此，人们将聚焦于这个新的问题。

（5）表述 IFR-2。

按下列模式表述 IFR-2：在（指定的）操作时间和（指定的）操作区内，需要依靠它自己来提供"相反的宏观或微观状态"。

（6）使用物-场分析。

尝试用标准解法解决新问题。如果问题仍然没有得到解决，则进入步骤四。如果使用标准解法解决了问题，可以直接跳到步骤七。当然，ARIZ 仍建议进入步骤四来继续分析问题。

等离子弧切割电极的保护即表9-6的续表见表9-8。

表9-8　等离子弧切割机电极的保护（续表9-6）

步骤三　陈述 IFR 和物理矛盾	① 表述最终理想解1（IFR-1）	引入 X 元素，在操作区和操作时间内不会以任何方式使系统变复杂，也不产生任何有害效应，而且可以防止电极的破坏，并保证电弧对金属的切割
	② 强化 IFR-1	再一次分析操作区内及其周围资源，没有找到任何与 X 要求接近的资源
	③ 从宏观级表述物理矛盾	在操作区的操作时间内，为产生强电弧，电极和电弧之间应该存在接触；为了防止电极受到破坏，电极和电弧之间又不应该接触

（续）

步骤三　陈述 IFR 和物理矛盾	④ 从微观级表述物理矛盾	在操作区的操作时间内，为产生强电弧，电极微粒和电弧微粒之间应该存在接触；为了不损坏电极，电弧微粒与电极微粒之间不应互相接触
	⑤ 表述 IFR-2	电极的表面保证在电弧燃烧时不存在与电极微粒接触的电弧
	⑥ 使用物-场分析	S_1：电极的表面，S_2：电弧(与电极接触部分)，没有场，S_1 和 S_2 之间保证存在又不存在冲突，无法建立物-场模型

9.2.2　第二阶段：移除实体限制

1. 步骤四：利用资源

在步骤二中③已经确定了可免费使用的现有资源。步骤四则由通过对 SFR 派生的、对已存在的可用资源进行微小改动且几乎可以免费获得的、导向增加资源可用性的一系列过程所组成。步骤三中③～⑤已开始了以利用物理知识为基础，问题向解决方案的转换。步骤四将继续沿着此路线前进。

注释 9-30：以下规则 9-4～9-7 提供了 ARIZ 步骤四的全部内容。

规则 9-4：处于一种状态的任何种类的粒子只应执行一种作用。也就是不使用粒子 "A" 去同时执行作用 1 和作用 2，而只是完成作用 1；另外需要引入粒子 "B" 以达到执行作用 2 的目的。

规则 9-5：引入的粒子 "B" 可以分成 2 组：B-1 和 B-2。通过安排 2 组 "B" 的交互作用，获得 "免费" 的机会完成附加作用 3。

规则 9-6：如果系统只能包含 "A" 粒子，也可以将其分成 2 组：一组粒子保持原来的状态；另一组粒子的主要参数因为与问题是相关的而被改变。

规则 9-7：被分解或引入的粒子组在完成其功能后，应该立即变回与其他粒子或原存在的粒子无法区分的状态。

步骤四的子步骤见表 9-9。

表 9-9　步骤四的子步骤

序号	子步骤名称	简要说明
①	使用小人法	使用 SLP 创建冲突模型 修正这个冲突模型
②	返回 IFR 以前的步骤	从 IFR 返回以发现新的问题
③	使用混合物质资源	物质资源的混合体
④	使用真空区	真空区或物质资源混合物＋真空区
⑤	使用派生资源	派生资源或派生资源＋真空区
⑥	使用电场	引入电场或 2 个交互作用的电场
⑦	使用场和场敏物质	磁场和磁铁材料、紫外线和发光体、热与形状记忆合金等

(1) 使用小人法(SLP)。

① 使用聪明小矮人来创建一个矛盾模型图;

② 修正这个矛盾模型图,以便聪明小矮人没有矛盾地参与工作。

📖**注释 9-31**:小人法将矛盾要求设想为由一组(或多组、一群等)小矮人执行所需功能的简图模式。SLP 需要扮演成问题模型(工具和/或 X 元素)的可变元件。矛盾需求就是问题模型中所表达的矛盾描述,或者步骤三中⑤所确定的相反物理状态,后者或许是最佳的,但是还没有严格的规则来将物理问题(步骤三中⑤)转化成 SLP 模型。问题模型中的矛盾经常容易进行简图化,有时可以通过将 2 个简图组合到一个图上,以编辑矛盾的模型图,将"好的作用"和"坏的作用"一同表达出来。如果问题在时间上是不断发展的,可适当考虑创建一系列的连续简图。

📖**注意**:本步骤中大多数常见错误是以草率的简图而告终。好的图形应满足以下要求。

① 没有文字也具有表现力,易懂;

② 提供了物理矛盾的附加信息,表现出问题可获得解决的一般路径。

📖**注释 9-32**:步骤四中①是一个辅助的步骤,其功能显现了操作区范围内粒子的作用。小人法考虑到了对无物理的(如何做)理想作用(做什么)的更清晰的理解,同时用来消除惯性思维并赋予创造性的想象力,所以 SLP 仿真可以认为是一种思考方法,并形成了与技术系统进化法则相一致的使用,这就是它为什么会通向问题的解法概念。

📖**注意**:解决"最小"问题时动用资源的目的并不是要全部利用,而是在最小资源花费下获得强有力的解法概念。

(2) 返回 IFR 以前的步骤。

如果你知道渴求的系统是什么,唯一的问题就是寻找获得这个系统的路径,返回 IFR 以前的步骤可能会有帮助。期望的系统被简图化,之后应用最小拆分改变。例如,依据 IFR,2 个零件需要连接,"返回去"就是认为在二者之间存在着间隙,一个新的问题就出现了:如何消除这个间隙? 这个问题常常很容易获得解决,解决办法就提供了一条通向一般问题解决方案的线索。

(3) 使用混合物质资源。

考虑使用物质资源的混合体来解决问题。

📖**注释 9-33**:如果使用现有物质资源可能解决问题,那么这个问题可能永远不会出现或已"自动"得到解决。最常见的是需要引入新的物质来解决问题,但引入新物质会使问题复杂化或出现有害的作用等。SFR 分析的本质就是为了避免这个矛盾:采用新物质但不用引入它们。

📖**注释 9-34**:在最简单的情况下,步骤三中④所推荐的将 2 种单一物质转化为异类的双物质,问题就上升为这种转化是否可行的问题。与同类双系统或多系统相似的系统转换被广泛使用并在标准解法 S3.1.1 中进行了描述。但是,该标准解所结合的是系统而不是步骤四中③所要求的物质。集成 2 个系统的结果是成为一个新系统,集成 2 种物质的结果(系统的 2 块)是成为由数量增加的物质所组成的一个新模块。通过集成相似系统建立新系统的一种机制,是保持新系统中所集成系统的边界。比如,如果认为一张纸是单系统,笔记簿可认为是相应的多系统。保持边界要求第二种物质的引入(边界物质),即使这种物质是真空。所以,步骤四中的④描述了使用真空当作第二种边界物质的异类准多系统的创造。真空确实是一种很不寻常的物

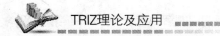

质。当物质和真空混合时，边界不再清晰可见，但是，所需求的结果、新特性出现了。

（4）使用真空区。

考虑使用真空区或物质资源混合物与真空区一起来代替物质资源解决问题。

📖注释9-35：真空是一种非常重要的物质资源，非常廉价且数量不受限制，容易与可利用物质进行混合来产生空洞、多孔结构、泡沫、气泡等。真空区未必就是空间，如果物质是固体，其内部的真空区可以填充液体或气体；如果物质是液体，其内部的真空区可以是气泡。对于特殊水平的物质结构，低水平的结构可能会在真空区呈现（参见注释9-37）。例如，分解的分子可以当作是晶体结构的真空区；原子可当作是分子的真空区等。

（5）使用派生资源。

考虑使用派生资源或派生资源与真空区的混合体来解决问题。

📖注释9-36：派生资源可以通过物质资源的相变来获得。例如，如果物质、资源是液体，可以考虑将冰或水蒸气当作资源。破坏物质资源所获得的产品也可当作是派生资源，例如，氧和氢就是水的派生资源；组分是多组分物质的派生资源。物质分解或燃烧获得的物质也是派生资源。

📖规则9-8：如果要求物质粒子是离子，但是无法依据问题描述来直接获得，它们可以通过分解物质的高一级结构（如分子）来获得。

📖规则9-9：如果要求物质粒子是分子，但是无法依据问题描述来直接获得或使用规则9-8来获得，它们可以通过构造或集成低一级的结构（如离子）来获得。

📖规则9-10：应用规则9-8的最简单的方法是破坏靠近的更高的"完整"或"多余"层次（如负离子）；应用规则9-9的最容易的方法是通过完整靠近低级的"不完整"。

📖注释9-37：可将一种物质看成是多层次的分级系统。具备能充分满足实际应用的准确度，思考以下层次会有所帮助：①加工到最少的物质（某种简单的材料，比如电线）；②"超分子"，比如晶体结构、聚合体、分子结合等；③复杂分子；④分子；⑤分子组分、原子群；⑥原子；⑦原子的成分；⑧基本粒子；⑨场。

规则9-8陈述了新物质可以通过间接途径获得：破坏可引入系统的物质资源或物质的大结构来获得；规则9-9陈述了还有另外一条路径：使较小的结构"完整"起来；规则9-10推荐了完整粒子的破坏（比如分子或原子），因为不完整的粒子（比如阳离子）已经部分地进行了分离，所以会抵抗进一步的分离。反之则建议建立"不完整"粒子，因为这种粒子更易恢复。

📖规则9-10说明了从现存的或易实现物质"核心"来获得派生资源的有效途径。这些规则将导致问题解决者走向需要的自然现象。

（6）使用电场。

考虑是否通过引入一个电场或两个交互作用的电场比引入物质更能解决问题。

📖注释9-38：根据问题描述，如果无法获取可以利用的派生资源，可以使用电子（电流）。电子可被认为是存在于任何物体中的物质。此外，电子与高度可控的场相关联。

（7）使用场和场敏物质。

考虑使用场和物质或对场敏感的物质添加剂来解决问题。典型的是磁场和铁磁材料、紫外线和发光体、热与形状记忆合金等。

💠注释 9 - 39：在步骤二的③中探索了可利用 SFR，在步骤四的③～⑤中考虑了派生资源。步骤四中的⑥讨论的是引入"外来"场，因此放弃了部分现有资源和派生资源。所耗费的资源越少，越有可能获得更理想的解决方案。但是，并非总是只消耗少量资源就能解决问题。有时，必须回到之前的步骤并考虑引入"外来"物质和场，但只能在绝对必要的情况下（无法使用 SLP）这么做。

等离子弧切割机电极的保护即表 9 - 8 的续表见表 9 - 10。

表 9 - 10   等离子弧切割机电极的保护(续表 9 - 8)

步骤四 利用资源	① 使用小人法	用两组小人分别代替电极和电弧，如图 9.5(a)。"电弧小人"与它们接触到的"电极小人"逐个关联，并逐渐地破坏"电极小人"，如图 9.5(b)、(c)。需要改变这种状况，以使"电弧小人"产生的不利影响消失。应该怎样做呢？矛盾："电极小人"必须挡住"电弧小人"，但是因为非常"烫手"，"电极小人"被烧。需要在"电极小人"未被烧坏之前，将"电弧小人"传送出去。由于"电弧小人"太烫，因此需要像手里拿着热馒头一样不断地传递。具体地说，就是要不断移动电极与电弧的接触点。这是可以实现的，电极能够移动起来。而实际上移动"电弧小人"更加容易实现，如图 9.5(d)。关键的问题是，怎样移动呢？
	② 返回 IFR 以前的步骤	理想解是，电弧正常"燃烧"，但电极不被损坏，而现在引起微小的破坏：电弧反正是要"吃掉"一个微粒——一个"电极小人"，需要从备用的或是从资源中找到新的小人，使之迅速地占据被消耗的小人的位置。这样，就可以阻止"电弧小人"继续"吃掉"其他的"电极小人"
	③ 使用混合物质资源	没有找到合适的物质
	④ 使用真空区	本例中找不到真空区，但是有现成空间资源：电极周围的空隙
	⑤ 使用派生资源	电离的气体(等离子体)可以认为是气体在电的作用下"派生"出来的资源
	⑥ 使用电场	使用电场和它们的相互作用是否可能？是的，等离子是可以受电场支配的。需要通过一个"转动"电场来"带动"电弧的转动，应该怎么做？可以利用的不仅有电场，还有磁场。需要在电极附近投入和使用它。于是，很自然地想到了电磁铁，可以利用螺线管，它能创造期望的磁场——得到了解决方案：在电极上绕上导线并通电，用它来形成所需的磁场(图 9.6)

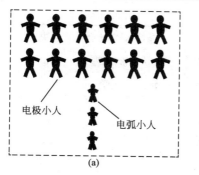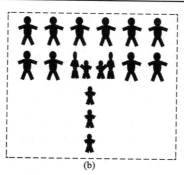

电极小人   电弧小人

(a)   (b)

图 9.5   电极保护问题小人模型

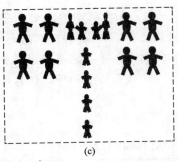
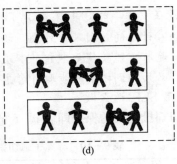

(c)　　　　　　　　　　(d)

图9.5(续)

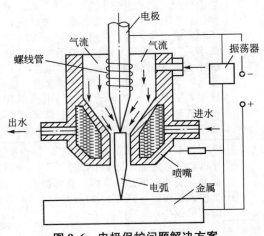

图9.6　电极保护问题解决方案

2. 步骤五：应用知识库

很多情况下步骤四可帮助人们找到解法方案并直接进入步骤七，如果没有找到解法，推荐使用步骤五。步骤五的目的是动用 TRIZ 理论知识库里积累的所有经验。手上的问题在此步骤引人注目地清楚，所以，导向知识库的应用是极可能获得成功的。步骤五的子步骤见表9-11。

表9-11　步骤五的子步骤

序号	子步骤名称	简要说明
①	考虑应用标准解来解决物理矛盾	考虑引入附加物
②	考虑应用已有解决方案	寻找有类似矛盾的解决方案来模拟
③	考虑应用分离原理来解决物理矛盾	4大分离原理
④	考虑应用自然知识和现象来解决物理矛盾	物理、化学、几何效应

（1）考虑应用标准解法来解决物理矛盾。

制定为 IFR-2，牢记步骤四中所考虑到的可用 SFR。

注释9-40：实际上，在步骤四中的⑥、⑦已经返回到标准解法系统，在这些步骤之前，主要注意力集中在应用可用 SFR，避免新物质和场的引入上。如果单单应用现有资源和派生资源可能会错失问题的解决机会,所以需要引入物质或场。大部分标准解法都涉及了引入附加物的方法。

(2)考虑应用已有解决方案。

如 IFR 表达的,牢记步骤四中所考虑到的可用 SFR。

注释 9-41:虽然存在无数的发明问题,但与这些问题相关的物理矛盾相对较少,所以,从含有一个类似矛盾的问题中抽出一种模拟就能解决许多问题。这些问题可能看起来并不相同。因此,只有在物理矛盾的层次上进行分析,才能发现合适的模拟。

(3)考虑利用分离原理来解决物理矛盾。

规则 9-11:只有完全匹配(或接近)IFR 的解决方案是可以接受的。

(4)考虑利用自然知识和现象来解决物理矛盾。

3. 步骤六:转换或替代问题

简单问题可通过物理矛盾的克服得到解决,例如,应用时间分离原理或空间分离原理。解决复杂问题时通常与改变问题的描述有关,也就是消除由惯性思维所产生的、那些从一开始看来就明显的初始限制。

正确地理解并解决问题,发明问题不可能在一开始就能得到精确的表述,问题解决过程本身也伴随着修改问题陈述的过程。

(1)如果问题得到解决,将理论上的解决方案转换成实际的方案,则阐述作用原理,并绘制一个实现此原理的装置原理图。

(2)如果问题没有获得解决,检查步骤一的描述是否陈述的是几个问题的联合体,然后,遵照步骤一中的①再重新进行描述、分解问题,将那些需要立即解决的问题单独列出,通常只要解决主要问题就够了。

(3)如果问题仍未解决,通过选择步骤一中④的另外一对技术矛盾来转换问题。

(4)如果问题依然不能得到解决,回到步骤一重新定义关于超系统的"最小"问题。如有必要,在接下来的几个连续的超系统重复进行再描述的过程。

9.2.3 第三阶段:分析问题答案

1. 步骤七:分析解决物理矛盾的方法

步骤七的主要目标是检查解决方案的质量,应该不需"成本"就能近乎完美地解决物理矛盾。更好的方法是再花费额外的二三小时来获得一个新的、强有力的解决方案,而不是浪费半生时间去研究一个弱的、难以实现的想法。步骤七的子步骤见表 9-12。

表 9-12　步骤七的子步骤

序号	子步骤名称	简要说明
①	检查解决方案	尽可能应用现有或派生资源和自我控制物质
②	解决方案的初步评估	IFR-1 的符合度、物理矛盾解决情况、可控性、周期性
③	通过专利搜索检查解决方案的新颖性	进行相关专利搜索
④	子问题预测	预测新系统开发过程中可能遇到的问题

（1）检查解决方案。

仔细考虑每种引入的物质和场，是否可以用现有资源或派生资源来替代要引入的物质和场，是否可应用自我控制的物质，从而修正解决方案。

注释9-42：自我控制物质是指当环境条件改变时，会以特定方式变换自身状态的物质。例如，加热到居里点以上磁粉失去了磁性。应用自我控制物质允许不依靠外加设备来进行系统的改变或状态的更改。

（2）解决方案的初步评估。

对方案的初步评估包括以下几点。

① 解决方案是否满足 IFR-1 的主要需求？

② 解决方案解决了哪些物理矛盾（如果有）？

③ 新系统是否包含了至少一个易控元素，是哪一个元素，如何加以控制？

④ 用于"单周期"问题模型的解决方案是否符合现实生活中的"多周期"情况？

如果解决方案没有满足以上所有要求，则返回步骤一。

（3）通过专利搜索检查解决方案的新颖性。

（4）子问题预测。

在新技术系统的开发过程中可能会出现哪些子问题？注意那些可能出现的子问题，这些子问题可能需要创新、设计、计算并战胜组织挑战等。

2. 步骤八：利用解决方案

创新的方法不仅用于特定问题的解决，还能为其他类似问题的解决提供"通用"的答案。步骤八的目的就是最大程度地利用已找出的解决方案概念所显示的各项资源。步骤八的子步骤见表9-13。

表 9-13　步骤八的子步骤

序号	子步骤名称	简要说明
1	定义改变	目的是能使解决方案"最大化"利用
2	检查应用	
3	应用解决方案解决其他问题	

（1）定义改变。

定义改变包含已变化系统或超系统该如何进行改变。

（2）检查应用。

检查是否可将被改变后的系统或超系统应用于新方法中。

（3）应用解决方案解决其他问题。

① 简洁陈述一个通用解法原理。

② 考虑直接将该解法原理应用于其他问题。

③ 考虑将相反的解法原理应用于其他问题。

④ 创建一个包含了解决方案所有可能的更改的形态矩阵，并仔细考虑该矩阵所产生的每一种组合。

⑤ 仔细考虑解法方案的更改将导致由系统尺寸或主要零件引起的变化，想象如果尺

寸趋于零或伸展到无穷大的可能结果。

注释9-43：如果所要的目标不仅仅是解决特定的生产问题，那么准确按照步骤八中③可以发起基于此解法方案的广义理论的发展。

3. 步骤九：分析问题解决的过程

使用 ARIZ 解决每一个问题都能很好地增长使用者的创新潜能。然而，要想获得这些，需要对解法过程进行透彻地分析，这就是步骤九的主要目的。

（1）将问题解决的实际过程与理论（更确切地说，依照 ARIZ）进行比较，记下所有偏离的地方。

（2）将建立的解法方案与 TRIZ 理论知识库（标准解法、分离原理、效应和现象知识库等）的信息进行比较。如果知识库中没有包括解决问题所使用的原理，则记录这个原理，以便在 ARIZ 修订时被考虑纳入。

注意：ARIZ-85 已经在很多问题上进行了检验，在几乎每个发现的可用问题上，并用来进行 TRIZ 理论的研究、讲授，一些使用者似乎不记得这些，在基于解决了一个问题的经验上就建议改进 ARIZ，甚至将只适用于特殊问题的特定建议当作规则，来改进一个问题的解决，却导致其他问题的解决更加困难。基于此，所有建议需要先在 ARIZ 以外当作案例来进行检验。例如，和 SLP 仿真一起进行检验。然后，再纳入 ARIZ，任何的改变都必须经过至少 20～25 件相当具有挑战性问题的解决来检验。

ARIZ 一直处于完善之中，因此需要新观念。但是，这些观念必须先十分小心地进行，恰当地检验。

9.3　发明 Meta-算法

到 ARIZ-85 为止，本文介绍了经典 TRIZ 理论的全部核心内容。从"工具"的角度来讲，对于大多数人来说，ARIZ-85 似乎显得"过于复杂"了，本节将简要介绍 ARIZ 的一个简化版本——发明 Meta-算法（Meta-ARIZ）。

9.3.1　Meta-算法

为了更好地理解 Meta-ARIZ，先来简要介绍一下 Meta-算法。TRIZ 理论是定性理论，是结构理论。结构主义在这里有双重原理。

原理一：对每个理论模型和用途特别实用的原理是非正式原理，对实用问题的原理，对在系统和综合试验基础上及在试验确定所使用的理论模型的实用性和效果的基础上获得的实际结果原理。例如，心理学家常常用下面的结构提纲来证明自己的模型和理论：我们并不确切地知道大脑是如何工作的，然而在多数情况下，我们能够确切地知道如何帮助个人采用正确的解决方法。

原理二：定性理论模型同结构数学概念的严格对应是正式原理。可以说，结构数学与定性模型相关，而后者是通过如下的结构方式确立的。

（1）确定原始的结构客体，特别是以案例或样品形式确立客体；

（2）确立规则（不一定是公理性规则），并运用这些规则从已有的客体中创建出新的客体；

（3）确定原始和创造客体所处情况和它们的结构所确定的条件（如可行性、有用性、有效性）。

建造新客体的所有规则统称为算法。综合性算法叫 Meta‐算法，在它基础上能够构建针对特定用途或针对特定模型分类的专用或者详细（更精确）的算法。

Meta‐算法由 4 大阶段构成，可以有如下命名。

第一阶段　诊断：研究问题的情况。

第二阶段　简化：引入已知模型。

第三阶段　转换：在应用相关原理基础上获得解决问题的思路。

第四阶段　验证：检查潜在的目标实现能力。

现在研究一下用于一些具体任务的线性代数方程组的简化"Meta‐算法"（图 9.7）。

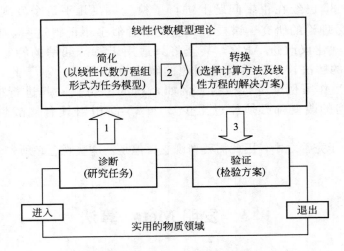

图 9.7　解决线性代数方程组任务的 Meta‐算法

解决线性代数方程组的实践方法的选择取决于原始数据的结构、系统的容量（未知变量的数量）等。此外，对于某些数据类型来说，任务可能不会拥有传统的、精确的解决方案（未以正确方式提出的任务或原始条件很差的任务）。

对于这种类型的任务，"Meta‐算法"具有不变的性质，因为 Meta‐算法不依赖于每个步骤的具体程序内容，即"诊断"和"验证"阶段属于任务的存在领域。也就是说，属于线性方程实践应用的特定领域，而"简化"和"转换"阶段则属于线性代数的数学理论。

例 9‐2　假设在工厂的两个车间有不同数量的两种类型的车床在工作。为了确定特定类型车床所需要的精确的平均功率，决定测量每个车间一昼夜的耗电量以计算车床的平均功率。在问题诊断阶段确定每一种类型车床的数量以及它们的电能损耗数据；在简化阶段构建了带有两个未知数的二元线性方程组；在转换阶段从两个最简单的可适用的方法（消元法及迭代和设置变量法）选出一个求解；在验证阶段通过在原始方程中设置所获未知变量的值来验证所获方案的正确性（图 9.8）。

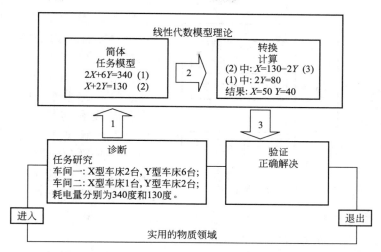

图 9.8　车床平均功率的 Meta-算法

9.3.2　Meta – ARIZ

基于 Meta-算法的"发明 Meta-算法"简称"Meta – ARIZ",该算法由著名 TRIZ 理论专家米哈依尔·奥尔洛夫提出,可以认为是 ARIZ 的简化版本,但绝不是简单的简化。其形式将使 TRIZ 理论知识对于高素质的专家,对于大学生甚至中小学生(进行教育)都是可以接受的。

任何设计师和研究人员、发明者和创新者都需要一个简单高效的"思路引导图",Meta – ARIZ 就是这样的一个"引导图"。Meta – ARIZ 同阿奇舒勒于 1956 年和 1961 年所给出的最初的也是"最明了"的 ARIZ 在结构上是最接近的,可以这样认为,ARIZ – 85 是往更"专业化"方向发展的结果,而 Meta – ARIZ 则是走了"最便捷工具"的路线。Meta – ARIZ 的结构如图 9.9 所示。

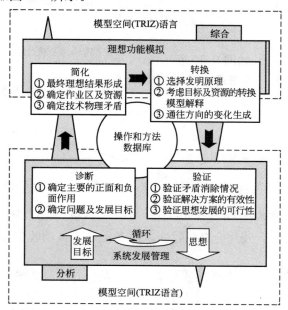

图 9.9　发明 Meta-算法综合图表(Meta – ARIZ)

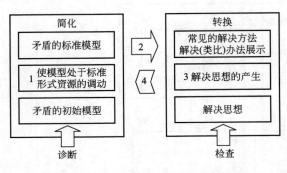

图 9.10　小型 ARIZ(转换的小型算法)

现在来看一个更简单的 ARIZ 模型，该模型被称为小型 ARIZ 或转换的小型算法(图 9.10)。

在图 9.10 中，小型 ARIZ 的两个主要步骤 1 号步骤和 3 号步骤分别属于简化阶段和转换阶段，并且直接与具体矛盾的解决和解决思路有关；2 号反映简化阶段和转换之间的过渡；4 号的箭头表明可能返回简化阶段，例如，用于补充确认模型或寻找新资源。

例 9-3　飞碟残片的收集。射击运动员用于飞行目标(飞碟)射击训练的靶场上会积攒起飞碟残片垃圾，如何清除这些残片？

这个例子在 TRIZ 理论的一些著作中经常被引用，在这里只做最简要的介绍，用以说明 Meta-ARIZ 的一般用法。在解决问题之前请注意以下问题：问题的根源是什么？到底是什么方面无法解决？到底想得到什么结果？

诊断：确定所要解决问题的负面属性：飞碟残片对土地(靶场)会产生有害作用。用下面的逻辑模型设想一下问题(矛盾)结构：如果收集残片，则该工作很有难度，并且微小的残片仍将会慢慢污染靶场的土壤；如果不收集残片，则大量的训练会使垃圾堆积，很快就会超出可以承受的范围。

简化：尝试着用更加简单然而又更加直观的方式设想一下问题的结构，即矛盾形式，如图 9.11 所示。

如果试图消除 TC-1 中的负面因素，目的将是降低收集残片的难度；如果试图消除 TC-2 中的负面因素，目的将是消除土地污染。显然，解决 TC-2 中的负面因素与要求的主要正面结果相符，那就是使土地不受污染，因此选择 TC-2。

接下来陈述物理矛盾，如图 9.12 所示。

下面按时间来考查一下物理矛盾的发展，如图 9.13 所示。

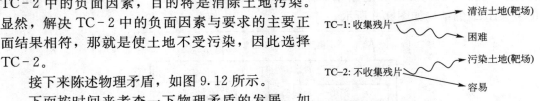

图 9.11　残片收集问题技术矛盾模型

图 9.12　残片收集问题的物理矛盾模型

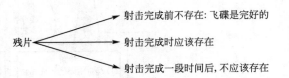

图 9.13　残片收集问题物理矛盾发展

IFR：不用收集残片，残片会自我收集，或者土地会自动收集残片，或者残片对土地没有污染……

转换：分析一下 IFR：什么样的残片会自我收集？什么样的残片会被土地自动收集且无害？用什么材料制作飞碟才对土地无害？显然从材料入手是最接近现实的。

应用小人法，飞碟由无数个能动的小人组成，它们对土地无害。射击完成后，残片的小人会自动散开进入地下。

　　什么材料具有这样的特性? 沙子? 沙子会堆积而不能自动进入地下。只有液体,比如水会自己渗入地下,可是水是不能做成飞碟的,除非冻成冰。冰? 对! 就是冰! 这就是解决问题的思路:用冰来做射击的靶标——飞碟。

　　验证:问题得到了圆满解决。

9.3.3　SMART 2000 T‐R‐I‐Z

　　米哈依尔·奥尔洛夫 Meta‐ARIZ 最简单的版本称作"SMART 2000 T‐R‐I‐Z"。"SMART"是莱文"Simplest Meta‐Algorithm Thinking"的缩写,意为"简单的 Meta‐思维发明算法"。出于教学法的目的,非常"理性"地展开 TRIZ 理论的缩写词,奥尔洛夫将 Meta‐ARIZ 4 阶段的名称修改为"Targeting(趋势)‐Reducing(简化)‐Inventing(发明)‐Zooming(延伸)",缩写正好为"T‐R‐I‐Z",如图 9.14 所示。

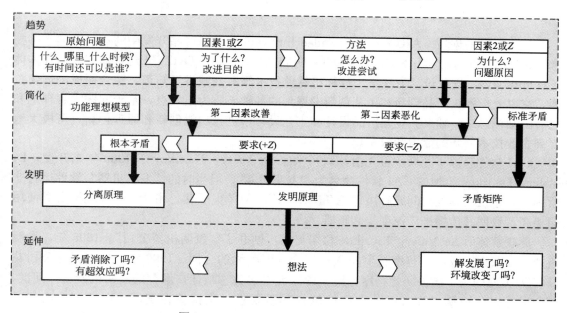

图 9.14　SMART 2000 T‐R‐I‐Z 图解

　　在这里,技术矛盾称为"标准矛盾",物理矛盾称为"根本矛盾"。Meta‐ARIZ 中还有一些称谓与本书采用的称谓不同,如将发明原理称为"A‐引导器"等。为了保持书的前后统一,避免不必要的混淆,一律使用本书给定的称谓。

第10章
计算机辅助创新软件简介

计算机辅助创新 CAI(Computer Aided Innovation)是新产品开发中的一项关键基础技术，是以近年来在欧美国家迅速发展的发明问题解决理论(TRIZ)研究为基础，结合本体论(Ontology)、现代设计方法学、计算机软件技术等多领域科学知识，综合而成的创新技术。它以分析解决产品创新和工艺创新中遇到的各种矛盾为出发点，基于问题求解理论和已有的知识总结，辅助企业在产品设计和工艺设计中进行功能创新和原理创新，可极大地提高企业技术创新的能力和效率。

CAI 软件起源于苏联，首先由苏联科学家 Dr Valery Tsurikov 于 1980 年末开发，Dr Valery Tsurikov 给他的 CAI 软件命名为"发明机器"，但当时的"发明机器"软件运行非常困难，它仅仅是发明问题解决理论 TRIZ 应用的简单电子化。由于 TRIZ 理论自身使用门槛高，致使其传播推广速度受到阻滞。

苏联解体后 Dr Valery Tsurikov 移居美国，创办了"发明机器公司"。1995 年，发明机器公司获得了成功，与摩托罗拉签订了 300 万美元的合同。1996 年，日本三菱公司花1800 万美元购买了该公司的程序方案。1997 年命名为"最佳技术"的发明机器软件问世，使全世界充分地认识到 TRIZ 和 CAI 软件的重要性。紧接着在美国、以色列、比利时(CREAX)等国家相继出现了一批 CAI 软件公司。

现代的 CAI 技术是"创新理论＋创新技术＋IT 技术"的结晶，其总体框架如图 10.1所示，它使 TRIZ 理论不再只是专家们才能使用的创新工具，降低 TRIZ 理论门槛的同时也加速了 TRIZ 理论的传播应用。目前我国市场上比较有影响的 CAI 品牌有美国亿维讯集团推出的旗舰 CAI 产品——Pro/Innovator；Invention Machine 公司的 Goldfire Innovator、TechOptimizer 和 Knowledgis 以及 Ideation International 公司的 Innovation Workbench(IWB)，还有河北工业大学的檀润华教授等人在 TRIZ 的理论研究基础上，研制的计算机辅助产品创新软件 InventionTool 等。

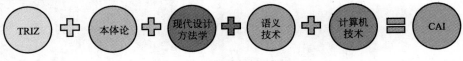

图 10.1 CAI 总体框架

10.1 本 体 论

本体论(Ontology)本来是一个哲学名词,可以追溯到公元前古希腊哲学家亚里士多德(公元前384~322年)。它属于形而上学(Metaphysics,研究现实的本质,包括意识和物质、物质和属性、事实和价值之间的关系)理论的分支,研究客观事物存在的本质。它与认识论(Epistemology)相对,认识论研究人类知识的本质和来源,本体论(哲学意义)研究客观存在,认识论研究主观认知。

20世纪80年代末90年代初,随着人工智能的发展,本体论被人工智能界赋予了与哲学意义上的本体论完全不同的、新的定义。在人工智能领域,本体论是研究客观事物间相互联系的学科,本体(ontology:o小写)是共享概念模型的明确形式化规范说明。由此定义可以看出本体有以下4层含义。

(1) 概念模型(Conceptualization):通过抽象出客观世界中一些现象的相关概念及其关系而得到的模型,其表示的含义独立于具体的环境状态。

(2) 明确(Explicit):所使用的概念及使用这些概念的约束和关系都有明确的定义。

(3) 形式化(Formal):精确的数学描述,计算机可读。

(4) 共享(Share):本体体现的是共同认可的知识,反映的是相关领域中公认的概念集,它所针对的是团体而不是个体。

由此也可看出,本体或本体论不同于数据词典或概念模式(Conceptual Schema),更不仅仅是一个叙词表或词汇表。

本体论的目标是捕获相关领域的知识,提供对该领域知识的共同理解,确定该领域内共同认可的词汇,并从不同层次的形式化模式上给出这些词汇(术语)和词汇之间相互关系的明确定义,并大规模地共享模型、集成系统、获取知识和重用依赖于领域的知识结构分析。本体论的应用需要以下3方面的条件。

(1) 实施并行工程、异地协同设计制造与产品全生命期管理的需求——术语标准化;

(2) 虚拟企业或供应链内部异构信息系统之间的互操作和集成——异构数据集成;

(3) 领域知识的表达、共享、重用。

10.2 计算机辅助创新设计平台 Pro/Innovator

Pro/Innovator是美国亿维讯集团推出的旗舰CAI产品,是发明问题解决理论(TRIZ)、本体论、现代设计方法学、自然语言处理技术与计算机软件技术相结合的新一代计算机辅助创新设计工具。借助其强大的综合分析工具和源于世界优秀专利而创建的创新方案库,不同工程领域的技术人员在面临每一技术难题时,可打破思维定式,拓宽思路,以全新的视角和思路分析问题,快速得到可操作的高效解决方案。利用Pro/Innovator平台进行创新设计的过程如图10.2所示。

Pro/Innovator在工程技术中有着广泛的应用,技术人员通过初始问题的描述,对问题进行系统分析,寻找问题产生的原因,不断分解问题并形成问题列表,通过矛盾问题求

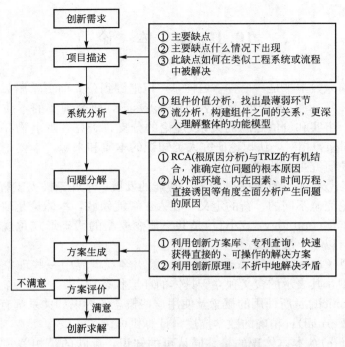

图 10.2 Pro/Innovator 创新设计过程

解或根本问题求解，找出解决问题的方法和备选方案，对其进行矛盾问题求解（可行性或风险性分析）及资源分析（产品层次和时序），形成备选方案，还可以对各备选方案生成评价报告，其解题流程如图 10.3 所示。

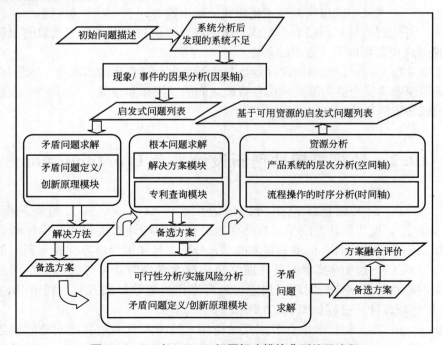

图 10.3 Pro/Innovator 问题解决模块典型使用流程

Pro/Innovator 旨在迅速提高研发人员解决技术难题的效率，它所解决的是实现技术创新所需的广博知识和有效方法的工具问题，能帮助研发人员在新产品概念设计阶段、工艺设计阶段、样机优化设计及现有产品改进过程中，针对当前技术存在的问题，有效地利用多学科领域的知识，查询和借鉴其他领域解决相关问题的方式、方法和原理等，形成具有创新性的解决方案，是计算机辅助创新的有力工具，其解题原理如图 10.4 所示。

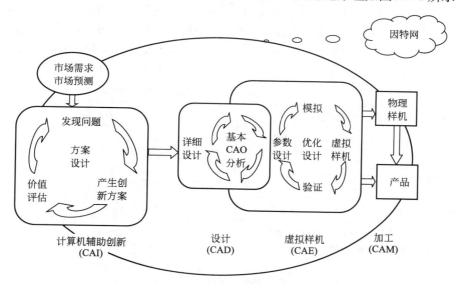

图 10.4 Pro/Innovator 解决问题原理

Pro/Innovator 具有以下特点。

（1）独一无二的创新问题求解系统；

（2）问题解决流程导航；

（3）基于系统思维的问题分析与定义；

（4）避免折中的创新原理与矛盾消解；

（5）强大的创新方案知识库支持；

（6）融合国外著名的创新理论的问题求解；

（7）专利查询；

（8）完善的备选方案评价机制；

（9）自动报告生成功能。

10.3 计算机辅助创新设计平台 Pro/Innovator 2005 的安装

10.3.1 Pro/Innovator 2005 的安装环境要求

在 Pro/Innovator 2005 安装中，对计算机的软硬件要求见表 10 - 1，同时以下几点也需要特别注意。

（1）要安装 Pro/Innovator 2005 的服务器端，要求必须安装 SQL Server 2000 数据库和 IIS；

（2）要安装 Pro/Innovator 2005 的客户端，要求 IE 的版本必须在 IE5.5 以上；

（3）测试服务器端 IIS 安装是否成功的方法：在 IE 中的地址栏中输入：http：//local-host，若出现 IIS 的页面，则证明 IIS 安装成功；若出现"无法显示该页"，则说明 IIS 没有安装成功；

（4）查看客户端 IE 版本号的方法：在 IE 中选择"帮助""关于 Internet Explorer"，在出现的对话框中即标有 IE 的版本号。如果是 Windows2000 Professional 操作系统，则缺省的 IE 版本是 5.0，必须要将 IE 升级到 5.5 版本以上方可进行 Pro/Innovator 2005 的安装；

（5）在 Server 端安装 IWINT License Manager 和 Pro/Innovator 2005 Application Server；

（6）在客户端安装 Pro/Innovator 2005 和 Pro/Innovator 2005 Editor。

表 10-1　Pro/Innovator 2005 对计算机软硬件要求

项目		服务器端	客户端
硬件要求	处理器	Pentiun4 2.6GHz 或者更高	PIII600MHz 以上
	内存	1GB 或者以上	256MB 或者以上
	硬盘	至少 2GB 以上的剩余空间	1GB 以上的剩余空间
	网卡	高速网卡	10M/100Mbps 自适应网卡
软件要求	操作系统	Windows 2000Server/Windows 2000Advanced Server/Windows 2003 Server SP1	Windows2000/Windows XP
	数据库	Microsoft SQL Server 2000 SP3	无
	IE	IE 5.5 或者以上	IE 5.5 或者以上
	IIS	Internet Information Services 5.0 或者以上	无
	其他	无	IE 使用的用于播放 Flash 的插件 RTF 文档编辑器

10.3.2　IWINT License Manager 的安装

将 Pro/Innovator 2005 的光盘放入光驱中，出现界面如图 10.5 所示。首先安装 IWINT License Manager，设置选择默认即可。

10.3.3　Pro/Innovator 2005 在 Server 端的安装

（1）在 Server 端安装 Pro/Innovator 2005 Application Server，选择 Pro/Innovator 2005 Application Server 单选按钮，如图 10.6 所示。

（2）接受软件使用许可协议，如图 10.7 所示。

（3）保留默认设置，单击 Next 按钮。

（4）输入 License 服务器名和序列号，如图 10.8 所示。

（5）第一次安装 Pro/Innovator 2005，选择 Create new database 单选按钮，如图 10.9 所示，单击 Next 按钮。

（6）弹出如图 10.10 所示的对话框，按照提示框内容输入相应的信息，确保机器已经联网和 SQL Server 服务和 IIS 服务启动的情况下，单击 Next 按钮。

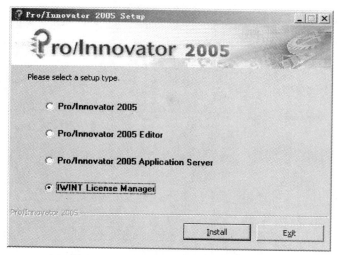

图 10. 5　IWINT License Manager 安装

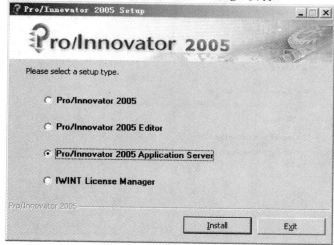

图 10. 6　Pro/Innovator 2005 Application Server 安装

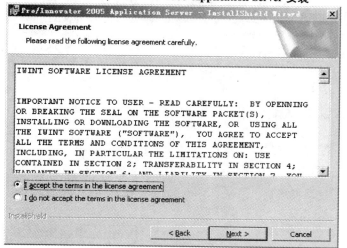

图 10. 7　接受许可协议

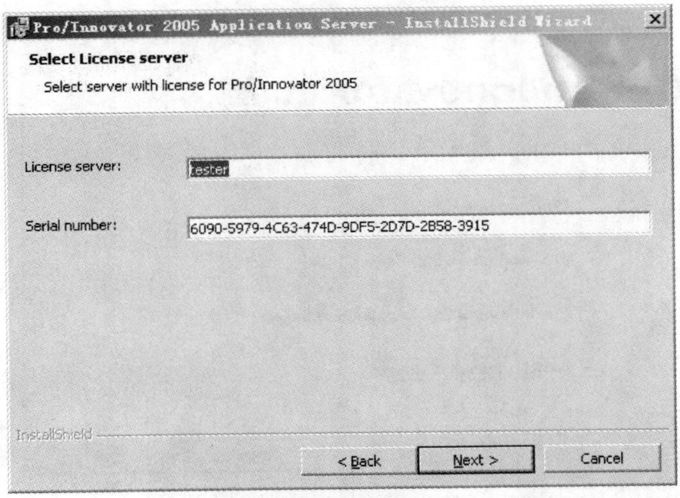

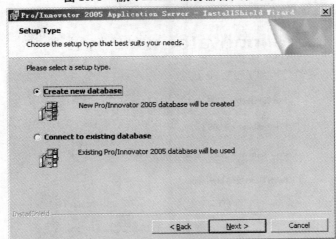

图 10.8　输入 License 服务器名和序列号

图 10.9　选择 Create new database

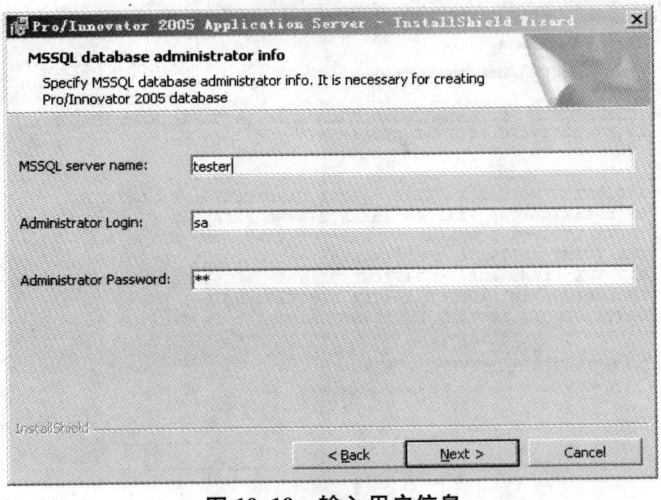

图 10.10　输入用户信息

（7）按照提示框内容输入相应的信息，如图 10.11 所示，单击 Next 按钮。

（8）单击 Install 按钮进行服务器端安装。

（9）系统将会在 Server 端创建出数据库，单击 Finish 按钮，Pro/Innovator 2005 Server 安装完成，如图 10.12 所示。

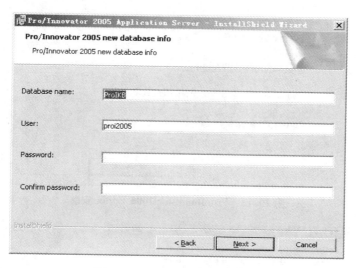

图 10.11　按要求输入相应信息

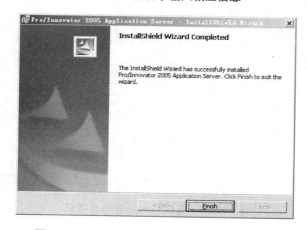

图 10.12　Pro/Innovator 2005 Server 安装完成

10.3.4　Pro/Innovator 2005 Editor 的安装

（1）在客户端安装 Pro/Innovator 2005 Editor，选择 Pro/Innovator 2005 Editor 单选按钮，如图 10.13 所示。

（2）接受软件使用许可协议，单击 Next 按钮。

（3）保留默认值，单击 Next 按钮。

（4）选择 Complete 单选按钮，如图 10.14 所示，单击 Next 按钮。

（5）在确保客户端和 Server 连接正常，并且 Server 端的 IIS 服务和 SQL Server 服务启动的情况下，单击 Next 按钮。

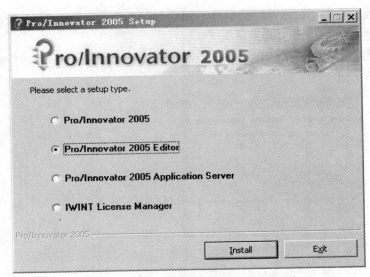

图 10.13 Pro/Innovator 2005 Editor 安装

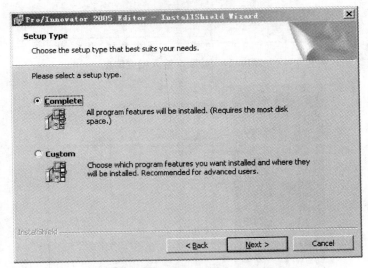

图 10.14 选择 Complete 单选按钮

(6) 系统将会完成 Pro/Innovator 2005 Editor 的安装。

10.3.5 Pro/Innovator 2005 的安装

与 Pro/Innovator 2005 Editor 的安装过程完全一致。

10.4 Pro/Innovator 模块

单击桌面 Pro/Innovator 的快捷方式，或从桌面左下角选择"开始"→"所有程序"→Pro/Innovator，Pro/Innovator 软件启动，其操作界面如图 10.15 所示，主要由标题栏、工具栏、菜单栏、导航树、信息显示窗口和操作窗口组成。

图 10.15 Pro/Innovator 操作界面

（1）标题栏：显示 Pro/Innovator 的版本和正在打开的文件名。

（2）菜单栏：主要包括"文件（F）"、"编辑（E）"、"查看（V）"、"操作（A）"、"工具（T）"和"帮助（H）"命令，在其下一行工具栏还有"创建新项目"等 17 个图标命令。

"文件（F）"命令下拉菜单依次为"新建项目（N）"、"打开项目（O）"、"保存项目（S）"、"项目另存为（A）"、"导出项目（E）"、"导入项目（I）"、"最近打开项目（R）"和"退出（X）"命令；"编辑（E）"命令下拉菜单为"删除（D）"命令；"查看（V）"命令下拉菜单依次为"工具栏（T）"（包括"标准（T）"和"本体论（I）"）、"状态栏（S）"、"项目导航（P）"（包括"显示问题导航树（N）"、"显示问题（P）"、"显示解决方案（S）"和"显示查询式（Q）"）、"用户界面显示语言（U）"（包括 English 和 Chinese）、"知识库显示语言（C）"（包括 English 和 Chinese），"项目导航"、"系统分析"、"问题分解"、"解决方案"、"创新原理"和"专利查询"命令；"操作（A）"命令下拉菜单依次为"评价（E）"、"项目报告（R）"、"专利生成（P）"和"添加用户方案（A）"命令；"工具（T）"命令下拉菜单依次为"项目管理器（R）"、"本体论浏览器（B）"、"评价模型管理器（E）"、"专家组管理器（G）"、"报告模板管理器（T）"和"选项命令（D）"；"帮助（H）"命令下拉菜单依次为"目录（C）"、"索引（I）"、"快速向导（Q）"、"亿维讯集团网站（W）"和"关于 Pro/Innovator 2005（A）"。

17 个图标命令含义：创建新项目，打开一个现有项目，保存当前项目，删除选择项目，打开评价模型管理器，打开专家组管理器，打开报告模板管理器，打开项目管理器，评价备选方案，生成项目报告，生成专利申请，显示或隐藏问题导航树，就绪，显示或隐藏解决方案，显示或隐藏查询式，用户界面和知识库内容语言切换，显示本体论浏览器。

（3）导航树：显示项目的层次关系，从上向下依次为"项目"、"项目封面"、"项目描述"、"问题定义"和"问题求解"、"专利申请和问题存档"，其中开头有⊞标志的项表示可以展开。

（4）信息显示窗口：显示用户当前操作状态和提示信息。

（5）操作窗口：Pro/Innovator软件的操作窗口，用户可以在此界面进行操作。

Pro/Innovator常用模块主要包括"项目封面"和"项目描述"、"系统分析"、"问题分解"、"解决方案"、"专利查询"、"方案评价"、"专利申请"和"报告生成"9个模块，下面依次介绍各模块的功能和作用。

10.4.1 "项目封面"和"项目描述"模块

"项目封面"主要包括"项目名称"、"单位名称"和"项目组名称"，还包括"项目的开始时间和结束时间"。选择左侧导航树的"项目描述"选项，显示界面如图10.16所示，主要有以下几个问题需要描述："问题初始情景描述"，"主要缺点"，"主要缺点在什么情况下出现"和"此缺点如何在类似的工程系统或工艺流程中被解决"，每个问题都可以进行编辑和修改，下拉界面右侧的滚动条，可看到"插入图片"按钮，单击此按钮可以插入需要的图片。

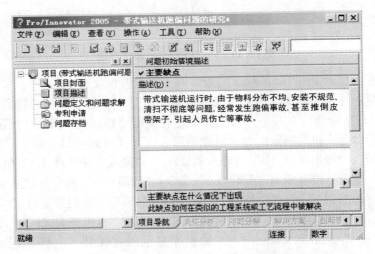

图 10.16　Pro/Innovator"项目描述"模块

10.4.2 "系统分析"模块

"系统分析"模块如图10.17所示，插入产品作用对象，系统组件和超系统组件，并定义其角色，通过有用功能或有害功能将其连接起来，可以根据需要创建流（包括能量流、控制流和结构流等），完成系统分析功能。

系统分析提供自底向上、自顶向下、手工、基于建模向导等多种方式构建系统组件模型（即系统组件及其相互作用关系）来分析系统，明确系统改进方向。组件角色分析和系统能量流分析帮助研发人员和软件本身更准确地理解技术系统，从更高的层次上把握整个技术系统，为企业自主创新（突破仿制）奠定了技术基础。仿制是从现有产品出发，对性能的优化和完善，设计的起点是装配。由于对产品实现机理和原始构思的不了解，在改进中常

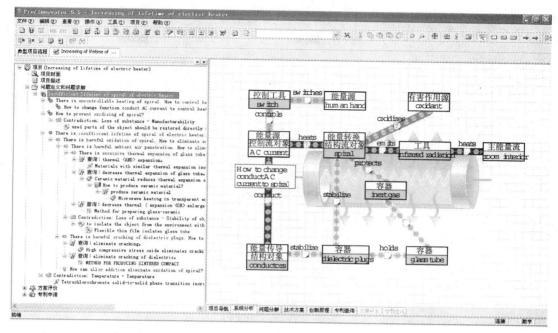

图 10.17　Pro/Innovator "系统分析" 模块

常无从下手，甚至从错误的出发点入手。

对于既有产品改进，功能及结构关系分析帮助设计师理清产品的功能实现机理，并找出其中的矛盾冲突或不足之处。对于新产品的构建，功能及结构关系分析与知识库体系反复交互迭代，有力地推动了产品的机理及结构关系设计。

10.4.3　"问题分解" 模块

选择 Pro/Innovator 界面左侧导航树的 "问题定义和问题求解" 选项，在 "问题定义" 栏输入最关心的问题，并选择 "将问题加到项目中" 选项，这时候能依次看到 "问题分解"、"解决方案"、"创新原理" 和 "专利查询" 4 个选项。单击 "问题分解" 按钮进入图 10.18 所示界面，可以在文本框里定义初始问题，并且围绕初始问题可以定义原因，定义结果，定义上一个(几个)操作，定义下一个(几个)操作，查看子系统和查看超系统，其中定义原因和定义结果可以定义多个原因或结果。

从项目导航树上排列的任何一个问题定义开始，都可以进行因果分析和资源分析，暴露初始问题的根本原因，并揭示现有系统中可用来解决问题的资源。因果分析鼓励研发人员剖析根本原因，并从根本上解决问题而不是驻足于表面症状。基于 TRIZ 九屏幕法的资源分析采用启发式提问形式帮助研发人员理清问题区域附近在时间维度和空间维度上所有可用的物-场资源，用于解决已识别出的根本问题。

传统工作模式往往是依赖于专家对方案的评价和判断，改进方案也是针对这些专家意见展开的。然而现实中这些专家的意见之间可能存在因果关系，也可能停留在某些层面，而没有深入挖掘。

从根本原因入手解决问题，则可达到事半功倍的效果。因果分析鼓励工程师深入剖析

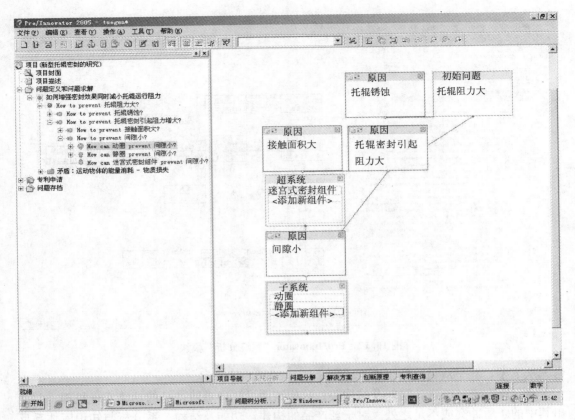

图 10.18　Pro/Innovator "问题分解" 模块

根本原因,从根本上解决问题而不是驻足于表面症状。资源分析帮助用户在尽量少增加成本的情况下得到系统的功能改善。

10.4.4　"解决方案" 模块

选择模型树左侧的问题后,单击 "解决方案" 按钮,进入 "解决方案" 模块,如图 10.19 所示。这个模块有 3 种查询方式,分别为 "功能查询"、"结构化查询" 和 "关键词查询",其中 "资源" 选项可选择可用的资源库。选择 "查询" 选项,可以查询到相关的解决方案。

此模块可提供有效的、可实现的解决方案。所有方案全部来自数百万不同工业工程领域的专利,由近 30 年来的数百万世界专利成果提炼而来,包含万余条精选发明问题解决方案。基于本体的知识组织方法保证信息搜索的准确性,支持二次检索模式,保证了搜索过程高效率、搜索结果高精确性。库中每个知识条目内容精炼并辅以动画演示,为使用者快速领悟跨领域创新技术提供可能。

通过整合 TRIZ 理论,基于本体的知识表达和重用以及来自高水平发明专利的解决方案库,有效地辅助研发人员构造创新方案并帮助企业实现系统化的创新知识管理。通过借鉴其他领域内的解决方案来解决本领域内的技术问题,实现 "他山之石,可以攻玉"。

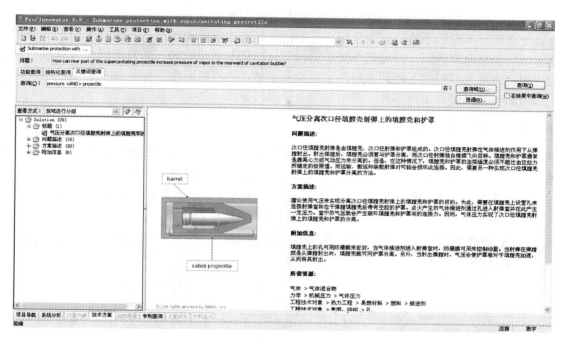

图 10.19 Pro/Innovator "解决方案" 模块

10.4.5 "创新原理"模块

选择模型树左侧的问题后,单击"创新原理"按钮,进入"创新原理"模块,如图 10.20 所示。提供"矛盾定义向导"、"矛盾矩阵"和"矛盾参数"3 种使用 TRIZ 矛盾矩

图 10.20 Pro/Innovator "创新原理" 模块

阵的方法，3 种方法满足对 TRIZ 矛盾矩阵不同熟练程度的人群使用，同时，3 种方法也支持复杂程度不同的矛盾问题的分析。每个创新原理均配以动画演示，适合不同程度的使用者领悟创新原理内涵。同时每个创新原理下包括从专利萃取的、来自不同工程领域的典型应用，为使用者提供了创新原理的实际应用方法。"创新原理"模块最能体现 TRIZ 理论的精髓，可以引导用户实现不折中地解决矛盾问题。

10.4.6 "专利查询"模块

选择模型树左侧的问题后，单击"专利查询"按钮，进入"专利查询"模块，如图 10.21 所示。在"查询"栏输入要查询的内容，单击"专利数据库"按钮并在弹出的对话框中选择相应的专利库，单击"查询"按钮，系统自动搜索与查询内容相关的专利资料。选择感兴趣的专利，双击可以查看此专利的详细信息。

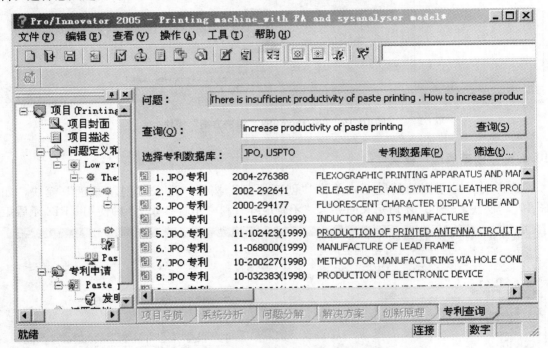

图 10.21 Pro/Innovator "专利查询"模块

提供通用的专利在线检索门户，支持访问美国、欧洲、日本和中国专利数据库，基于本体的自动扩展的检索方式提高了专利检索的查全率。支持用户跟踪学习各行业最前沿的创新知识来解决实际的工程问题。

10.4.7 "方案评价"模块

选择模型树左侧问题，选择菜单栏中"操作"栏下的"评价"选项，弹出"第 1 步：选择评价区域"对话框，下一步为"第 2 步：选择评价类型"，单击"管理器"按钮可以选择评价模型或重新建立评价模型，再下一步为"第 3 步：选择专家模式"，可以单专家评价，也可以多专家评价，其中单击"管理器"按钮可以选择专家组或重新建立专家组，再下一步为"第 4 步：创建评价布局"，输入评价名称，单击"完成"按钮评价完毕，如图 10.22 所示。

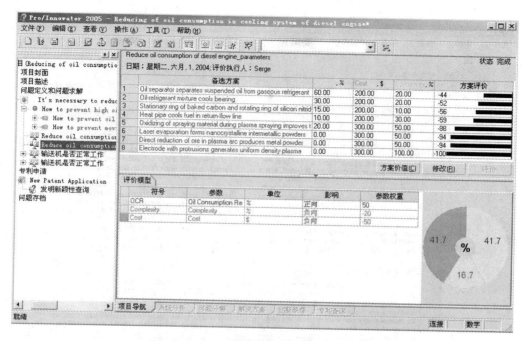

图 10.22　Pro/Innovator "方案评价" 模块

系统内嵌的 "方案评价" 模型为研发人员提供评价备选方案可能存在的正面和负面效应。同时，研发人员也可以修改和添加新的方案评价模型，并调用不同的方案评价模型对项目方案进行评价。

允许单专家和多专家方案评价。当选择多专家方案评价时，每个专家的权重因不同专家背景、经验或其他因素而确定。允许主观的和客观的方案评价。主观评价由专家按照指定的方案评价模型进行；客观评价则根据参考专利的引证指数来进行。

10.4.8　"专利申请" 模块

选择项目树左侧的 "专利申请" 选项，选择菜单栏 "操作" 下的 "专利生成" 选项，在弹出的对话框中输入专利 "名称" 和 "类型"，其中类型包括发明专利和外观设计专利，单击 "确定" 后界面如图 10.23 所示，按要求填写专利申请的详细信息，完成后单击 "生成专利申请" 按钮，系统提示文件另存为路径，系统默认文件名为 "＊.rtf"，修改文件名并确定，系统自动生成后缀为 rtf 的专利申请文件。

"专利申请" 模块可以帮助用户撰写技术书初稿和专利申请文件初稿，整理发明方案并构建组件模型，帮助发明人理解发明内容的实质，自动形成权利要求书的主要部分，帮助发明人获得高质量高价值的专利申请。

10.4.9　"报告生成" 模块

选择项目树左侧的 "专利申请" 或 "问题存档" 选项，选择菜单栏 "操作" 下的 "项目报告" 选项，在弹出的对话框中的 "选择模板" 项中选择一个模板，也可以新建一个报告模板，如图 10.24 所示，下一步为 "定义报告布局"，再下一步为 "选择报告内容"，再

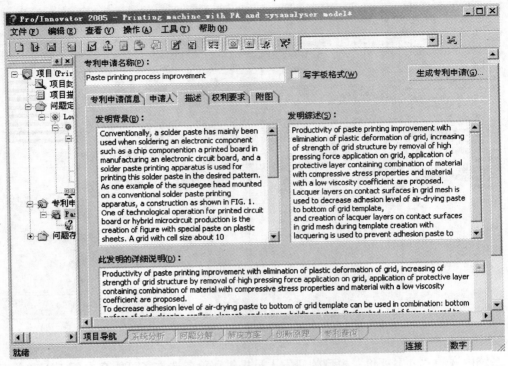

图 10.23　Pro/Innovator "专利申请" 模块

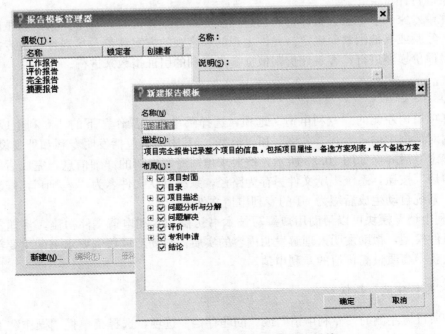

图 10.24　Pro/Innovator "报告生成" 模块

下一步在对话框中输入报告名称和文件存储路径，文件默认名字为"＊.rtf"，修改文件名后单击"下一步"按钮，单击"完成"按钮，报告文件生成完毕。

从项目背景一直到项目方案的全过程思考记录成为企业知识传承的重要工具和手段。提供友好的用户交互界面，生成可编辑报告文档，采用向导式的报告生成过程，提供多样的报告模板，用户也可定制分析报告模板。

10.5　利用 Pro/Innovator 软件解决机车柴油机油耗超标问题

10.5.1　问题概述

研制的新型机车柴油机的功率大幅提升后，其机油消耗为 $3g/kW \cdot h$，超过了标准机车的机油消耗 $0.5g/kW \cdot h$。该问题发生在柴油机的工作状态下；该问题通常的解决方案是采用油气分离器，其结构如图 10.25 所示。显然，新型机车柴油机结构中油气分离器的体积相对小了，导致了机油的温度升高，这构成了一对待解的技术矛盾。

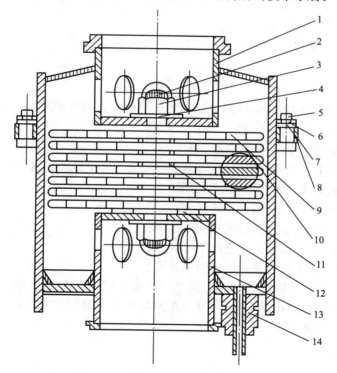

图 10.25　典型的油气分离器结构图
1—上体；2—心轴；3—7—螺栓、螺母、垫圈；8—垫片；9—滤片（一）；
10—滤片（二）；11—隔套；12—圆螺母；13—下体；14—回油管装配

10.5.2　问题关系图的形成

经过柴油机油耗的问题分析，并对问题进行重新定义之后，软件形成的问题分解树如

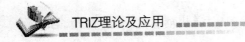

图 10.26 所示。

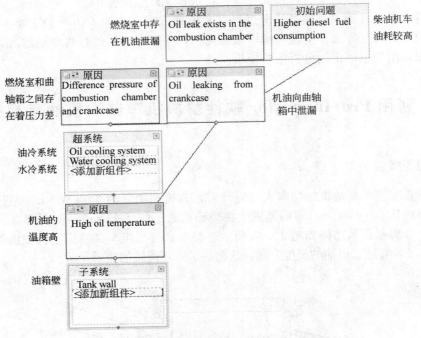

图 10.26 问题分解树

问题分析树将初始的问题通过因果轴、系统轴分解为 7 个子问题,油耗超标的问题被转化成了渗漏、密封、冷却等问题,依序如下所示。

子问题 1:如何阻止机油在燃烧室渗漏?

子问题 2:如何阻止压缩空气与燃烧副产物经由燃烧室进入曲轴箱?

子问题 3:如何阻止机油在曲轴箱的渗漏?

子问题 4:如何阻止机油油温过高?

子问题 5:如何使机油冷却器阻止油温过高?

子问题 6:如何使机油箱体阻止油温过高?

子问题 7:如何使水冷却系统阻止油温过高?

以下将针对这 7 个子问题分别在亿维讯的计算机辅助创新软件 Pro/Innovator 中寻找解决方案。由于 Pro/Innovator 中的解决方案都是来自于典型的专利,所以在下面也给出了解决方案的参考专利文献。

10.5.3 问题求解

子问题 1:如何阻止机油在燃烧室渗漏?

功能问题输入:improve pistons ring。

特例解:等离子体喷涂过程中氧化喷涂材料可以提高铁涂层的摩擦性能(美国专利 #6572931)。

在柴油机引擎铸模的加工过程中,要在其工作表面进行涂层,如图 10.27 所示。电镀工艺具有许多缺点,如高成本,涂层易腐蚀等。为了提高这些涂层的功效,需要使用一种改进涂层物理性能的方法。采用等离子体喷涂工艺，通过氧化喷涂材料，以提高含铁涂层的摩擦性能，通过这种方法，降低了摩擦系数和摩擦力，改进含铁涂层的各种摩擦属性，从而改善燃烧室密封性能。

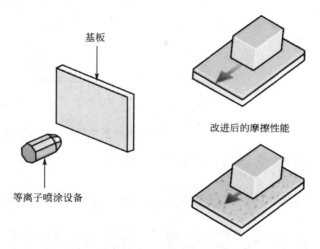

图 10.27　等离子喷涂工艺提高铁涂层摩擦性能原理图

子问题 2：如何阻止压缩空气与燃烧副产物经由燃烧室进入曲轴箱？

功能问题输入：create seal。

精确解：碳极固定环和氮化硅旋转环构造密封（美国专利 #6098988）。

液体泵的密封机构可防止液体沿旋转轴泄漏到泵壳体外面。建议使用一固定环和一转动环，固定环连接在液体泵壳体上，转动环装置在轴上。转动环与固定环接触，由此形成液体密封装置。原理图如图 10.28 所示。

固定环由碳极制成，旋转环由氮化硅烧结产品制成。这种构造具有耐久性，并具有有效的密封比，rp/Di 值为 0.07/1 到 0.22/1，此处 rp 代表有效密封面的宽度，Di 代表固定环的内部直径。

通过该结构的改进应用，可提高燃烧室与曲轴箱的机油密封效果。

子问题 3：如何阻止机油在曲轴箱的渗漏？

功能问题输入：separate oil from gas。

特例解：油分离器分离气体制冷剂介质中的悬浮油（美国专利 #6481240）。

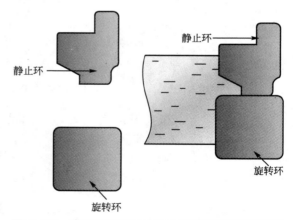

图 10.28　碳极固定环和氮化硅旋转环构造密封原理

借鉴制冷系统中的油气分离结构，安置一改进的油分离器。将外泄的高温油滴供给分离器，然后开始沿着分离器的圆柱部分向下旋转。旋转可产生离心力，这种离心力可使机油沉积到分离器的内表面。分离器逐渐变细，这样可提高离心力。从而可更有效地将润滑油分离出来，返回到曲轴箱，如图 10.29 所示。

子问题 4：如何阻止机油油温过高？

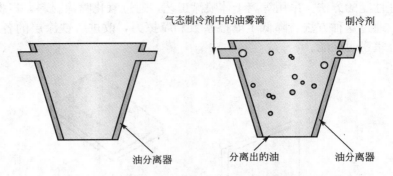

图 10.29 油分离器分离气体制冷剂介质中的悬浮油示意图

新型柴油机体积相对功率的减小导致其散热结构工作温度上升，因此定义技术矛盾的描述。

矛盾问题输入：运动物体的体积-温度。软件中对应的矛盾矩阵如图 10.30 所示。

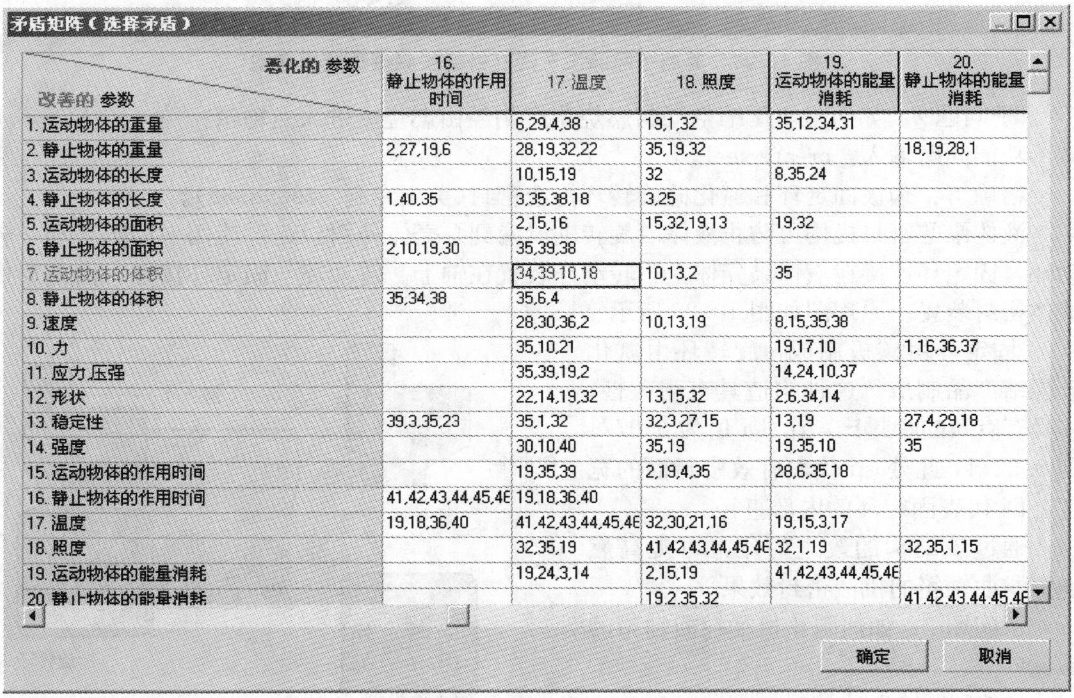

恶化的 参数 改善的 参数	16. 静止物体的作用 时间	17.温度	18.照度	19. 运动物体的能量 消耗	20. 静止物体的能量 消耗
1.运动物体的重量		6,29,4,38	19,1,32	35,12,34,31	
2.静止物体的重量	2,27,19,6	28,19,32,22	35,19,32		18,19,28,1
3.运动物体的长度		10,15,19	32	8,35,24	
4.静止物体的长度	1,40,35	3,35,38,18	3,25		
5.运动物体的面积		2,15,16	15,32,19,13	19,32	
6.静止物体的面积	2,10,19,30	35,39,38			
7.运动物体的体积		34,39,10,18	10,13,2	35	
8.静止物体的体积	35,34,38	35,6,4			
9.速度		28,30,36,2	10,13,19	8,15,35,38	
10.力		35,10,21		19,17,10	1,16,36,37
11.应力,压强		35,39,19,2		14,24,10,37	
12.形状		22,14,19,32	13,15,32	2,6,34,14	
13.稳定性	39,3,35,23	35,1,32	32,3,27,15	13,19	27,4,29,18
14.强度		30,10,40	35,19	19,35,10	35
15.运动物体的作用时间		19,35,39	2,19,4,35	28,6,35,18	
16.静止物体的作用时间	41,42,43,44,45,46	19,18,36,40			
17.温度	19,18,36,40	41,42,43,44,45,46	32,30,21,16	19,15,3,17	
18.照度		32,35,19	41,42,43,44,45,46	32,1,19	32,35,1,15
19.运动物体的能量消耗		19,24,3,14	2,15,19	41,42,43,44,45,46	
20.静止物体的能量消耗			19,2,35,32		41,42,43,44,45,46

图 10.30 软件中对应的矛盾矩阵

适用于该矛盾解的创新原理之一——18 号创新原理"机械振动"原理如图 10.31 所示。

解决方案：振动雾化器冷却热的表面（美国专利 #6247525）。

创新原理描述：①物体处于振动状态；②如果已处于振动状态，提高振动频率（直至超声振动）；③利用共振频率；④用压电振动代替机械振动；⑤超声波振动和电磁场耦合。

由机械振动创新原理 A 的提示可见振动雾化器冷却热的表面的专利方案如下。

根据机械振动原理，建议通过机械振动过渡到冷却系统。振动冷却系统是一个包含两个对立壁的腔。一个壁压到热的表面上，另一个壁用外部冷却气流使之保持冷却状态。在冷却壁上加一个振动器。腔内含有热传递液体。通过一个特殊的供料器加入液体。当到达振动表

图 10.31　"机械振动"创新原理

面时，液滴被雾化成极细的滴接近热表面。与热表面接触后，液体蒸发，然后使热表面冷却。蒸气会直接到达冷却的振动表面。与冷却表面接触后，蒸气发生凝结，然后再次被雾化为小液滴，如图 10.32 所示。蒸发-凝结循环重复进行。

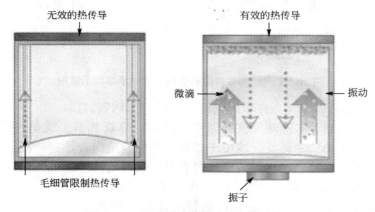

图 10.32　振动雾化器提高冷却效率原理

使用机械振动可以提高热传递的效率，有效地使热的表面冷却，而不会使系统复杂化。

子问题 5：如何使机油冷却器阻止油温过高？

关键词问题输入：cool ＜AND＞ oil。

解决方案：油-制冷剂的混合剂冷却轴承（美国专利 ♯4541738）。

液态的油-制冷剂混合剂可以在任何速度和负荷条件下安全地冷却滚柱轴承。为了冷却主轴的锥形滚柱轴承，建议使用油-制冷剂混合剂。制冷剂必须很容易蒸发，轴承安装在机床主体和主轴之间；轴承内装配锥形滚动体，滚动体在内外滚道之间滚动。轴承内有一个小端和一个大端，转动轴承产生一个从小端到大端的抽吸作用。混合剂滴分布在滚动体和滚道的表面上。此后，由于抽吸作用，混合剂滴从大的一端排出。混合剂滴润滑湿度冷却滚动体和滚道表面。如果轴承内的热量散发很低的话，这样散热就足够了。制冷剂蒸发从滚动体和滚道的表面上吸收大量的热量。热量被制冷剂蒸发从轴承上带出去。制冷剂的蒸气在一个特殊热交换器内集中并再循环使用。油和未蒸发的部分制冷剂也被再循环使用。这样，油-制冷剂混合剂就冷却了锥形滚柱轴承，过程如图 10.33 所示。

子问题 6：如何使机油箱体阻止油温过高？

功能问题输入：reduce temperature of liquid。

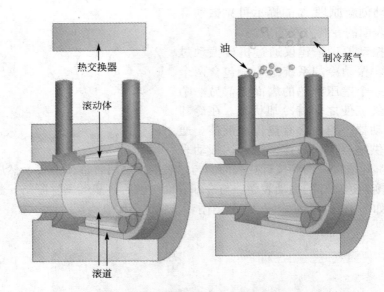

图 10.33　油-制冷剂的混合剂冷却轴承结构示意图

解决方案：热管冷却回流线路中的燃料（美国专利 ♯4773473）。

建议箱壁上采用热管来冷却回流线路中的液体。热管基本上就是一条封闭的管子，管中含有低压液体。热管的蒸发区域位于燃料流经的腔室内，热管的凝结区域位于汽车的前部，依靠空气流动冷却。当燃料通过腔室时，燃料向液体释放热量，自身冷却，而热管内的液体蒸发。借助这一过程，液体进入到凝结区域，并被空气冷却和凝结。然后，液体又被输送回蒸发区域。这样，热管就冷却了回流线路中的燃料，如图 10.34 所示。

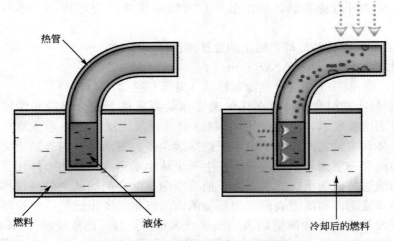

图 10.34　热管冷却回流线路中的燃料示意图

为了提供快速的热量释放，建议给凝结区域加上一个薄层。当燃料温度很低时，液体不会蒸发；燃料相应的也不会被冷却。液体可以通过歧管结构输送回凝结区域。

子问题 7：如何使水冷却系统阻止油温过高？

专利查询输入：engine cooling system。

解决方案：发动机冷却系统的水冷却通路结构及气、液分离装置一体化系统 Engine Cooling Water Passage Structure and Gas/Liquid Separator for Engine Cooling System（美国专利 ♯ 6，843，209），结构如图 10.35 所示。

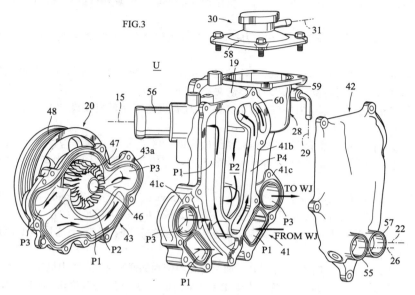

图 10.35　水冷却通路结构及气、液分离装置一体化结构

10.5.4　方案评价和实施方案列表

在 Pro/Innovator 中可以对找到的解决方案进行评价。评价是由一个专家或者多个专家对多个解决方案按照经验值进行的估算和评价。评价首先要建立一个参数模型，参数模型中不同的参数可以具有不同的权重；多个专家中的每个专家也都可以具有不同的权重。然后输入评价值，Pro/Innovator 便可以自动评价不同解决方案的优劣。

综合应用如下实施方案，从改进工艺防渗漏，改进密封，改进冷却结构设计等角度，解决柴油机车油耗超标问题。

（1）柴油机组件铸模铁涂层改进工艺防止渗漏；
（2）固定碳极环与旋转氮化硅环构筑改进密封；
（3）改进油气分离器结构，提高机油回收率；
（4）箱壁热管采用振动冷却结构提高散热效率；
（5）水冷却通路与气液分离器整合设计，有效利用空间，提高散热效率。

参 考 文 献

[1] 陈国晶，赵存友，朱力. 基于 TRIZ 的采煤机滚筒功能关联建模及降低能耗解 [J]. 矿山机械，2011(4).

[2] 陈国晶，曹贺，刘训涛. TRIZ 理论在重力选风量调节装置改进设计中的应用 [J]. 农业装备技术，2010(1).

[3] 赵存友，史冬岩，陈国晶. 基于 TRIZ 理论的现有复合功能机械产品创新 [C]. 黑龙江省创新方法(TRIZ 理论)试点建设与推广应用研讨会论文集，2009(12).

[4] 赵存友，陈国晶，朱力. 基于发明问题解决理论的现有机械产品理想化设计方法 [J]. 科技导报，2009(9).

[5] 曹贺，刘训涛，陈国晶. 基于 TRIZ 的传动带结构进化研究 [J]. 机械科学与技术，2011(3).

[6] 曹贺，池红岩，郭竞男. 基于 TRIZ 冲突解决矩阵的新型传动带研究 [J]. 中国制造业信息化，2010(9).

[7] Chi Hongyan, Cao He. Rotation Inertia Measurement Device Design of Winged Rigid Body Based on TRIZ Conflict Resolving Matrix [J] *Advanced Material Research*，2011(3).

[8] 刘训涛，吴卫东，李阳星. 基于 TRIZ 理论的高速带式输送机调偏装置设计 [J]. 黑龙江科技学院学报，2008(1).

[9] 刘训涛，吴卫东，张岩，王丽. 基于 TRIZ 理论的托辊密封的研究 [J]. 矿山机械，2009(13).

[10] 刘训涛，赵存友，徐鹏. TRIZ 理论与大学生创新能力的培养 [J]. 高教论坛，2011(3).

[11] 徐鹏，刘训涛，朱力. 基于创新设计方法培养机械专业学生创新能力，吉林教育 [J]. 2009(5).

[12] 刘训涛，王丽，周平，曹贺. 实用新型专利 201020192373.0：电磁式断带抓捕器，2011.

[13] 刘训涛，吴卫东，周平，王丽，曹贺. 实用新型专利 201020192365.6：带式输送机的自适应调偏托辊，2010.

[14] 刘训涛，张桂凤. 发明专利 201110057241.6：智能环保风机，2011.

[15] 胡家秀，陈峰. 机械创新设计概论 [M]. 北京：机械工业出版社，2005.

[16] 檀润华. 创新设计 [M]. 北京：机械工业出版社，2002.

[17] 陈广胜. 发明问题解决理论 [M]. 哈尔滨：黑龙江科技出版社，2008.

[18] 张忠友，宋世贵，陈桂芝. 创造理论与实践 [M]. 北京：中国矿业大学出版社，2002.

[19] 王凤岐. 现代设计方法及其应用 [M]. 天津大学出版社，2008.

[20] 曹福全. 创新思维与方法概论——TRIZ 理论与应用 [M]. 哈尔滨：黑龙江教育出版社，2009.

[21] 赵新军. 技术创新理论(TRIZ)及其应用 [M]. 北京：化学工业出版社，2004.

[22] 杨清亮. 发明是这样诞生的 [M]. 北京：机械工业出版社，2006.

[23] 尤里·萨拉马托夫. 怎样成为发明家 [M]. 北京：北京理工大学出版社，2006.

[24] 黑龙江省 TRIZ 培训教材，《发明问题解决理论(TRIZ)培训教材》之一，2007.

[25] 根里奇. 阿奇舒勒. 创新 40 法 [M]，西南交通大学出版社，2004.

[26] 檀润华. 基于技术进化的产品设计过程研究 [J]. 机械工程学报，2002(12).

[27] 檀润华. TRIZ 中技术进化定律、进化路线及应用 [J]. 工业工程与管理，2003(1).

[28] 张付英. 基于 TRIZ 冲突解决原理的液压缸活塞密封技术研究 [J]. 润滑与密封，2006(8).

[29] 檀润华. 产品设计中的冲突及解决原理 [J]. 河北工业大学学报，2001(3).

[30] 檀润华，王庆禹，苑彩云，段国林. 发明问题解决理论：TRIZ——TRIZ 过程、工具及发展趋势 [J]. 机械设计，2001(7).

[31] 卢希美. 基于 TRIZ 理论和功能分析的产品创新设计 [J]. 机械设计与制造，2010(12).

［32］ 赵存友. 基于 TRIZ 理论的电牵引采煤机概念设计 ［D］. 哈尔滨：哈尔滨工程大学，2008.

［33］ 韦子辉. TRIZ 理论中 ARIZ 算法研究与应用 ［J］. 机械设计，2008(4).

［34］ 曹福全. ARIZ－85 应用实例分析 ［J］. 黑河学院学报，2010(1).

［35］ 张青华. 基于 TRIZ 的技术进化理论研究及工程应用 ［D］. 天津：河北工业大学，2003.

［36］ 根里奇. 阿奇舒勒. 哇…发明家诞生了：TRIZ 创造性解决问题的理论和方法 ［M］，西南交通大学出版社，2004.

［37］ Michael A. Orloff. Inventive Thinking Through Triz ［M］. Berlin：Springer－Verlag Berlin Heidelberg，2006.

［38］ Altshuller G. S. The Innovation Algorithm, TRIZ, Systematic Innovation and Technical Creativity ［M］. Worcester：Technical Innovation Center，INC，1999.

［39］ Karen Tate, Ellen Domb. 40 Inventive Principles with Examples. TRIZ Journal, 1997(7).

［40］ Altshuller G. S. Greativity as an Exact Science ［M］. Moscow：Sovietskoe radio，1979.

［41］ Altshuller G. S. How to Become a Genius：The Life Strategy of a Creative Person ［M］. Minsk：Belarus，1994.

［42］ Severine Gahide, "Application of TRIZ to Technology Forecasting Case Study：Yarn Spinning Technology，"TRIZ Journal, http：//www. triz－journal. com/archives/2000/07/d/index. htm, Jul. 2000.

［43］ Michael S. Slocum. "Technology Maturity Using S－curve Descriptors," TRIZ Journal, http：//www. triz－journal. com/ archives/1998/12/a/index. htm, Dec. 1998.

［44］ Altshuller, G. S. 40 Principles：TRIZ Keys to Technical Innovation ［M］, Technical Innovation Center，1997.

［45］ Mann, D. , and Dewulf, S. Evolving the World's Systematic Creativity Methods ［J］. *The TRIZ Journal*, 2002(4).

［46］ Savransky, S. D. , Engineering of Creativity ［M］, New York：CRC Press，2000.

［47］ Dourson, S. The 40 Inventive Principles of TRIZ Applied to Finance ［J］. *The TRIZ Journal*, 2004(10).

［48］ Gey, F. C. , Buckland, M. , C hen, C. , & Larson, R. 40 Invention Principles with Examples. http：//www. oxfordcreativity. co. uk/. (2001).

［49］ Mann, D. Comparing The Classic and New Contradiction Matrix－Part 1－Zooming Out ［J］. *The TRIZ Journal*, 2004(4).

［50］ Williams, T. , & Domb, E. . Reversability of the 40 Principles of Problem Solving ［J］. *The TRIZ Journal*, 1998(5).

［51］ www. triz. gov. cn.